Laboratory Experiments for ***Organic Chemistry***

유기화학실험

고광윤 지음

사이플러스
Science plus

머리말

전통적으로 화학이 하는 일을 합성과 분석으로 나눌 수 있다. 이 둘 중에서 합성이야 말로 자연과학 중에서 화학만이 할 수 있는 분야일 것이다. 특히 탄소를 기본으로 하는 유기 화합물의 합성은 의약품, 염료, 플라스틱, 유기 전자 재료 등의 분야의 발전에 큰 기여를 하였다. 따라서 유기 화합물의 합성을 다루는 유기화학실험 과목은 화학을 배우는 학생들이면 반드시 이수하여야 할 과목이다.

사실 시중에는 많은 유기화학 실험책이 나와 있으나 사이플러스 출판사의 제안에 따라 이 책은 화학 전공 학생뿐만이 아니라 식품영양학, 의약, 화학공학 같은 화학 이외의 전공 학생들도 도움이 되는 내용을 포함하였으며 이 점이 기존의 유기 화학 실험책과는 다른 점이라고 생각한다. 또한 이 책에 소개된 실험 내용은 시중에 나와 있는 유기 화학 실험책과 크게 다르지 않을 것이나 이론 부분은 저자의 관점 및 경험을 바탕으로 서술하였다.

이 실험책은 크게 두 부분으로 이루어져 있다. 제1부에는 기본적인 산-염기 반응, 유기 화합물의 물리적 성질, 분리 및 정제 등의 내용을 담고 있다. 제2부에는 30가지의 실험이 소개되어 있다. 대부분의 대학에서 유기 실험은 4시간짜리이므로 4시간 이내에 끝낼 수 있는 실험을 주로 실었다. 유기 생성물의 분리 시 사용하는 방법 중에서 증류는 시간이 오래 걸릴 수 있기 때문에 증류는 한 두 차례만 사용하였다. 대부분의 생성물은 고체이므로 쉽게 여과하여 수집할 수 있을 것이다.

실험의 주제는 크로마토그래피(1개), 친핵성 치환 및 제거 반응(3개), 친전자성 첨가 반응(3개), 고리 첨가 및 자리옮김 반응(3개), 친전자성 방향족 치환 반응(3개), 산화-환원 반응(5개), 카보닐 기의 반응(8개), 카복실산 관련 반응(2개), 화학발광(1개), 천연물 화학(2개)이며 이 책에서는 전부 32개의 실험이 수록되어 있다. 유기화학 실험이 한 번만 개설되는 경우에는 대략 12번의 실험을 하게 된다. 이 경우에는 수강하는 학생들의 전공과 실험실 실정에 맞는 실험을 택하여 실험하면 될 것이다.

이 책의 제작을 제안하여 주고 물심양면으로 도와준 박종성 대표와 편집부 그리고 유기 실험 과정에서 많은 제안을 해준 학생들에게 감사를 드린다.

2016년 2월 일

수원 원천골에서 고광윤 적음

학생에게 드리는 글

화학의 영어 글자인 chemistry를 풀어보면 chem is try가 된다. 말 그대로 화학은 한번 해보는 것이다. 해보는 것은 실험실의 컴퓨터에서 할 수도 있고(in silico) 시험관이나 플라스크에서 할 수도 있다(in vitro). 화학에서 실험이 없다면 무미건조한 학문이 될 것이다. 이번 유기 화학 실험은 in vitro 실험으로서 지금까지 교과서에서 배운 반응이 실제로 일어나는 지를 확인하는 매우 귀중한 기회가 될 것이다.

유기 화학 실험책을 흔히 요리책으로 비유하곤 한다. 요리책을 보면 정해진 순서대로 재료를 넣고 끓이거나 볶거나 구우면 요리가 완성된다. 하지만 유기 화학 실험은 단순히 특정한 양의 시약을 유기 출발 물질에 정한 순서대로 가하고 기다린다고 완성되지 않는다. 출발 물질에 시약을 가하는 과정은 시간이 많이 걸리지 않지만 반응이 완결된 후에 반응 혼합물에서 원하는 생성물을 분리하고 정제하는 과정은 그리 간단하지 않다. 그러기 위해서는 반응에 참여하는 물질의 산-염기 성질, 극성, 특정한 용매에서의 용해도 등을 이해하여야 한다. 이러한 과정을 반응 마무리(workup)라고 부르는데, 반응 마무리 과정이 전체 반응 시간 중에서 가장 길 수도 있다.

유기 반응을 잘 수행하려면 실험책에 나와 있는 과정을 단순히 따르기만 하는 것이 아니라 왜 이러한 과정이 필요한지를 끊임없이 자문한 후 과정을 이해하여야 한다. 그러기 위해서는 유기 화학의 기본 지식이 필요하다. 이를 위하여 이 책의 제1부 "유기실험의 이론과 기술"에서는 실험을 수행하는 데 필요한 사전 지식을 실었다. 제2부 "실험"에서는 실험 과정을 소개하였다.

✲ 안전

실험에 임하기 전에 여러분 및 동료의 안전을 위하여 따라야 하는 규칙을 숙지하여야 하며, 이는 제1부의 "실험실에서의 안전"에 나와 있다. 각 실험을 수행하기 전에 화학물의 물리적 성질 및 위험성(실험 방법에 나와 있음)을 이해하여야 한다.

✲ 실험실에서

실험을 수행할 때 여러분이 하는 과정과 반응 중에서 일어나는 변화를 실험 노트에 기록하여야 한다. 앞에서 언급한 바와 같이 왜 그러한 과정이 필요한지를 이해하여야 한다.

✲ 유기 실험 기술 이해하기

실험에서 원하는 화합물을 좋은 수율로 그리고 순수하게 얻기 위해서는 추출, 결정화, 증류, 크로마토그래피 같은 몇 가지 기술이 필요하다. 이러한 기술의 이론적 배경이 바로 분자간 힘이며 이는 제1부의 4장 "유기 화합물의 물리적 성질"에서 다룬다. 생성물을 분리하고 정제하는 다양한 기술은 6장 "유기 화합물의 분리 및 정제"에 소개되어 있다.

✲ 실험

실험을 수행하기 전에 이해하여야 할 내용을 "미리 공부하기"에 수록하였다.

여러분들이 유기 화학 실험에서 원하는 생성물을 아름다운 결정으로 얻은 일은 평생 잊지 못할 경험으로 남을 것이다. 강의는 듣지 않아도 혼자서 공부가 어느 정도 가능하지만 실험을 놓치면 따로 실험할 기회가 없으므로 실험에 빠지지 말기를 바란다.

여러분들이 실험을 수행할 때, 실험이 최초의 시도에 성공할 수도 있고 실패할 수도 있다. 실패하였다고 해서 실망할 필요는 없다. 하지만 왜 실험이 실패하였는지는 꼼꼼하게 살펴서 가능하면 그 이유를 알아내야 할 것이다[연구라는 영어 단어인 research를 풀어보면 re(다시, 반복적으로) search(찾다)이다]. 아무쪼록 안전하고 재미있는 실험을 하기 바란다.

차례

제 1 부 유기 실험의 이론과 기술

LABORATORY EXPERIMENTS FOR

ORGANIC CHEMISTRY

실험실에서의 안전 수칙

1

화학 실험실에는 위험한 시약이나 가연성 용매 그리고 깨지기 쉬운 유리 기구들이 많다. 이러한 화학 물질과 유리 기구를 다루는 방법을 알아야만 사고를 미연에 방지할 수 있다.

1.1 실험실에서 지켜야 할 사항

✲ 개인의 안전을 다음과 같이 지키자

- 실험복(폴리에스터보다 면이 더 좋다. 면은 폴리에스터보다 불이 붙더라도 녹지 않기 때문이다)을 입어야 하고 점퍼나 오버코트는 벗는다(이러한 옷을 입은 채로 다니다가 실험대에 놓여 있는 유리 기구나 시약 병을 건드려서 바닥에 떨어뜨릴 수 있다). 샌들이나 슬리퍼는 신지 않는다(이런 신발에 실수로 시약 병이나 유리 기구가 떨어지면 발이 다칠 수 있다).
- 보안경은 실험실에서 항상 착용하여야 한다.
- 실험실에서 음료를 마시거나 음식을 먹어서는 안 된다. 당연히 금연하여야 한다.
- 화학 물질이 피부에 닿았거나 쏟은 경우에는 비누로 잘 씻은 후 흐르는 물에 5분 이상 씻고 조교에게 알려야 한다.
- 조교가 허용한 경우를 제외하고 화학 물질의 맛을 보거나 냄새를 맡지 않는다.
- 실험실에서 뛰어다니는 것은 금물이다.
- 계획된 실험 이외의 실험은 하지 않는다.

✲ 화재 예방하기

- 실험실 화재는 흔히 반응성이 큰 시약(예: 알킬리튬)을 반응 마무리 과정에서 잘못 처리하여 일어난다. 1.3절 화학 물질 다루기 부분을 참조하여 반응을 마무리한다.
- 화재 시에는 침착하게 행동하고 조교의 지시를 따라 대피한다.
- 소화기와 비상구의 위치를 파악한다.
- 실험이 끝난 후에는 가열판 등의 전원을 끈다.

✲ 실험 기구를 안전하게 사용하기

- 사용하기 전에 비커나 플라스크에 깨진 흔적이 있는지를 확인한다.
- 가연성 용매(예: 에터)를 증류하는 경우 미리 비등석을 플라스크에 넣는다. 증류 중에는 절대로 냉각기 안으로 넣으면 안 된다. 아니면 비등석 대신 자석 젓개 막대를 써도 좋다.
- 닫힌 상태에서 가열하지 않는다.
- 피펫은 입으로 빨지 않는다.
- 깨진 유리 기구는 직접 손으로 집지 않는다.
- 압력이 찬 분별 깔때기를 열 때 사람이 있는 쪽으로 열지 않는다.
- 유리관을 고무 구멍에 끼울 경우에는 장갑이나 두꺼운 수건으로 양손을 감싼다.

1.2 응급 조치하기

눈에 화학 물질이 들어간 경우에는 즉시 수돗물로 10분 이상 씻은 후 병원에 가야 한다. 산이나 염기가 눈에 들어간 경우 중화하기 위해 염기나 산으로 씻어주는 것은 절대 금물이다.

피부에 화상을 입은 경우에는 즉시 찬물로 상처한 부위를 식혀야 하며 상처를 기름 연고로 덮지 않는다. 그 후에 병원을 방문한다.

✲ 유리에 베인 경우

- 상처가 작은 경우에는 피가 흘러도 연고를 바르고 반창고를 붙인다.
- 상처가 큰 경우에는 출혈을 멈추게 한 후 연고를 바르지 말고 붕대로 감은 후 병원에 간다.

1.3 화학 물질 다루기

사용할 화학 물질의 성질을 미리 알아 놓는다. 가장 완전한 정보는 **물질안전보건자료**(Material Safety Data Sheets, MSDS)에 나와 있다. 물질안전보건자료를 찾을 수 있는 사이트에는 한국물질안전원(http://kischem.nier.go.kr/), 한국산업안전보건공단(http://www.kosha.or.kr/msds/msdsMain.do?menuId=69), http://www.msdssearch.com/dblinksn.htm, http://msds.chem.ox.ac.uk/, http://www.msds.com/, 시약회사인 www.sigmaaldrich.com 등이 있다. 우리나라에서는 화학 물질을 환경부의 유해화학 물질관리법, 노동부의 산업안전보건법, 행정안전부의 위험물안전관리법, 지식경제부의 고압가스안전관리법 등의 법령으로 관리하고 있다.

- 실험실에 오기 전에 실험 과정을 잘 읽고 이해하여야 한다.
- 시약은 올바른 양만큼 사용하여야 한다.
- 화학 물질을 바닥이나 실험대에 엎지른 경우에는 즉시 조교에게 알리고 바로 치워야 한다.
- 시약을 가하는 속도와 방법은 매우 중요하다. 예로서 시약을 한번에 모두 가하거나, 묽은 용액으로 천천히 가할 수도 있다. 실험 과정에 나온 방법대로 넣어야 한다.

✲ 반응 마무리 과정에서의 안전

반응 마무리 과정은 반응 혼합물에서 원하는 화합물을 얻은 일련의 작업을 통칭한다. 흔히 원하는 최종 생성물은 전기적으로 중성인 화합물이어야 하기 때문에 산 혹은 염기로 반응액을 중화하기도 한다. 이러한 과정은 발열 반응이기 때문에 마무리 작업을 잘못하면 화재나 폭발 사고가 일어날 수도 있다. 어떠한 경우에는 과량의 산화제 혹은 환원제를 올바르게 분해시켜야 할 때도 생긴다. 또한 폐기물도 생기기 때문에 환경에 피해가 가지 않도록 올바르게 처리하여야 한다(각 실험의 말미에 폐기물의 안전 관리 방법이 나와 있다).

위험 물질은 다음과 같은 방법으로 처리한다.

위험 물질	처리 방법
그리냐르 시약	메탄올을 한 방울씩 가한다. 필요하면 식힌다.
산(진한 황산, 염화설폰산)	얼음물에 천천히 잘 저으며 가한 후 중화한다.
산 염화물, 산 무수물	물에 천천히 가한 후 중화한다.
수소화 붕소 소듐	에탄올이나 메탄올에 녹인 후 물로 묽히고 염산을 한 방울씩 가한다.
수소화 알루미늄 리튬	무수 테트라하이드로퓨란이나 에터 용매에서 에틸 아세테이트를 한 방울씩 가하여 분해한 후 물로 묽히고 중화한다.
알데하이드	물에 녹는 알데하이드는 과량의 아황산 소듐 용액으로 처리하고 반응이 완결되었는지를 녹말-아이오다이드 종이로 체크한다. 물에 녹지 않는 경우에는 약간 과량의 $KMnO_4$로 산화하고 3 M 황산 용액으로 산성화한 후 남아 있는 과망가니즈 이온을 아황산 소듐 용액으로 환원한다.
알칼리 금속	소듐이나 리튬은 2-프로판올에 작은 조각으로 넣는다. 반응이 멈추면 메탄올을 가하고 물로 묽힌다.
유기 리튬	적당한 용매(테트라하이드로퓨란)에 녹인 후 얼음 물에서 식히면서 에탄올을 한 방울씩 가한다. 물로 묽히고 중화한다.
크로뮴 화합물	Cr(VI) 용액의 pH를 NaOH나 황산으로 2~3으로 맞춘 후 아황산 수소 소듐 용액으로 환원시킨다. 약 2 시간 후에 NaOH로 pH를 8.5로 맞춘 후 생기는 $Cr(OH)_3$를 여과하여 모은다.

다음은 발암성 물질의 종류 및 구체적 예이다.

종류	예
알킬화 시약	황산 다이메틸, 메틸 아이오다이드, 클로로메틸 메틸 에터
용매	벤젠, 사염화 탄소, 1,4-다이옥세인, 클로로폼, 이염화메테인. 1,2-다이클로로에테인
하이드라진	하이드라진, *N*,*N*-다이메틸하이드라진
방향족 탄화수소	벤젠, 다이옥신
방향족 아민과 나이트로 화합물	4-아미노바이페닐, 2-나프틸아민, 벤지딘, 2-나이트로나프탈렌
나이트로소아민	*N*,*N*-다이메틸나이트로소아민
기타	아세트아마이드, 염화 바이닐, 싸이오유레아

1.4 GHS(화학 물질 분류, 표지에 관한 세계조화시스템)

GHS는 Globally Harmonized System of classification and labelling of chemicals의 약자로서 화학 물질의 분류 및 표시를 세계적으로 같은 방식으로 나타내는 것을 말한다. 먼저 급성 독성의 분류 기준을 다음과 같이 3 단계로 통일하였다(LD_{50}은 반수 치사량(Lethal Dose 50)으로서 피실험동물에서 실험대상물질을 투여할 때 피실험동물의 절반이 죽게 되는 양을 말한다).

구분 1: $LD_{50} \leq 5$ mg/kg

구분 2: $5 < LD_{50} \leq 50$ mg/kg

구분 3: $50 < LD_{50} \leq 300$ mg/kg

다음으로는 유해, 위험성 분류에 따른 그림문자를 다음과 같이 통일하였다.

그림문자	설명
	산화제: 산소가 없어도 탈 수 있거나 가연성 물질이 탈 때 불을 돋울 수 있다.
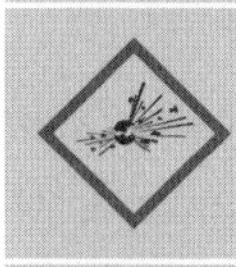	폭발물: 불, 열, 충격이나 마찰에 노출되었을 경우 폭발할 수 있다. 예: 유기 과산화물
	부식성: 피부에 화상을 일으키거나 눈에 영구적인 손상을 줄 수 있다.
	압축 기체
	가연성
	수중 생물에 대한 독성이 있고 수중 환경에 급성 혹은 만성적인 악영향을 줄 수 있다.
	작은 양으로도 짧은 시간에 노출되면 생명을 위협할 수 있는 독성 물질이다.
	짧은 시간 혹은 장기간에 노출되었을 때 건강에 심각한 위험을 줄 수 있다.
	자극성: 노출된 경우 피부가 붉게 변하거나 발진이 생길 수 있다.

2 실험 노트 작성하기

실험 노트(혹은 연구 노트)는 실험을 수행하는 방법과 실험 결과를 기록하는 소중한 자료이다. 여러분이 아무리 실험을 열심히 하였다고 해도 기록으로 남기지 않으면 나중에 같은 실험을 반복하기가 어려울 것이다. 또한 새로운 물질을 합성하였어도 실험 노트가 없으면 논문을 쓰거나 특허를 청구할 수도 없을 것이다. 실험 노트는 다른 사람이 여러분이 작성한 실험 노트를 보고 같은 결과를 얻을 수 있을 정도로 자세한 내용을 담고 있어야 한다. 실험 노트는 흔히 다음과 같은 지침에 따라 작성한다.

- 실험 노트는 제본된 공책을 사용한다.
- 유성 잉크를 사용한다. 연필은 금물이다.
- 페이지마다 날짜를 쓴다.
- 첫 페이지는 홀수 쪽에서 시작한다.
- 실수로 잘못 쓴 경우에는 수정액 등으로 지우지 말고 가운데에 선을 긋고 그 아래에 다시 쓴다.
- 첫 페이지에는 실험 번호, 실험 제목 및 실험 목적을 쓴다. 그 다음에는 참고문헌, 실험 방법을 기록한다.
- 시제는 과거형을 사용하고 피동형으로 기술한다.
- 실험 과정에서는 먼저 반응에 사용한 중요한 화학 물질을 기록하며 화합물의 이름, 몰질량, 녹는점, 끓는점, 밀도 같은 유용한 물리적 성질을 아래 표에 적는다. 그리고 실제 실험한 내용, 반응 조건(온도, 시간, 촉매, 압력 등), 관찰한 사실 등을 적는다.
- 반응물 중에서 어느 것이 한계 반응물인지를 구한다.
- 수율을 기록하는 경우에는 순도[예: 재결정화 후 혹은 미정제(crude)]를 언급한다.

산-염기 반응

3

산과 염기는 유기 반응에서 매우 중요한 역할을 수행한다. 먼저, 산과 염기는 많은 반응(예: 알돌 반응, Fischer 에스터화 반응 등)에서 촉매 역할을 한다. 또한 산과 염기는 유기 반응에 참여하는 친전자체와 친핵체의 생성에 관여한다. 예를 들어 벤젠의 나이트로화 반응에서는 황산이 산으로 작용하여 질산에 양성자를 주며 이 때 생긴 중간체가 나이트로늄 이온이라는 친전자체로 변환된다.

$$HONO_2 + H_2SO_4 \rightleftharpoons HSO_4^- + HO_2{}^+NO_2 \longrightarrow NO_2{}^+$$

말론산 에스터 합성에서는 에톡사이드 이온이 말론산 에스터에서 양성자를 떼어내면 말론산 에스터 음이온이 거의 정량적으로 생기고 이 음이온이 알킬 할라이드와 반응하는 친핵체로 작용하게 된다.

$$CH_2(CO_2Et)_2 + {}^-OEt \longrightarrow {}^-CH(CO_2Et)_2 + HOEt$$

염기는 반응 중에 나오는 산을 중화시키기 위하여 사용하기도 한다. 한 예로서, 1차 알코올의 토실레이트를 합성할 때 흔히 용매 겸 염기로서 피리딘 같은 아민을 사용한다.

$$RCH_2OH \xrightarrow[\text{pyridine}]{\text{TsCl}} RCH_2OTs + \text{pyridine HCl}$$

많은 유기 반응은 **반응 마무리**(workup)라는 단계가 필요하다. 예로서 THF 용매에서 벤즈알데하이드를 $LiAlH_4$로 환원하여 벤질 알코올을 얻고자 한다고 하자. 반응이 끝나면 벤질 알코올이 중성 분자로서가 아니라 리튬 염으로 반응액에서 존재할 것이다. 대부분의 경우에 생성물을 이온성 화합물의 상태로서가 아니라 중성 분자로서 얻고자 하기 때문에(염이 우리가 목표로 삼은 화합물인 경우를 제외하고) 이 경우에는 물 같은 양성자성 용매나 산을 가하여 반응액을 중화시켜야 한다(또한 $LiAlH_4$를 과량으로 사용하였다면 적당한 방법으로 환원제를 분해시켜야 한다).

유기 화학에서 쓸모 있는 산과 염기의 정의는 **브뢴스테드-로우리**(Brønsted-Lowry) 정의와 **루이스**(Lewis) 정의이다. 여기에서는 브뢴스테드-로우리 정의만 논의하기로 한다.

브뢴스테드-로우리 정의에서는 산(HA)은 양성자를 주는 물질(양성자 주개), 염기(B)는 양성자를 받는 물질(양성자 받개)로 정의한다.

$$HA + B \rightleftharpoons A^- + HB^+$$

이 때 생기는 A^-를 산 HA의 짝염기, HB^+를 염기 B의 짝산이라고 부른다. 산의 세기는 묽은 수용액에서 다음 반응의 평형상수 K_a로 정의한다:

$$HA + H_2O \overset{K_a}{\rightleftharpoons} A^- + H_3O^+$$
$$K_a = [A^-]\,[H_3O^+]/[HA]$$

평형상수 K_a를 **산 이온화 상수**(acid ionization constant) K_a라고 부르며 K_a가 1보다 매우 작은 약산의 경우에는 $pK_a(-\log K_a)$를 흔히 사용한다. 산의 K_a가 클수록 그 산은 더 센산이며 반면에 pK_a가 클수록 더 약한 산이 된다.

비슷하게 염기의 세기는 묽은 수용액에서 다음 반응의 평형상수 K_b로 정의한다:

$$B + H_2O \overset{K_b}{\rightleftharpoons} BH^+ + HO^-$$
$$K_b = [BH^+]\,[HO^-]/[B]$$

K_b를 **염기 이온화 상수**(base ionization constant)라고 부르며 K_b가 1보다 매우 작은 약염기의 경우에는 $pK_b(-\log K_b)$를 흔히 사용한다. 앞에서 산의 경우처럼 염기의 K_b가 클수록 그 염기는 더 센염기이며 반면에 pK_b가 클수록 더 약한 염기가 된다. 흔히 약염기의 세기를 pK_b가 아니라 그 염기의 짝산의 pK_a로 표시하기도 한다. 이 경우에는 pK_a가 클수록 더 센 염기가 된다.

짝산의 pK_a로 표시한 염기의 pK_b는 다음 식으로 구할 수 있다.

$$pK_a + pK_b = 14.00$$

예로서 탄산 이온 CO_3^{2-}의 $pK_b = 14.0 - 10.3 = 3.7$이다.

아래 표 3.1에 유기 화학에서 중요한 산과 염기의 짝산의 pK_a를 표시하였다. 또한 부록 3에 더 많은 산의 pK_a 자료가 나와 있다.

표 3.1 중요한 산과 염기의 짝산의 pK_a.

산	pK_a	염기	짝산의 pK_a
p-TsOH	−2.8	$(Me_2CH)_2N^-$	36
H_3O^+	−1.74	NH_2^-	38
H_2CO_3	6.4	Me_3CO^-	17
HCO_3^-	10.2	Me_2CHO^-	16.5
$CH_2(CO_2Et)_2$	13.3	Et_3N	11
EtOH	16	pyridine	5.3
acetone	19.2	aniline	4.62

산과 염기가 관여하는 평형 반응의 평형 상수 K는 다음 식을 이용하여 구할 수 있다.

$$HA + B \rightleftharpoons A^- + BH^+ (K = 10^{(pK_a\,BH^+ - pK_a\,HA)})$$

이 식에서 pK_a BH^+는 염기 B의 짝산 BH^+의 pK_a이며 pK_a HA는 산 HA의 pK_a이다. 이 식은 쓸모가 많으니 기억하기 바란다.

에틸 아세테이트 용매에 녹아 있는 벤조산을 적당한 수용성 염기와 반응시켜 벤조산 염으로 바꾼 후 물층으로 추출하고자 한다고 하자. 과연 어떠한 염기가 좋을까? NaOH 같은 센염기는 용매인 에틸 아세테이트와도 반응할 수 있으므로 대신 약염기인 탄산수소 염을 이용하면 어떨까?

$$\underset{pK_a\ 4.19}{PhCO_2H} + HCO_3^- \rightleftharpoons PhCO_2^- + \underset{pK_a\ 6.37}{H_2CO_3}$$

이 반응의 평형상수를 위 식을 이용하여 구해보면 $K = 10^{(6.37-4.19)} = 151$로 탄산수소 이온은 $PhCO_2H$에서 양성자를 제거할 수 있다.

다른 예로서 **탄소 산**(carbon acid)인 말로네이트(malonate)에서 양성자를 제거하는 반응을 보자.

$$\underset{pK_a\ 13.3}{CH_2(CO_2Et)_2} + {}^-OEt \rightleftharpoons {}^-CH(CO_2Et)_2 + \underset{pK_a\ 16}{HOEt}$$

이 반응의 평형상수는 $K = 10^{(16-13.3)} = 500$이므로 에톡사이드(ethoxide) 이온은 충분히 양성자를 제거할 수 있다.

4 유기 화합물의 물리적 성질

4.1 분자간 힘

유기 화합물의 여러 가지 물리적 성질(녹는점, 끓는점, 용해도 등)에 큰 영향을 주는 힘이 바로 분자간 힘(반데르 발스 힘)이다. 분자간 힘은 본질적으로 정전기적인 힘이며 모든 원자 및 분자 사이에 존재한다. 분자간 힘이 없다면 액체나 고체는 존재할 수 없을 것이다. 분자간 힘에는 몇 가지의 종류가 있다.

4.1.1 ▸ 분자간 힘의 종류

✲ 쌍극자-쌍극자 힘

H–Cl 같이 공유 결합을 이루고 있는 분자에서 두 원자의 전기 음성도의 차이(Pauling 척도로서 0.9) 때문에 그 결합은 영구적인 쌍극자 모멘트가 있는 극성 공유 결합이 된다. 영구적인 쌍극자 사이에서 극성이 반대인 원자 사이의 힘을 쌍극자-쌍극자 힘이라고 하며 이 힘은 대략 1~6 kcal/mol 정도이며 거리의 3승에 반비례한다. 쌍극자-쌍극자 힘의 예로서 아세톤 분자 사이의 힘을 들 수 있다.

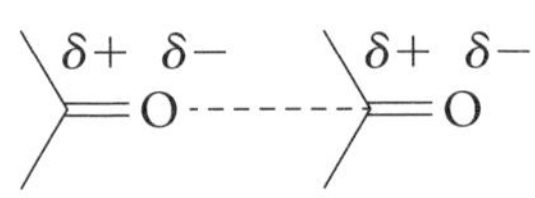

아세톤 분자 사이의 쌍극자-쌍극자 힘 때문에 아세톤(bp 56°C)은 비슷한 분자량의 뷰테인(bp −1°C)보다 더 높은 온도에서 끓는다.

✲ 수소 결합

수소 결합은 특별한 종류의 쌍극자-쌍극자 힘으로서 전기 음성도가 큰 원자인 플루오린, 질소 및 산소에 결합하고 있는 수소(크기가 작고, 양의 부분 전하를 가짐)와 플루오린, 질소 및 산소(음의 부분 전하) 사이의 힘이다.

$$^{\delta-}X{-}H^{\delta+}\text{------}\,^{\delta-}X\ (X = F, N, O)$$

플루오린화 수소, 암모니아 및 물은 모두 분자간 수소 결합이 존재하나 물의 경우가 특별하다. 물 분자의 경우 산소의 두 고립쌍 전자는 수소 결합을 받을 수 있고 두 수소 원자는 수소 결합을 줄 수 있기 때문에 산소 원자 주위에 사면체 구조의 수소 결합이 생긴다. 얼음은 이러한 수소 결합이 3차원 구조를 이루고 있는 물질이며 사면체 구조의 안이 비어 있는 "열린 구조"를 하고 있다. 이러한 이유로 얼음은 물보다 가벼워서 물 위에 뜨게 된다. 액체 물에서도 수소 결합이 3차원 구조를 이루고 있으나 수소 원자는 한 산소 원자에서 다른 산소 원자로 빠르게 이동하며 이러한 현상을 양성자 이동(proton transfer)이라고 부른다.

물에서의 수소 결합의 세기는 5~6 kcal/mol이나 액체 물의 경우 수소 결합의 수가 많기 때문에 물(bp 100°C)은 비슷한 분자량인 메테인(bp −162°C)보다 훨씬 더 높은 온도에서 끓는다.

유기 화합물은 분자간 수소 결합도 하지만 경우에 따라 분자내 수소 결합도 할 수 있다. 예로서 오쏘 벤젠 유도체인 살리실알데하이드, 살리실산, *o*-나이트로페놀을 들 수 있다. 파라 벤젠 유도체에 비하여 오쏘 화합물은 분자내 수소 결합으로 인하여 분자간 힘이 약하며 따라서 녹는점, 끓는점이 더 낮다.

오쏘 벤젠 유도체	mp(°C)	bp(°C)	파라 벤젠 유도체	mp(°C)	bp(°C)
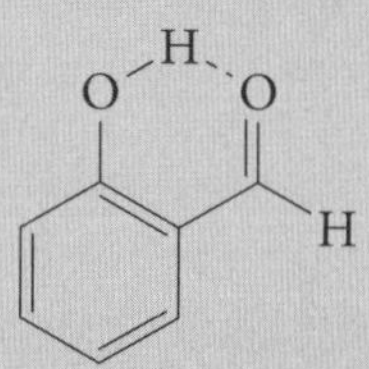 salicylaldehyde	−7	196~7	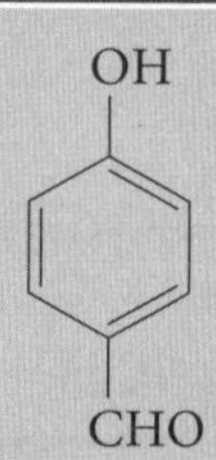 *p*-hydroxybenzaldehyde	0	248
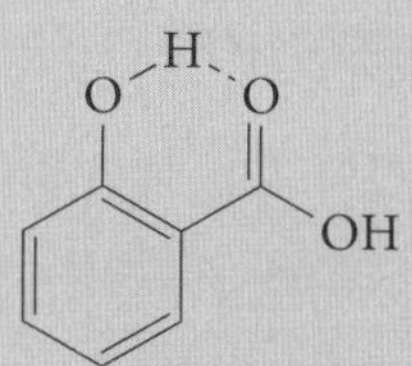 salicylic acid	159		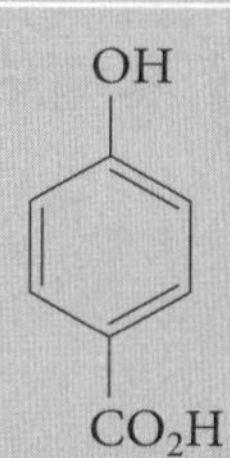 *p*-hydroxybenzoic acid	213~4	
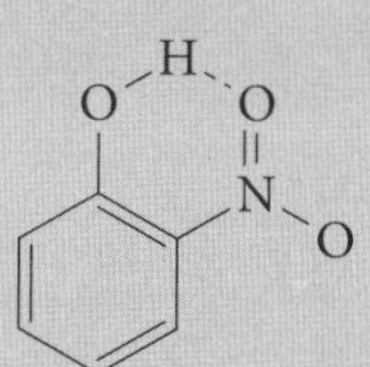 *o*-nitrophenol	44		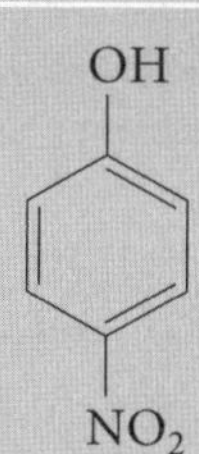 *p*-nitrophenol	113~4	

✲ 분산력

원자나 비극성 분자 사이에서도 분자간 힘이 존재하는데 이러한 힘을 분산력 혹은 런던(London) 힘이라고 한다. 사실, 분산력은 모든 원자 및 분자 사이에 존재하는 힘이다.

헬륨 원자라도 순간적으로는 전자 밀도가 원자의 한쪽에 더 많이 존재하게 되고 그러면 쌍극자 모멘트가 생기게 된다. 이 모멘트는 순간적으로 생기고 사라지며 또 다시 다른 위치에 전자가 더 많이 분포되면 새로운 쌍극자 모멘트가 생기게 된다. 이렇게 하여 생긴 쌍극자 모멘트는 인접 원자에서 쌍극자를 유발하게 되며 이러한 과정이 전체 시료에 걸쳐서 일어나게 된다. 이렇게 생긴 순간 쌍극자 사이의 인력이 바로 분산력이며 이 힘은 거리의 6승에 반비례한다.

원자나 분자에 전자가 많을수록, 즉 몰질량이 클수록 원자나 분자의 전자 분포가 찌그러지기 쉬운 정도를 나타내는 편극도(분극도, polarizability)는 증가한다. 분산력은 편극도가 증가할수록 커지므로 결국 분산력은 몰질량이 클수록 증가한다. 이러한 경향은 할로젠 족 원소들과 탄화수소의 끓는점 자료에서 알 수 있다.

할로젠 원소	몰질량(g/mol)	bp(°C)	탄화수소	몰질량(g/mol)	bp(°C)
F_2	38	−188	프로페인	44	−42
Cl_2	71	−35	뷰테인	58	−0.5
Br_2	160	59	펜테인	72	35
I_2	254	184	헥세인	86	69

4.2 용해도와 유기 용매

용질 A와 용매 B가 자발적으로 섞이기 위해서는 혼합 과정의 자유 에너지 변화($\Delta G_{혼합}$)가 음이어야 하며 $\Delta G_{혼합}$는 다음 식으로 주어진다.

$$\Delta G_{혼합} = \Delta H_A + \Delta H_B + \Delta H_{용매화} - T\Delta S_{혼합}$$

이 식에서 ΔH_A와 ΔH_B는 각각 용질과 용매 분자간의 분리에 필요한 에너지이며 $\Delta H_{용매화}$는 분리된 용매와 용질 분자가 혼합하는 과정의 엔탈피 변화이다. 비슷하게 $\Delta S_{혼합}$는 혼합 과정의 엔트로피 변화이다. 용질과 용매 분자 사이의 힘을 끊고 서로 분리시키려면 에너지가 필요하므로 ΔH_A와 ΔH_B는 양수, 즉 흡열 과정이다. 서로 분리된 용질과 용매 분자가 섞이는 과정은 항상 발열이므로 $\Delta H_{용매화}$는 음수이며 $\Delta S_{혼합}$는 양의 값이다. 온도가 올라갈수록 쌍극자-쌍극자 사이의 힘은 약해진다. 따라서 극성 분자의 경우 온도가 올라갈수록 ΔH_A와 ΔH_B는 양의 값이 더 작아지므로 일반적으로 온도가 올라갈수록 용해도는 증가하게 된다.

용해도(solubility)는 특정 온도에서 한 용질이 최대로 용매에 녹는 양을 의미하며 정량적으로는 몰농도, 몰랄 농도, 몰분율 등의 단위나 용매 100 g에 녹는 용질의 g 수로 표시한다. 아세톤이나 에탄올 같이 물에 모든 비율로 녹는 경우에는 서로 섞인다(miscible)라고 한다.

용해도에 영향을 주는 요인 중에는 온도와 압력이 있으며 특히 기체의 경우에는 압력도 중요하다.

용해도에 관련된 속담 중에 "끼리끼리 녹인다(like dissolves like)"라는 말이 있다. 이 말은 극성이 비슷한 것끼리 서로 녹인다는 의미이다. 예로서 극성인 아세톤은 극성 용매인 물에 녹으나 비극성인 벤젠은 물에 잘 녹지 않고 대신 비극성인 사염화 탄소에 잘 녹는다.

유기 반응의 생성물이 반응 용매와 물 중에서 어디에 더 잘 녹을 지를 미리 아는 것은 매우 중요하다. 비록 유기 용매에서 반응을 수행한다고 하여도 많은 경우 반응을 종결시키거나 물에 잘 녹는 염을 제거하기 위하여 반응 후에 물을 가하는 경우가 흔하다. 어떤 물질이 물에 잘 녹으려면 물과 수소 결합을 할 수 있는 기(예: OH 기, NH_2 기)가 있어야 한다. 흔히 그러한 기 한 개마다 탄소수가 5 개까지인 화합물이 녹을 수 있다.

1차 알코올인 경우를 보면, 다음과 같다.

MeOH, EtOH, *n*-PrOH: 물과 섞임
1-butanol: 7.5%w; 2-butanol: 13%w; *tert*-butyl alcohol: 물과 섞임;
1-pentanol: 2%w; 1-hexanol: 0.7%w

1차 아민의 경우에는,

methylamine에서 *n*-pentylamine: 물과 섞임
n-hexylamine: 1.2%w

탄소수가 6인 경우부터는 물에 잘 녹지 않는다. 카복실산 $Me(CH_2)_nCOOH$의 경우에는 n=7부터 녹지 않는다.

유기 반응에서 주로 사용하는 유기 용매가 물에 얼마나 녹는지를 아는 것도 중요하다(표 4.1). 테트라하이드로퓨란(THF)은 유기 화학에서 널리 쓰이는 용매인데, 그 이유는 THF는 수소 결합을 받아들일 수 있기 때문에 물 및 알코올 용매에 잘 녹고 또한 알킬 할라이드 같은 극성 분자 그리고 탄화수소 같은 비극성 분자도 잘 녹이기 때문이다.

표 4.1 물에서의 흔한 유기 용매의 용해도.

물에서의 용해도	유기 용매
거의 녹지 않음	벤젠, 톨루엔, 헥세인, 석유 에터, 이염화메테인
약간 녹음	다이에틸 에터, 에틸 아세테이트
물과 섞임	아세톤, 메탄올, 에탄올, 1,4-다이옥세인, 테트라하이드로퓨란(THF), 다이메틸 설폭사이드(DMSO), 다이메틸폼아마이드(DMF), 아세토나이트릴

또한 유기 반응의 속도는 용매에 따라 크게 달라진다. 예로서 S_N1 반응은 **양성자성 용매**에서 빠르며 S_N2 반응은 **극성이지만 비양성자성 용매**에서 빠르다. 흔히 용매 분자에 수소 결합에 참여하는 수소 원자가 있으면 그러한 용매를 양성자성(protic) 용매라고 하며 또한 흔히 극성 용매이기도 하다(표 4.2).

극성 용매와 비극성 용매를 딱 부러지게 구별하는 것은 어렵지만 흔히 극성 용매는 **유전 상수**(誘電常數, dielectric constant) ε가 15보다 큰 용매를 말한다.

고무나 유리 같은 비전도성 물질을 유전체(dielectric)이라고 부른다. 유전체를 축전기의 도체판에 채운다고 하자. 그러면 전위차가 채우기 전보다 1/ε만큼 감소함을 알 수 있는데, 이 때 ε는 차원이 없는 상수로서 유전 상수[물리에서는 유전율(permittivity)이라는 용어를 사용]라고 한다.

특정한 용매에서 전하가 각각 q_1과 q_2인 두 이온이 r 만큼 떨어져 있는 경우, 이온 사이의 에너지는 다음 식으로 나타낼 수 있다.

$$E = k\, q_1\, q_2/(\varepsilon r)$$

이 식에서 k는 임의의 상수이며 ε는 두 이온이 들어 있는 용매의 유전 상수이다. 이 식에 의하면 유전 상수 ε가 클수록 이온 사이의 상호작용 에너지인 E의 크기는 작아진다는 점을 알 수 있다. 이는 전하가 반대인 이온 사이의 인력이나 전하가 같은 이온 사이의 반발력이 극성 용매에서는 약해짐을 의미한다. 물(ε = 78), 메탄올(ε = 33), 아세톤(ε = 21) 등이 극성 용매이며, 반면에 다이에틸 에터(ε = 4), 아세트산(ε = 6)은 비극성 용매이다.

유의할 점은 쌍극자 모멘트가 큰 극성 분자라고 하여도 비극성 용매일 수도 있다는 것이다(반대로 극성 용매는 모두 극성 분자로 이루어져 있다). 좋은 예가 아세트산이다. 아세트산은 쌍극자 모멘트가 1.68 D인 극성 분자이나 유전 상수는 6.1로서 비극성 용매이다. 반면에 폼산은 아세트산과 쌍극자 모멘트의 크기(1.82 D)는 비슷하지만 극성 용매이다(ε = 59). 용매의 극성 여부는 분자 하나의 성질이 아니라 수많은 분자들이 모여서 이루어진 집합체에서 분자들이 서로 어떻게 상호작용하는 지에 달려 있는 것이다.

양성자성 용매에는 물, 아세트산, 알코올 등이 있다. 반면에 수소 결합을 할 수 있는 수소 원자가 없는 용매를 비양성자성(aprotic) 용매라고 한다. 비양성자성 용매는 극성 용매 혹은 비극성 용매일 수 있다.

표 4.2 용매의 분류.

		화합물	구조식(약칭)	끓는점(°C)	유전 상수	밀도 (g/mL)	쌍극자 모멘트 (D)
극성	양성자성	물	H_2O	100	78	1.00	1.85
		폼산	HCO_2H	101	59	1.22	1.82
		메탄올	CH_3OH(MeOH)	65	33	0.791	1.70
		에탄올	CH_3CH_2OH(EtOH)	79	25	0.789	1.69
	비양성자성	다이메틸 설폭사이드	$(CH_3)_2SO$(DMSO)	189	47	1.092	3.96
		아세토-나이트릴	CH_3CN(MeCN)	82	38	0.786	3.92
		다이메틸-폼아마이드	$HCON(CH_3)_2$(DMF)	153	38	0.944	3.82
		1-메틸-2-피롤리딘온	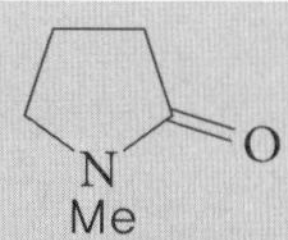	202	32	1.028	4.09
		아세톤	CH_3COCH_3	56	21	0.786	2.88
비극성	양성자성	아세트산	CH_3CO_2H(AcOH)	118	6.2	1.049	1.74
	비양성자성	이염화메테인	CH_2Cl_2	40	9.1	1.33	1.60
		테트라하이드로퓨란*	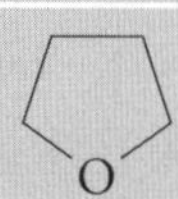 (THF)	66	7.5	0.886	1.75
		에틸 아세테이트*	$CH_3CO_2CH_2CH_3$($MeCO_2Et$)	77	6.0	0.894	1.78
		클로로폼	$CHCl_3$	61	4.8	1.48	1.15
		다이에틸 에터	$CH_3CH_2OCH_2CH_3$(EtOEt)	35	4.3	0.713	1.15
		톨루엔	$C_6H_5CH_3$(PhMe)	111	2.4	0.86	0.31
		헥세인	C_6H_{14}	69	1.9	0.655	0.085

* 이들 용매를 흔히 극성 용매의 범위에 넣기도 한다.

S_N2 반응은 양성자성 용매에서보다 DMSO나 DMF 같이 극성이고 비양성자성 용매에서 훨씬 빠르게 일어난다. DMSO 용매에서 1차 할라이드를 KCN 염과 반응시켜 나이트릴을 얻고자 한다고 하자.

$$RCH_2Br + KCN \xrightarrow[\text{DMSO}]{} RCH_2CN + KBr$$

반응 후 어떻게 용매를 제거하여야 할까? DMSO는 끓는점이 높기 때문에 증류로 제거하기가 어렵다. 이런 경우에는 물과 잘 섞이지 않고 물보다 밀도가 작은 용매(예: 에틸 아세테이트, 에터 등)로 반응 용액을 묽힌 후 물을 가하여(원래 유기 용매 부피의 20배 이상) DMSO를 물로 여러 번 추출하여 제거하면 된다(S_N2 반응이 극성 비양성자성 용매에서 훨씬 빠르지만, 용매를 제거하거나 회수하기가 어렵고 값도 비싸기 때문에 양성자성 용매도 흔히 사용한다).

4.3 녹는점

녹는점은 고체와 액체가 공존하는 온도이다. 녹는점은 흔히 유기 화합물을 확인하고 고체 화합물의 순도를 알기 위하여 측정한다.

4.3.1 ▸ 화합물의 확인

녹는점(melting point, mp)은 물리적 성질의 하나로서, 측정하기가 쉽기 때문에 유기 화합물의 확인에 널리 쓰인다.

순수한 고체 화합물의 이상적 가열 곡선을 보자(그림 4.1). 녹는점(mp) 아래에서는 고체상만 존재한다. 가열을 시작하면 고체의 온도가 오르기 시작하면서 결정 구조에서 분자 사이의 진동 운동이 증가할 것이다. 녹는점에 도달하면 추가되는 열은 고체 분자를 분리하는데 사용되므로 온도는 고체가 존재하는 한(A와 B 사이) 일정하게 유지된다. 모든 고체가 녹으면(B), 추가되는 열은 액체의 온도를 올려서 액체상에서의 분자 운동이 더 활발하게 된다. 선분 C−D가 선분 A−B보다 더 긴 이유는 몰기화열이 몰용융열보다 크기 때문이다.

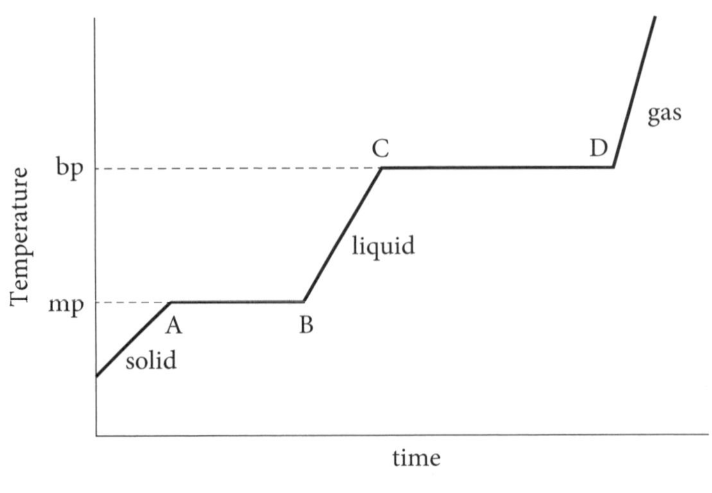

그림 4.1 순수한 고체 화합물의 이상적 가열 곡선.

고체와 액체 사이의 상전이에서 열을 가하여도 고체의 온도는 일정하기 때문에 폭이 좁은 녹는점을 관찰하게 된다.

우리가 합성한 화합물의 녹는점을 문헌(예: CRC, Merck Index, Aldrich 등)이나 인터넷(예: www.chemspider.com)에서 알려진 화합물의 값과 비교하면 화합물의 확인에 도움이 된다. 하지만 화합물이 달라도 녹는점이 같을 수 있기 때문에 녹는점만으로는 화합물을 확실하게 확인할 수는 없다.

4.3.2 ▸ 순도의 결정

유기 화합물의 순도는 원소 분석, NMR, 크로마토그래피 같은 방법으로 결정할 수 있으나 녹는점을 측정하면 순도에 대한 정성적인 정보를 손쉽게 얻을 수 있다. 순수한 유기 화합물은 특정한 온도나 폭이 좁은 온도 범위(0.5~2°C)에서 녹는다. 한 화합물이 소량의 불순물로 오염이 되면, 녹는점이 내려가고 녹는점의 범위가 더 넓어진다.

화합물의 녹는점은 어는점과 같은 온도이다. 녹는점/어는점에서는 고체와 액체상이 평형을 이루고 있다. 하지만, 일반화학에서 배운 용액의 총괄성질을 기억하여 보자. 총괄성질은 용액에 녹아 있는 용질의 성질이 아니라 용질의 개수에만 달려 있는 성질로서 증기압 오름, 어는점 내림, 끓는점 오름, 삼투압이 대표적 예이다.

그렇다면 어는점 내림이 오염된 고체의 녹는점이 내려가는 점과 어떠한 관련이 있을까? 주성분인 고체에 소량의 다른 고체가 불순물로 들어 있는 혼합물을 생각하여 보자. 혼합물의 온도를 올리면, 어느 온도에서 주성분 고체가 부드러워지기 시작한다(이러한 현상은 실제로는 고체가 녹는 것을 보기 전에 일어나기 때문에 볼 수는 없다). 이러한 일이 생기면, 불순물도 주성분 고체의 부드러워진 부분에 녹게 되어 용액의 용질 역할을 하게 된다. 이 용액은 순수한 화합물보다 녹는점/어는점이 더 낮기 때문에 불순한 화합물이 더 낮은 온도에서 녹는 것을 보게 된다.

두 화합물 A와 B의 가상적 녹는점-조성 곡선을 보자(그림 4.2). 순수한 A는 A의 녹는점에서 녹고, 순수한 B는 B의 녹는점에서 녹을 것이다. B를 A에 첨가하면, 녹는 범위가 더 넓어지고 녹는점도 낮아진다. 조성 x는 y에서 녹기 시작하여 온도 z까지 녹을 것이다.

녹는점-조성 곡선의 최소점에서는 혼합물이 날카롭게 녹는 **공융점**(eutectic point)을 이룬다. 위 그림에서 L은 액체상, α와 β는 성분 A와 성분 B의 고체상을 각각 의미한다. 하지만 모든 혼합물이 공융점을 만들지는 않는다.

4.3.3 ▸ 혼합 녹는점

혼합 녹는점은 물질의 확인에 쓰이는 특별한 방법이다. 이 방법은 앞 절에서 언급한 대로, 한 물질이 다른 물질로 오염되어 있다면 녹는점이 내려간다는 총괄

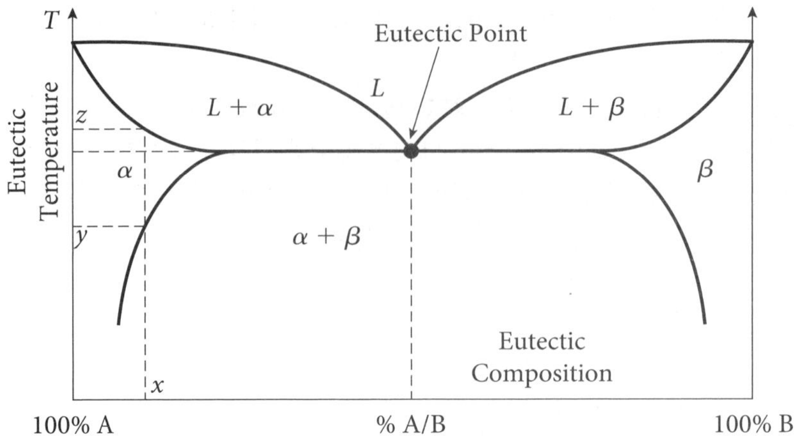

그림 4.2 두 화합물 A와 B의 가상적 녹는점-조성 곡선

성질을 이용하는 것이다. 이러한 현상은 서로 다른 두 화합물의 녹는점이 같은 경우에도 관찰되기 때문에 녹는점이 같은 두 화합물이 같은 지를 판단할 때 도움이 된다.

혼합 녹는점을 측정하려면 여러분이 합성 혹은 분리한 화합물이 순수하여야 한다. 이 물질과 이 물질로 예상되는 진짜 시료를 같은 양만큼 섞고 가루로 만든 후 이 혼합물의 녹는점을 측정한다. 만약 혼합물의 녹는점이 어느 하나의 순수한 물질의 녹는점과 다르다면(녹는점이 폭은 좁으나 다를 수 있고 혹은 녹는점이 범위가 넓으면서 다를 수도 있음) 두 화합물은 확실하게 다르다. 하지만 혼합물의 녹는점이 어느 하나의 물질의 녹는점과 같다면 두 화합물은 같거나 아니면 혼합물이 고체 용액(solid solution)을 이루는 경우이다.

4.3.4 ▸ 녹는점 측정

녹는점을 측정하는 기구로서는 틸레(Thiele) 관(그림 4.3)이나 멜-템프(MEL-TEMP®)(그림 4.4), 피셔-존스(Fisher-Johns®)(그림 4.5), 토마스-후버(Thomas-Hoover®) 기구를 사용한다. 틸레 관은 온도 조절이 어렵고 실리콘 오일이나 물 같은 액체를 사용하므로 사용하기가 번거로워 요즈음에는 많이 사용하지 않는다. 온도 증가율을 디지털로 조정할 수 있어서 편리하나 고가인 장비의 한 예가 뷔히(Büchi) 녹는점 측정기이다(그림 4.6).

여기에서는 비교적 저렴하여 대부분의 유기 실험실에 준비가 되어 있는 멜-템프(MEL-TEMP®) 모세관 녹는점 측정기의 사용을 다루기로 한다(현재 이 장치의 생산은 중단된 상태이다). 이 장치를 사용하려면 먼저 시료를 모세관에 준비하여야 한다.

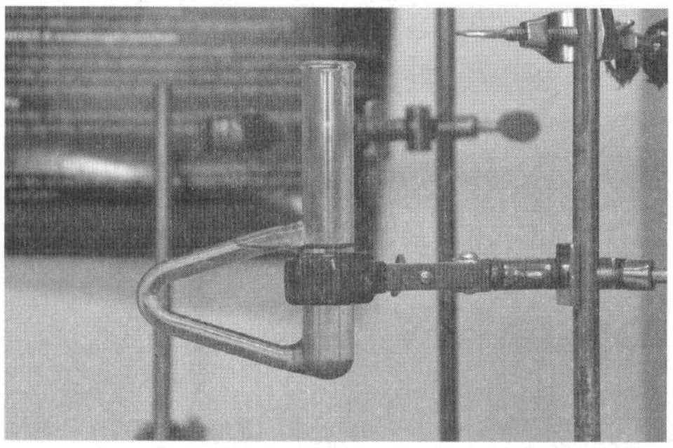

그림 4.3 틸레(Thiele) 관.

source: Wikipedia

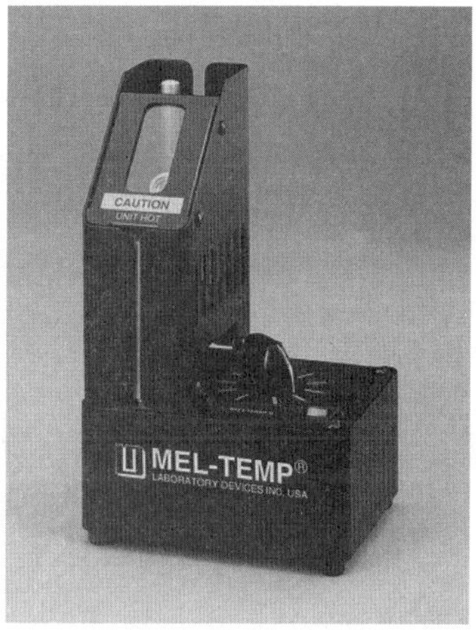

그림 4.4 멜-템프(MEL-TEMP®) 모세관 녹는점 측정기.

source: SigmaAldrich

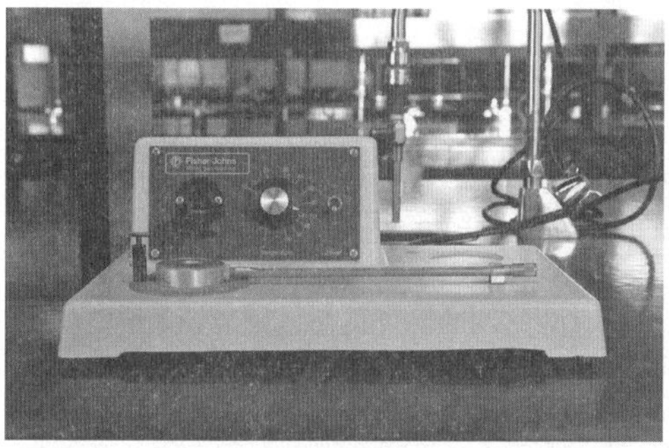

그림 4.5 피셔-존스(Fisher-Johns®) 녹는점 측정기.

source: Wikipedia

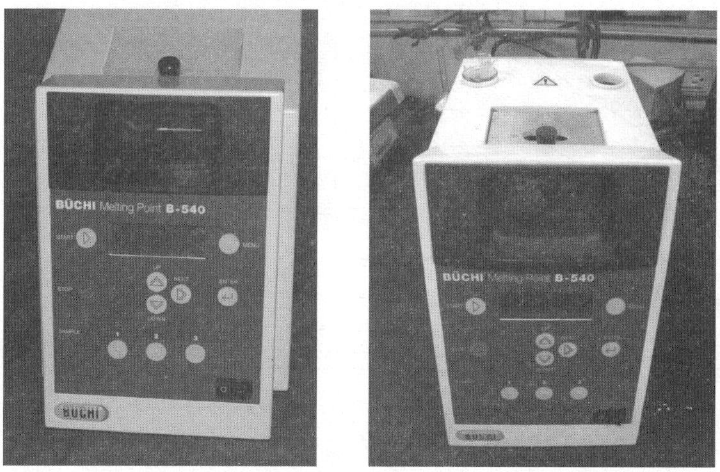

그림 4.6 뷔히(Büchi®) 녹는점 측정기(B-540).

source: Triad Scientific

1. 시료를 준비하기

먼저 고체(결정 몇 개 정도)를 기름종이 위에 놓고 약 숟가락의 넓은 부분으로 눌러 가루로 만든다. 모세관의 한 끝으로 가루를 눌러 시료가 모세관 끝에 2~3 mm 높이로 들어가게 한다. 그 다음에는 약 50 cm 정도의 유리관(끝이 뚫린)을 시험대 위에 세우고 모세관을 떨어뜨려 가루가 모세관 끝에서 잘 충진되도록 한다. 이 과정을 서너 번 반복한다.

2. 녹는점 측정기를 가열하기

✲ 녹는점을 아는 경우

처음에는 온도를 빠르게 올리되(다이알 맞춤 5), 온도가 녹는점보다 15°C 아래쯤까지 올라가면 멜-템프(MEL-TEMP®) 온도 맞춤 그래프(그림 4.7)을 보고 다이얼을 맞춘다(*중요*: 녹는점 부근에서는 가열판, 온도계, 시료가 열적 평형에 있어야 정확한 녹는점을 측정할 수 있다. 경험에 의하면 온도는 분당 1°C 이상 올라가면 안 된다).

✲ 녹는점을 모르는 경우

처음에는 온도를 빨리 올려 녹는점을 대충 재고, 멜-템프(MEL-TEMP®)의 온도가 시료가 녹았던 온도보다 20°C 아래로 내려가면 다른 시료로 녹는점을 앞의 방법대로 측정한다.

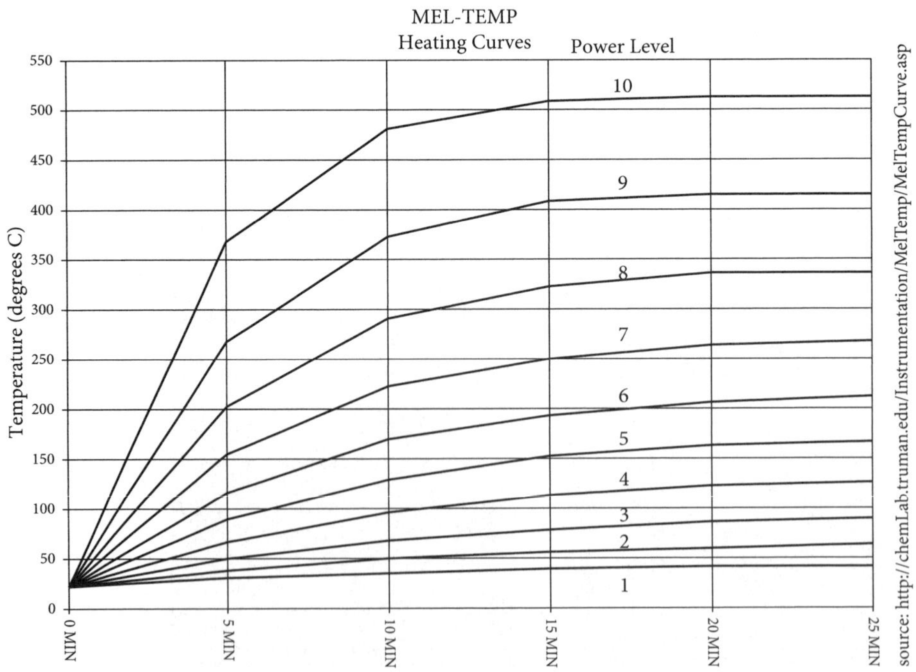

그림 4.7 멜-템프(MEL-TEMP®) 온도 맞춤 그래프.

✻ 녹는점을 모니터하기

눈으로 온도계로부터 20 cm 정도 떨어져서 결정의 녹는 현상을 관찰한다. 고체가 녹기 시작하여 마지막 결정이 녹는 순간의 온도를 기록한다. 녹는점은 100~101°C로 표기한다. 많은 유기 화합물들은 녹기 전에 결정 구조가 변한다. 그러면 결정이 오그라지거나 부드러워지거나 하는 현상이 생긴다. 이러한 순간이 녹는점의 시작은 아니다. 녹는점은 전체 시료 내에서 액체가 처음 생기는 순간의 온도를 말한다. 어떠한 화합물은 녹기 전에 혹은 녹으면서 분해하기도 한다. 색이 변하거나 거품이 나거나 검게 변하면 분해가 일어났다는 것을 알 수 있다. 분해가 일어나면 분해 과정의 생성물이 불순물로 작용하여 녹는점이 더 낮아지고 녹는 범위도 더 넓어지게 된다. 이러한 경우에는 decomposition(분해)의 첫 글자를 따서 d라고 표시한다. 화합물이 녹는점 측정 중에 분해되는 것을 막는 한 가지 방법은 녹는점 측정기의 온도를 녹는점 몇 도 아래까지 올린 후 시료를 넣고 재빨리 녹는점을 재는 것이다.

4.4 끓는점

액체의 **끓는점**(boiling point, bp)은 액체의 증기압이 액체의 표면에 가해진 외부 압력과 같아지는 온도이다. 정상 끓는점은 외부 압력이 1 기압일 때의 온도로 정의한다.

액체의 끓는점은 1886년에 Siwoloboff가 발표한 방법을 이용하면 쉽게 잴 수 있다. 이 방법에서는 녹는점 측정에 사용하는 모세관을 사용하며 필요한 시료의 양은 몇 μL 정도에 불과하다. 또한 상당히 정확하게 측정할 수 있다는 장점이 있다(± 0.2°C)(그림 4.8).

✻ 방법:

먼저, 분젠 버너의 푸른 색 부분으로 파스퇴르 피펫의 좁아지는 부분에서 위로 1 cm 올라간 곳을 가열하여 20~25 cm 길이의 얇은 모세관을 얻는다.

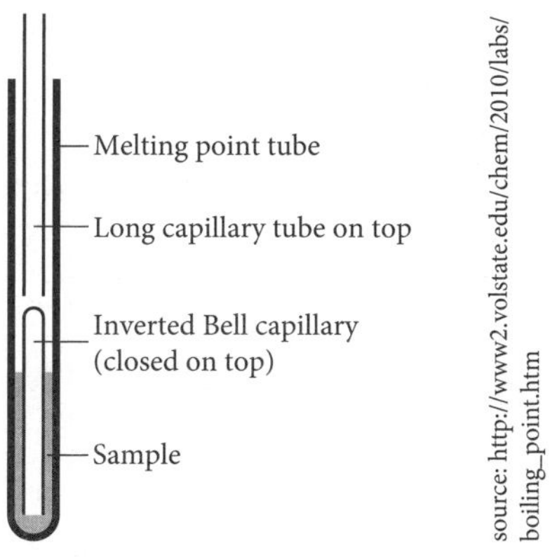

그림 4.8 마이크로 규모 끓는점 측정 장치.

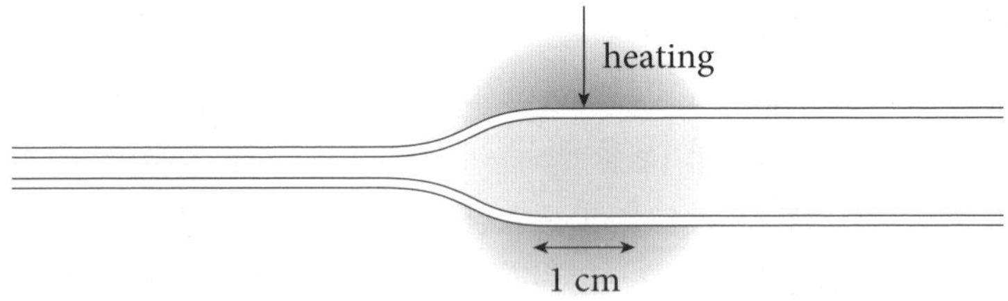

그 다음 길이가 얇은 모세관 부분을 잘라서 길이가 1 cm인 조각을 얻는다. 핀셋으로 이 모세관을 붙잡은 후 한쪽을 불꽃으로 봉한다. 이렇게 얻은 관을 벨(Bell) 모세관이라고 부른다.

시료를 10 μL 가스 크로마토그래피용 주사기로 녹는점 측정 모세관에 높이가 1 cm 되도록 넣는다. 벨 모세관을 열린 부분이 밑으로 향하도록 하면서 긴 모세관으로 밀어 모세관에 집어 넣는다. 그러면 벨 모세관이 액체에 잠길 것이다. 이 때 시료가 벨 모세관을 채우면 안 된다. 모세관을 녹는점 측정 장치에 넣고 온도를 분당 3°C의 속도로 올리고 예상되는 끓는점보다 10°C 아래까지 온도가 올라오면 분당 1°C의 속도로 올린다. 벨 모세관의 열린 부분에서 방울이 계속 나오기 시작하면 가열을 중지하고 식도록 방치한다. 방울이 나오지 않고 액체가 벨 모세관으로 들어가는 순간의 온도를 측정한다. 이 온도가 바로 액체 시료의 끓는점이다.

유기 반응

5

5.1 유리기구

화학 실험실에서 흔히 사용하는 유리기구는 보로실리케이트(borosilicate)로 만든다. 보로실리케이트는 열팽창이 매우 작아 온도가 급격하게 변하여도 깨지지 않는다. 현재 여러 유리 회사에서 파이렉스(Pyrex), 키맥스(Kimax), 쇼트(Schott) 등의 상표명으로 판매하고 있다.

유리기구를 연결할 때에는 흔히 갈아 맞춘 연결관(ground joint)이 있는 것을 쓴다. 갈아 맞춘 연결관에는 몇 가지 종류가 있으나 가장 많이 사용하는 연결관의 한 예가 그림 5.1에 나와 있다. 이렇게 10:1의 경사가 있는 연결관을 표준 테이퍼(standard taper)라고 부르며 기호 $ 다음에 19/22로 나타낸다. 두 숫자는 내부 연결관의 경우 바닥의 외경과 연결관의 길이를 mm 단위로 나타낸 것이다. 유기 화학 실험실에서 많이 사용하고 있는 규격은 14/20과 24/40이다.

갈아 맞춘 연결관에 염기가 묻으면 증류 같은 작업 후에 연결관이 서로 달라붙게 되어 연결을 풀 수가 없는 경우가 생긴다(이러한 일이 생기면 초음파 세척기를 이용한다. 이것이 실패하면 불꽃으로 살짝 가열한다). 이를 방지하려면 약간의 그리스를 바르거나 테플론 테이프로 내부 연결관을 감은 후 사용하면 좋다. 그리스는 외부 연결관의 표면에 긴 쪽으로 4~5 차례 바른다(그림 5.2). 사용한 후에는 이염화메테인, 헥세인이나 에터로 씻어낸다.

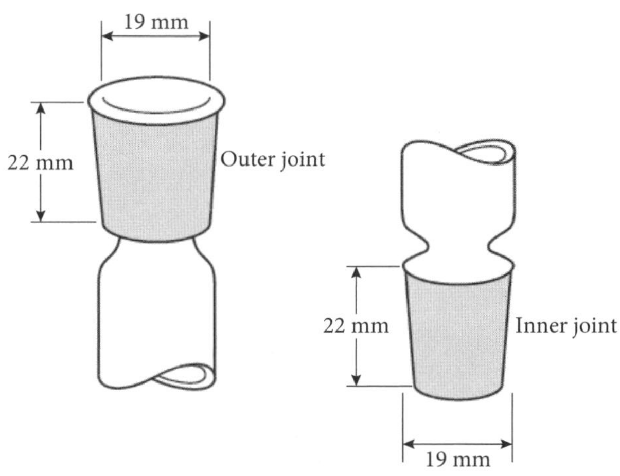

source: The Organic Chem Lab Survival Manual A Student's Guide To Techniques 8th 2011

그림 5.1 갈아 맞춘 연결관.

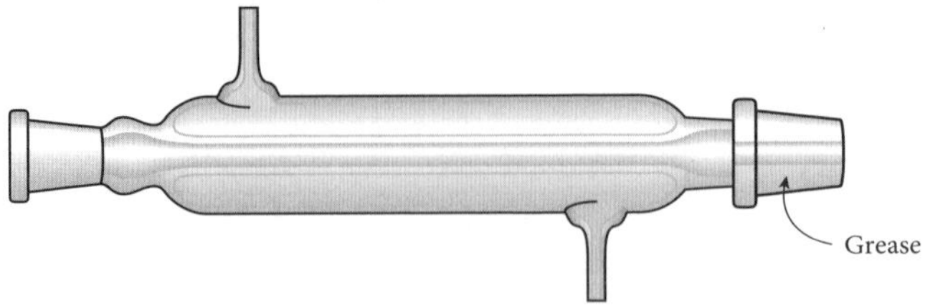

그림 5.2 갈아 맞춘 연결관에 그리스를 바르는 법.

환류를 하기 전에 사용할 일구 둥근바닥 플라스크에 별 모양의 깨진 자국이 있는지를 유심히 살펴 보아야 한다. 반응에 주로 쓰이는 플라스크는 일구, 이구, 삼구 둥근바닥 플라스크이며 용량의 40% 정도까지만 용액으로 채운다. 반응온도를 체크할 필요가 있을 때에는 온도계를 직접 꽂아 사용한다.

5.2 가열

환류나 증류 등의 작업에는 흔히 자석 젓개가 달린 가열판을 사용한다. 환류 온도가 80~90°C 이하라면 물 중탕을 사용할 수 있다. 단 이때 물 증기가 반응 용기 안으로 들어가지 않도록 주의하여야 한다. 90~95°C 이상의 온도가 필요하면 실리콘 오일(180°C까지 가능)을 사용한다. 실리콘 오일은 사용하기가 지저분한 단점이 있다. 좀 더 깔끔하게 쓸 수 있는 가열 방법이 모래중탕을 이용하는 것이다. 하지만 온도를 세심하게 조절하기는 어렵기 때문에 환류할 때만 쓰는 것이 좋다.

다른 방법은 가열 망태기(heating mantle)를 사용하는 것이다. 둥근바닥 플라스크의 크기에 꼭 맞는 망태기를 사용하여야 하며 온도는 반드시 전압 조정기를 이용하여 조절하여야 한다.

유기 화합물의 분리 및 정제

6

6.1 재결정

재결정(recrystallization)은 고체 유기 화합물을 가장 빠르고 저렴하게 정제할 수 있기 때문에 정제법 중에서 가장 중요한 방법이다. 유기 화합물을 적당한 용매에 녹이고 식히면 유기 분자들 사이의 분자간 힘에 의하여 규칙적인 3차원 배열로 분자들이 정렬된 결정이 생긴다. 이 과정에서 불순물은 용액 상태로 남아 있기 때문에 여과를 하면 순수한 고체를 얻을 수 있게 된다.

재결정법은 다음 일곱 단계의 과정을 거친다.

단계 1. 적당한 용매를 선택하기: 적당한 용매를 선택하여야 순수한 결정을 높은 수율로 얻을 수 있기 때문에 이 단계가 가장 중요하다. 용매는 다음과 같은 특성을 가져야 한다.

- 원하는 화합물은 뜨거운 용매에 1 g/20 mL 정도로 녹아야 하나 차갑게 식히면 녹지 않아야 한다.
- 불순물은 모든 온도에서 녹지 않거나 차가운 용매에서 녹은 상태로 남아 있어야 한다.
- 용매는 결정에서 쉽게 제거될 수 있을 정도로 끓는점이 낮아야 한다.
- 용매의 끓는점은 고체의 녹는점보다 낮아야 한다.
- 용매는 정제하는 화합물과 반응하지 않아야 한다.

단계 2. 녹임(이 단계는 후드에서 실시한다): 재결정할 물질을 삼각 플라스크에 넣고 고체를 덮을 만큼만 용매로 채운다. 용매가 끓을 때까지 가열한다. 모든 고체가 녹을 때까지 용매를 점점 더 가한다.

단계 3. 탈색 과정: 대부분의 순수한 유기 화합물은 가시광선을 흡수할 수 있는 발색단(chromophore)이 없는 이상 무색이거나 옅은 노랑색이다. 화학 반응에서 타르 같은 고분자 물질이 생기면 반응액이 갈색으로 변하게 된다. 이러한 불순물은 활성탄에 흡착이 잘 되므로 활성탄을 뜨거운(끓는 상태가 아님) 용액에 가한 후 몇 분 동안 끓이면 쉽게 제거할 수 있다.

단계 4. 여과: 녹지 않은 고체 불순물이나 활성탄은 여러 가지 방법으로 제거할 수 있으나 유기 실험실에서 가장 사용하기 편리한 방법은 여과지를 이용한 여과이다.

단계 5. 결정 얻기: 뜨거운 용액을 천천히 실온으로 식히면 결정이 생긴다. 식히는 동안 외부 물질로 플라스크가 오염이 되지 않도록 플라스크를 여과지 등으로 덮어 놓는 것이 좋으며 건드리지 않아야 한다. 식혀도 결정이 생성되지 않을 때에는 유리 막대기로 용액이 공기와 접촉하는 근처나 그 위 부분에서 용기를 살짝 긁어준다.

단계 6. 여과: 결정화가 끝나면 뷔후너(Büchner) 깔때기를 이용하여 결정을 모은다. 종이 여과지로 진공 여과한 후 진공을 끈 상태에서 결정을 소량의 차가운 용매로 씻어주고 다시 진공을 건 후 가능한 많은 양의 용매를 제거한다.

단계 7. 건조: 여과지를 시계 접시 위에 올려 놓고 공기 중에서 말린다.

6.2 여과

생성물이 고체로 침전되거나 재결정에서 고체가 석출되는 경우에는 **여과**(filtration)를 통하여 생성물을 쉽게 분리할 수 있다. 흔히 여과는 시간을 단축시키기 위하여 **감압 여과**(vacuum filtration)를 이용한다. 감압 여과에 필요한 기구는 여과 플라스크, **뷔후너**(Büchner) 깔때기, 여과지 혹은 유리 여과기 그리고 **아스피레이터**(aspirator)이다. 아스피레이터는 흔히 물을 이용하며 사용하는 온도에서의 물의 증기압까지 압력을 낮출 수 있다(20°C이면 17 torr). 그림 6.1은 뷔후너 깔때기가 장착된 여과 장치의 모습이다. 뷔후너 깔때기에는 작은 구멍이 많이 뚫려 있으며 그 위에 알맞은 크기의 여과지를 올려 놓고 진공을 건 다음 여과할 용액을 붓는다. 여과 플라스크는 클램프(clamp)로 반드시 한 위치에 고정시켜야 한다. 그렇지 않으면 여과 중 플라스크가 넘어질 수도 있다! 활성탄을 사용한 경우에는 규조토(Celite)를 여과지 위에 깔고 사용한다.

표 6.1에 와트만(Whatman) 여과지의 종류에 대한 자료를 실었다. 유기 실험에서 흔히 사용하는 와트만 여과지는 등급 번호가 1 혹은 2이며 정성적 용도에 쓰인다. 등급 번호 2가 1보다 더 조직이 치밀함을 알 수 있다.

표 6.1 와트만(Whatman) 여과지의 종류.

등급 번호	1	2	3	4	5	6
남아 있는 입자 크기 (μm)	11	8	5	12	2.4	2.8

여과할 양이 작은 경우에는 뷔후너 깔때기 대신에 **히르쉬**(Hirsch) **깔때기**(그림 6.2)를 사용한다. 이 경우에는 맞는 크기의 여과지가 없으면 여과지를 가위로 둥그렇게 잘라 쓰기도 한다.

유리 여과기(glass filter)는 미세한 구멍이 있는 유리판을 붙인 여과기이다

source: Wikipedia

그림 6.1 뷔후너(Büchner) 깔때기가 장착된 여과 장치.

(그림 6.3). 유리 여과기는 비교적 산에 강하고(여과지는 센산에 약하다) 사용하기가 쉬운 장점이 있으나 청소하기가 어려운 경우도 있고 값이 비싼 단점이 있다(유리 여과기는 사용 후 즉시 씻어야 한다. 아세톤 같은 유기 용매로 씻거나 경우에 따라서는 왕수를 사용할 수 있다. 절대로 센염기 용액에 장시간 담그면 안 된다. 유리 여과기를 깨끗하게(하얗게) 만드는 마지막 방법은 **피란하**(Piranha) **용액**을 이용하는 것이다. 이 용액은 매우 강력한 산화제로서 흔히 진한 황산과 30% 과산화 수소를 3:1의 비율로 섞어 만든다).

많은 유리 기구 회사에서 유리 여과기를 판매하고 있으며 회사마다 다공성(porosity)을 나타내는 규격이 다르다. 표 6.2에 대표적인 두 회사의 규격을 정리하였다.

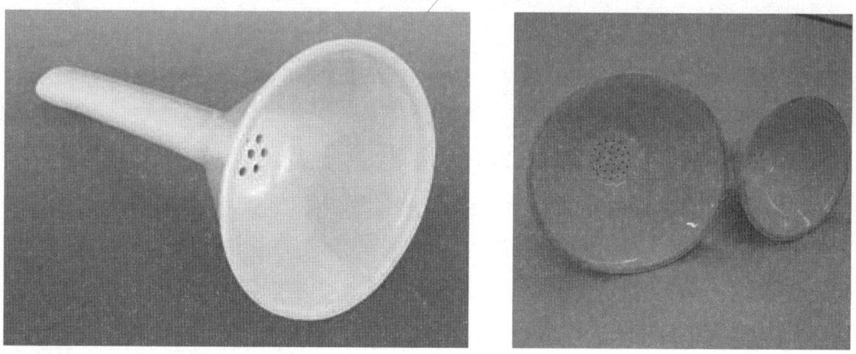

source: www.rsc.org

그림 6.2 히르쉬(Hirsch) 깔때기.

그림 6.3 유리 여과기를 이용하는 고체 분리.

표 6.2 유리 여과기의 규격.

	부호	다공성 등급	다공의 크기(μm)
킴블(Kimble)	EC	Extra Coarse	170~220
	C	Coarse	40~60
	M	Medium	10~15
	F	Fine	4~5.5
이와키(Iwaki)	G1		100~120
	G2		40~50
	G3		20~30
	G4		5~10

킴블(Kimble)사의 기호 60 mL-40M에서 60 mL는 여과기의 부피, 40은 다공성 막의 직경(mm 단위), M은 다공성 등급을 나타낸다. 이와키(Iwaki)의 경우 G의 바로 앞에 나오는 수는 여과기의 직경을 나타내며 3은 30 mm, 11은 40 mm, 17은 65 mm 등이다. 예로서 17G3는 11G2보다 더 큰 여과기이다.

6.3 추출

유기 반응에서는 생성물, 부생성물 그리고 반응물 등이 섞여 있는 혼합물이 생기며 이들 물질은 서로 섞이지 않는 두 용매 사이에 녹는 정도가 다를 수 있다. 이러한 차이점을 이용하여 물질을 분리하거나 정제하는 과정을 **추출**

(extraction)이라고 한다. 두 용매 중에서 흔히 한 용매는 물이고 다른 용매는 물과 섞이지 않는 유기 물질이다(표 4.1 참조). 추출 후에는 용매를 쉽게 증발시켜 제거하여야 하므로 용매의 끓는점은 100°C 이하가 좋다. 추출에 자주 쓰이는 용매에는 헥세인, 다이에틸 에터, 에틸 아세테이트, *tert*-뷰틸 메틸 에터, 이염화메테인 등이 있다.

화합물 A가 섞이지 않는 두 용매에 약간 녹는다고 하자. 용매 1에 녹아 있는 A의 용액에 용매 2를 가하고 잘 흔들어 주면 두 상 사이에 평형이 이루어진다. 이 때 **분배 계수**(partition coefficient)라고 부르는 평형 상수 K_p를 다음과 같이 쓸 수 있다.

$$K_p = [A]_2/[A]_1 = \text{용매 2에서 A의 용해도/ 용매 1에서 A의 용해도}$$

예로서 화합물 A가 에틸 에터에 10 g/100 mL만큼 녹고, 물에는 1 g/100 mL만큼 녹는다면

$$K_p = 10$$

이다.

물 100 mL에 녹아 있는 1 g의 A를 100 mL의 에터로 추출하면,

$$K_p = (\text{x g/100 mL 에터})/[(1 - \text{x})\text{g/100 mL 물}] = 10$$
에터 층에 있는 A의 양 = 0.91 g
물 층에 있는 A의 양 = 0.09 g

만약에 100 mL 에터로 한번에 추출하지 않고 50 mL씩 두 번에 걸쳐 추출한다고 하자.

첫 번째 추출에서는:

$$K_p = (\text{x g/50 mL 에터})/[(1 - \text{x})\text{g/100 mL 물}] = 10$$
에터 층에 있는 A의 양 = 0.83 g
물 층에 있는 A의 양 = 0.17 g

두 번째 추출에서는:

$$K_p = (\text{x g/50 mL 에터})/[(0.17 - \text{x})\text{g/100 mL 물}] = 10$$
에터 층에 있는 A의 양 = 0.14 g
물 층에 있는 A의 양 = 0.03 g

두 에터 층에 녹아 있는 A의 양을 더하면, 0.83 g + 0.14 g = 0.97 g이 되며, 이 값은 한번만 추출하였을 때 에터 층에 녹아 있는 A의 양인 0.91 g 보다 많다. 따라서 같은 양의 용매로 추출하더라고 한번이 아니라 몇 번으로 나누어 하면 더 효율적임을 알 수 있다.

유기층과 물 층 사이의 분배 계수는 물 층을 소금 같은 무기 염으로 포화시키면 증가된다. 이러한 현상을 **염석**(salting out)이라고 부르는데, 이는 물 분자

가 이온을 수화하기를 선호하여 유기 분자가 덜 수화되기 때문이다. 특히 에틸 아세테이트나 에틸 에터 같이 물에 약간 녹는 용매를 사용하면 유기층이 흐려지는데 이는 물이 유기층에 조금 녹아 있기 때문이다. 이 때 소금물로 씻어주면 유기층의 물이 소금물로 빠지면서 유기층이 맑아진다. 하지만 이 방법으로는 약 25%의 물만 제거할 수 있기 때문에 유기층을 건조제로 건조하여야 한다.

6.4 건조

추출 과정에서 모든 에틸 에터나 에틸 아세테이트 용액을 진한 소금 용액으로 씻어 주어도 물이 존재한다. 따라서 적절한 건조제를 추출액에 넣어 물을 제거하는 과정이 필요하다. 건조제는 용매 및 생성물과 반응하지 않아야 한다. 유기 실험에서 흔히 사용하는 건조제에는 무수 황산 칼슘, 황산 마그네슘, 분자체(molecular sieve), 염화 칼슘, 황산 소듐 등이 있다.

무수 황산 칼슘은 빠르고 효과적인 건조제이나 얼마나 넣어야 용액이 건조가 되는 지를 알아내기가 쉽지 않다. 그래서 염화 코발트가 흡착된 황산 칼슘(Drierite)이 시중에 나와 있다. 이것은 물로 포화되면 청색에서 적색으로 변한다. 기체를 건조시킬 때에는 사용이 가능하나 극성 용매에서는 염화 코발트가 녹아 나와 사용할 수 없다.

무수 황산 마그네슘도 빠르고 효과적인 건조제이나 입자가 너무 고와서 사용 후 제거하려면 여과 과정이 필요하다.

무수 황산 소듐은 매우 많은 양의 물을 제거할 수 있으나(십수화물인 $Na_2SO_4 \cdot 10H_2O$을 생성) 건조 과정이 느리다. 하지만 무수 황산 소듐이 물을 흡수하면 수화 황산 소듐이 바닥에 엉겨 붙어 있게 되고, 따라서 여과 과정이 필요 없이 조심스럽게 따르면 건조제를 제거할 수 있다. 완전히 건조시키려면 황산 마그네슘이나 분자체를 사용하여야 한다.

실리카 겔이나 활성 탄소처럼 균일한 크기의 매우 작은 크기의 동공(pore)이 무수히 많이 있는 물질을 **분자체**(molecular sieve)라고 부른다. 분자체 중에서 미세 다공성(microporous) 물질은 동공의 지름이 2 nm(20 Å)보다 작은 물질로 정의하며 알루미노실리케이트의 일종인 **제올라이트**(zeolite)가 좋은 예이다. 건조에 쓰이는 제올라이트는 동공의 크기가 3 Å 혹은 4 Å인 것을 사용하며 동공에 물 분자가 매우 빨리 흡착되기 때문에 용액이나 유기 용매를 효과적으로 건조시킬 수 있다. 수화된 분자체는 진공 하에서 300~320°C에서 가열하여 재활용할 수 있다. 제올라이트가 건조제로 쓸 수 있는 지를 알려면 손바닥 위에 조금 올려놓고 물 몇 방울을 떨어뜨린다. 손바닥이 열을 감지하면 잘 건조된 분자체이다. 제올라이트는 약한 염기로 작용하기 때문에 아세톤 같은 용매에 장시간 넣어두면 아세톤의 알돌 반응이 일어날 수 있다.

무수 염화 칼슘은 빠르게 작용하는 건조제이다. 하지만 알코올과 아민(반응이 일어남) 그리고 카복실산, 에스터 등(염화 칼슘에는 수산화 칼슘도 들어 있음)에는 사용할 수 없다.

수산화 소듐이나 **수산화 포타슘**은 빠르고 효율적인 건조제이나 아민 같은 유기 염기의 건조에만 주로 쓰인다.

오산화 인은 매우 강력하고 빠른 건조제이다. 주로 데시케이터용으로 쓰이며 할라이드, 알케인, 에터 등의 건조에도 쓸 수 있다.

표 6.3에 유기 화합물의 건조에 적합한 건조제를 유기 화합물의 부류에 따라 정리하였다.

표 6.3 유기 화합물의 부류에 따른 건조제.

유기 화합물	건조제
탄화수소	염화 칼슘, 황산 칼슘, 오산화 인
알코올	탄산 포타슘, 황산 염(염화 칼슘은 불가)
유기 염기	수산화 소듐, 수산화 포타슘
유기 산	황산 마그네슘, 황산 소듐, 황산 칼슘
할라이드	염화 칼슘, 황산 염, 오산화 인
알데하이드, 케톤	황산 염

6.5 증류

증류(distillation)는 액체 혼합물에서 각 성분의 증기압의 차이를 이용하여 혼합물을 분리하는 방법이다. 실제적으로는 액체 혼합물의 양이 작은 경우에는(<1 mL) 분별 증류로 혼합물을 분리하는 것은 거의 불가능하다.

유기 실험실에서 주로 사용하는 증류법에는 단순 증류, 분별 증류, 증기 증류와 진공 증류가 있다.

사이클로헥세인과 톨루엔의 혼합물이 있다고 하자. 그림 6.4에 온도의 함수로서 증기압을 나타낸 그림이 나와 있다. 이 그림을 보면 1 기압에서 순수한 사이클로헥세인과 톨루엔은 각각 78°C와 111°C에서 끓는다는 것을 알 수 있다.

톨루엔의 몰분율이 0.75인 혼합물을 가열하면 100°C에서 끓기 시작할 것이다. 라울의 법칙에 의하면(아래 첨자 c와 t는 사이클로헥세인과 톨루엔을 각각 의미한다),

$$P_c = P_c^\circ X_c$$
$$P_t = P_t^\circ X_t$$

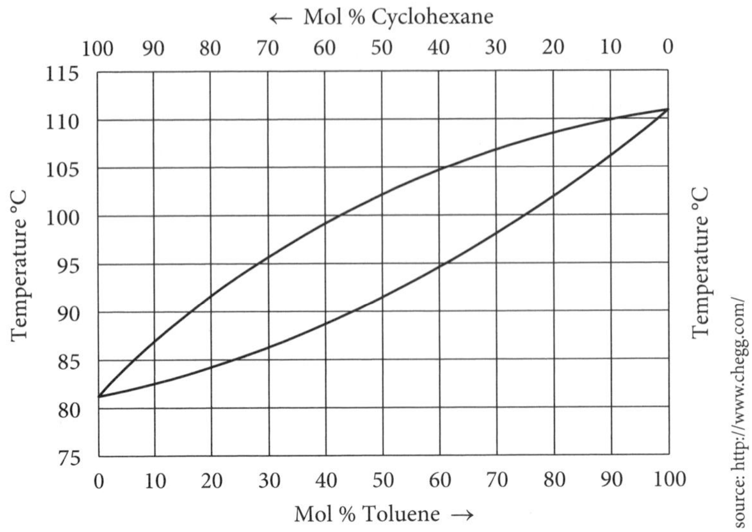

그림 6.4 사이클로헥세인과 톨루엔의 혼합물의 끓는점-조성 곡선.

전체 압력 P_T은

$$P_T = P_c + P_t = P_c^\circ X_c + P_t^\circ X_t$$

돌턴의 분압 법칙에 의하면, 기체 상에서 사이클로헥세인의 몰분율은

$$X_c = P_c/P_T$$

100°C에서 사이클로헥세인과 톨루엔의 부분압력은 각각 433 mmHg와 327 mmHg이며 이 기체상이 응축되어 액체로 변하면, 이 액체에 들어 있는 사이클로헥세인의 몰분율은 433/760 = 0.57이 될 것이다. 사이클로헥세인이 톨루엔보다 휘발성이 더 크므로 응축액에는 원래보다 더 많은 사이클로헥세인이 있게 된다.

이렇게 증발과 응축이 한 번만 일어나는 증류를 **단순 증류**(simple distillation)라고 한다. 위 계산에서 알 수 있듯이 단순 증류를 이용해서는 두 성분을 완전히 분리할 수는 없다.

그림 6.5는 전형적인 단순 증류 장치이다. 플라스크에는 튀어오름(bumping)을 방지하기 위하여 비등석(boiling stone)을 1~2 개 넣거나 용액을 자석 교반기를 이용하여 잘 저어준다. 플라스크와 세-방향 연결관(three-way adapter)은 알루미늄 포일이나 수건으로 잘 감싸 열의 손실을 줄인다.

쿠겔로어(Kugelrohr) **증류**(그림 6.6)는 소량의 액체를 단순 증류하여 정제하는 방법이다(독일어 Kugel은 공, rohr는 관을 의미한다). 증류 시 액체가 냉각기나 온도계 등에 묻지 않기 때문에 몇 십 mg까지도 증류할 수 있다. 흔히 관 크로마토그래피로 분리한 액체를 최종 정제하는데 요긴하게 쓰인다.

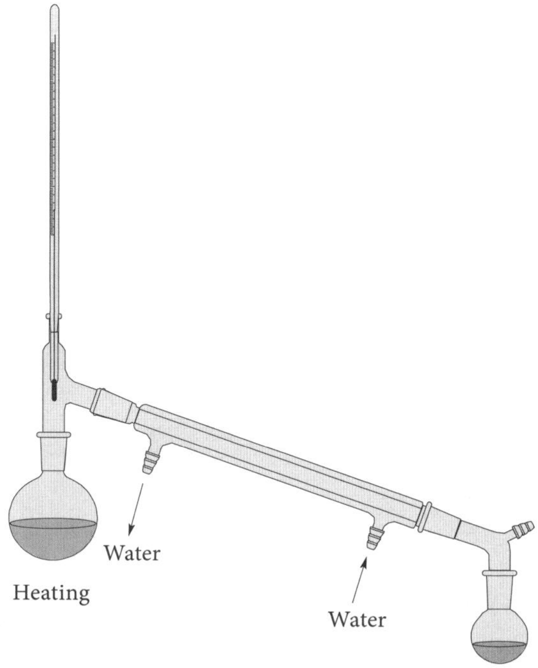

그림 6.5 단순 증류 장치.

증류관에서 증발과 응축이 반복적으로 일어나도록 **Vigreux**(비그로) **관**(그림 6.7)이나 충진제(유기 실험실에서는 흔히 구리나 강철로 만든 스폰지 혹은 유리 구슬을 사용한다)로 채운 Hempel(헴펠) 관을 사용하면, 더 효과적으로 혼합물을 분리할 수 있으며 이러한 증류법을 **분별 증류**(fractional distillation)라고 부른다.

정유 공장에서 흔히 보는 높은 탑은 석유를 효율적으로 분리하기 위한 분별 증류관이다.

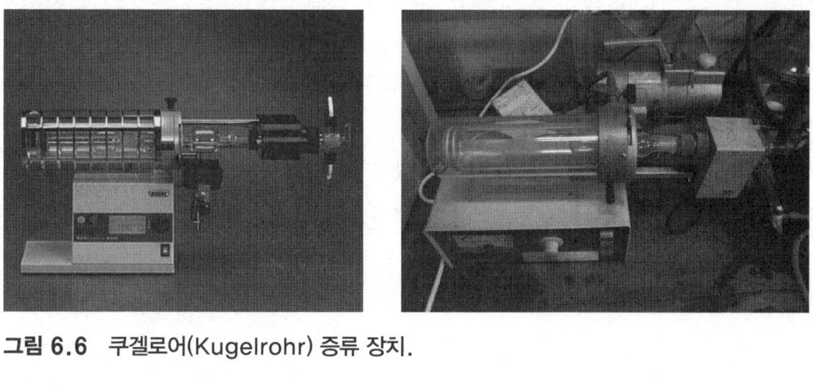

source: Buchi

그림 6.6 쿠겔로어(Kugelrohr) 증류 장치.

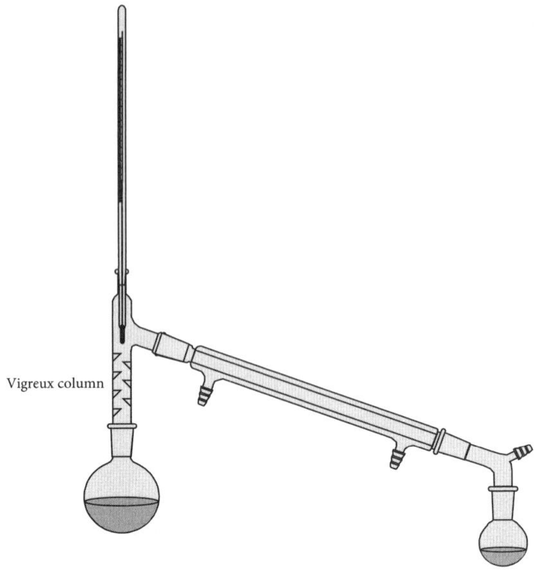

그림 6.7 비그로(Vigreux) 관을 장착한 분별 증류 장치.

단순 증류나 분별 증류에서 분리 효율에 가장 큰 영향을 미치는 요인은 증류 속도이다. 특히 분별 증류에서는 증발과 응축이 증류관에서 평형을 이루어야 하는데 이는 증류관이 단열(adiabatic)이어야 한다는 의미이다. 실제적으로 증류 속도는 1~2초당 한 방울 정도이어야 하며 이를 위해서는 증류 플라스크의 온도 조절이 매우 중요하다. 절대로 증류 플라스크를 가열판 위에서 직접 가열하면 안 된다. 오일 중탕(실리콘 오일은 180°C까지 사용)을 사용해야 하며 중탕의 온도는 끓는점보다 10~20°C 높아야 한다. 증류는 시간이 많이 걸리기 때문에 인내가 필요한 작업이다.

진공 증류(vacuum distillation)는 대기압에서 액체의 끓는점이 너무 높아 (>200°C) 열분해가 일어날 수 있거나 산화될 수 있을 때 사용하는 증류법이다. 액체의 끓는점은 외부 압력이 낮아지면 내려가기 때문에 진공 펌프나 아스피레이터로 압력을 낮추면 정상 끓는점보다 낮은 온도에서 증류할 수 있다.

유기 실험실에서 다량의 용매를 제거하기 위하여 흔히 사용하는 기구는 **회전 증발기**(rotary evaporator)이다. 이 기구를 이용할 때에는 감압 하에서 용매의 튀어오름을 방지하기 위하여 증발 플라스크를 회전시키며 그러면 용액의 표면이 기체상과 만나는 면적이 증가하기 때문에 용매를 빠르게 증발하여 제거할 수 있다.

6.6 크로마토그래피

6.6.1 ▸ 얇은층 크로마토그래피

크로마토그래피는 혼합물에 들어 있는 각 성분을 분리하고 확인하는데 쓰이는 방법이다[원래 크로마토그래피라는 방법은 식물의 색깔을 띤 염료 성분을 분리하기 위하여 처음 사용되었다. **크로마토그래피**(chromatography)라는 말은 색을 나타내는 그리스어인 크로마(chroma)와 쓴다는 의미인 그라페인(graphein)에서 유래되었다].

이 방법은 혼합물의 다른 성분들이 두 개의 서로 섞이지 않는 상(相, phase) 사이에서 다르게 분배되는 현상에 근거하고 있다. 이 때 두 개의 서로 섞이지 않는 상을 **고정상**(stationary phase)과 **이동상**(mobile phase)이라고 부른다. 고정상은 고체 혹은 액체일 수 있고 이동상은 액체 혹은 기체일 수 있다. 이 두 상에서 각 물질의 분배 계수가 서로 다르다면 물질이 서로 분리될 것이다. 만약에 한 물질이 다른 물질보다 이동상에 더 잘 녹고 고정상에 덜 녹는다면 그 물질은 이동상을 따라 더 멀리 이동할 것이다.

얇은층 크로마토그래피(thin layer chromatography, TLC)는 고정상이 고체이고 이동상이 액체인 고체-액체 크로마토그래피의 한 종류이다. 이 방법은 화합물을 정제하는 목적보다는 주로 반응의 진행 정도를 확인하거나 관 크로마토그래피에서 용출되는 용액에서 화합물을 확인하는 방법으로서 널리 사용된다(그러나 혼합물에서 미량의 화합물을 분리할 때 쓰이기도 한다). 간단하고, 비용이 저렴하며, 짧은 시간 내에 혼합물에 들어 있는 성분의 개수를 알려주기 때문에 유기 화학실험에서 꼭 필요한 분석도구이다. 이 방법은 매우 예민해서 몇 μg의 양도 검출할 수 있다.

TLC에서는 **실리카 겔**(silica gel) 혹은 **알루미나**(alumina) 같은 고체가 고정상으로 작용한다(주로 실험에서 사용하는 TLC 판은 직경이 5~20 μm인 실리카 겔 입자와 황산 칼슘(석고, 실리카 겔을 유리판에 달라 붙도록 한다)의 혼합 가루를 유리판에 250 μm 두께로 입힌 것이다. 또한 약간의 형광제가 들어 있어 254 nm의 자외선을 쪼이면 초록빛의 형광을 낸다. 그러나 자외선을 흡수하는 물질이 있으면, 검게 나오기 때문에 물질을 검출할 수 있다). 분리하고자 하는 혼합물을 TLC 판의 한 끝에 작은 점으로 **점적**(spot)하고 TLC 용기(이미 전개 용매로 포화된)에서 이동상 역할을 하는 전개 용매에 담근다. 그러면 모세관 현상에 의하여 용매는 얇은층 위로 이동하고(elute) 동시에 혼합물에 있는 각 성분들이 위로 이동한다. 이 때 한 성분이 얇은 막에 흡착되는 것보다 용매에 더 잘 녹는다면 그 성분은 다른 성분보다 위로 더 이동할 것이다. 따라서 각 성분이 주어진 용매에서의 용해도가 서로 다르고 얇은 막에 흡착되는 정도가 서로 다르다면 각 성분들은 서로 다른 속도로 위로 이동할 것이며 따라서 각 성분을 분리할 수 있을 것이다.

이 때 용매가 이동한 거리에 대하여 용질이 이동한 거리를 R_f (retention **혹은** retardation factor) 값으로 나타낸다.

$$R_f = \text{용질이 이동한 거리/용매가 이동한 거리}$$

R_f는 다음과 같은 요인에 의하여 변할 수 있기 때문에 절대적 값이 아니며 다른 물질과 비교하여 구한 상대적 값이 더 의미가 있다.

- 용매계
- 흡착체
- 흡착체의 두께
- 점적한 물질의 양
- 온도와 습도
- TLC 용기 내부가 용매 증기로 포화된 정도

일반적으로 유기 화합물이 TLC의 고정상에 흡착하는 정도는 실리카 겔과 유기 화합물 사이의 분자간 힘에 달려 있다. 아래 그림은 실리카 겔의 구조를 일부분 나타낸 것이다. 사실 실리카 겔은 규소와 산소 결합이 무수히 서로 연결된 3차원 네트워크 구조이며 표면에 OH기가 노출되어 있다. 따라서 실리카 겔은 극성이 매우 크며 수소 결합을 할 수 있다.

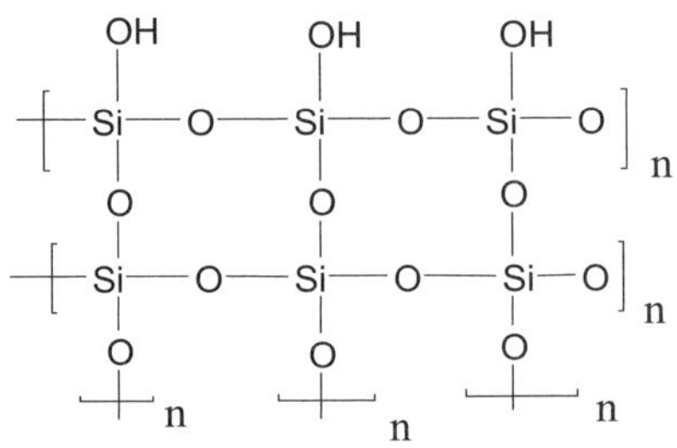

알코올의 하이드록실 기나 카복실 기 같은 극성 작용기는 알켄이나 알킬 할라이드 같이 덜 극성인 작용기에 비하여 더 강하게 실리카 겔의 OH기와 수소 결합(붉은색)을 하며 따라서 더 강하게 흡착될 것이다.

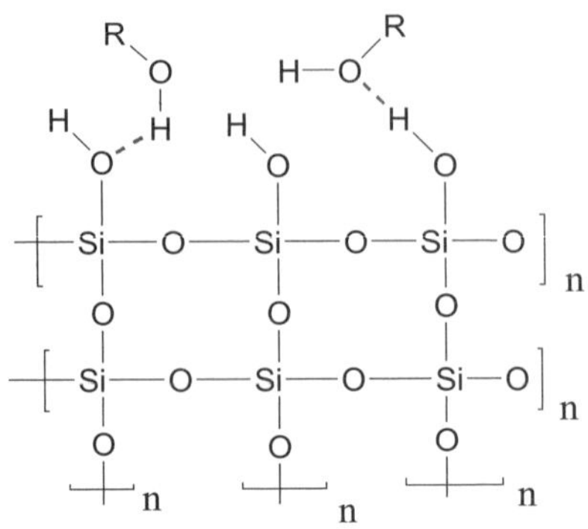

작용기가 **흡착되는 정도**(**흡착력**)의 순서는 대략 다음과 같다.

흡착력: 카복실산 > 알코올 > 아민 > 케톤 > 에스터 > 에터 > 알켄 > 할라이드

TLC 분석에서는 용매의 선택이 매우 중요하다. 일반적으로 용매가 더 극성일수록 극성 및 비극성 화합물 모두를 더 잘 용출한다. 그 이유는 용매와 화합물은 흡착제(실리카 겔)의 극성인 표면에 흡착하려고 서로 경쟁을 하는데, 용매가 더 극성일수록 용매가 더 잘 흡착제에 흡수하게 되어 상대적으로 화합물이 덜 흡착하기 때문이다. 실리카 겔 같은 극성 고정상을 사용하는 경우 이러한 전개 용매의 **전개력**의 순서를 다음과 같이 나타낼 수 있다.

전개력: 물 > 에탄올 > 아세톤 > 에틸 아세테이트 > 다이에틸 에터 > 클로로폼 > 이염화메테인 > 헥세인

TLC 분석에서 가장 좋은 용매는 시행착오에 의하여 찾는다. 흔히 한 가지 용매가 아니고 두 개 이상의 용매의 혼합용액을 사용한다. 두 가지 용매를 사용할 경우 한 용매는 헥세인 같이 비극성 용매를 사용하고, 다른 용매는 에틸 아세테이트, 2-프로판올, 다이에틸 에터 같이 극성인 용매를 흔히 사용한다. 예로서, 두 가지 화합물이 헥세인에서 R_f 값이 같다면, 부피 비로 1:9의 에틸 아세테이트와 헥세인의 혼합 용액[10:90 에틸 아세테이트/헥세인(vol/vol)로 표현]을 전개 용매로 사용할 수 있다. 이 혼합 용매에서도 R_f 값이 똑같다면 20:80 에틸 아세테이트/헥세인(vol/vol) 같은 다른 전개 용매를 시도하여 본다. 흔히 좋은 용매란 0.3~0.7의 R_f 값을 주는 용매를 말한다.

실험 방법에 대하여 설명하면 용매가 TLC 판의 다른 쪽 끝에서 0.5 cm까지 도달하였을 때, TLC 판을 용매에서 꺼내고 말린다. 각 성분들이 색이 있으면 직접 분리된 물질을 볼 수 있다. 색이 없다면 다른 방법으로 확인하여야 한다. 형광물질이 이미 들어 있는 TLC 판을 사용한 경우 성분들이 **자외선**을 흡수한다면 자외선을 쪼여 주었을 때 그 성분들은 검은 색으로 나타날 것이다. 많이 쓰이는 또 다른 방법은 **아이오딘**(I_2)을 사용하는 것이다. 즉, TLC 판을 몇 개의 아이오딘 결정이 들어 있는 병에 넣고 뚜껑을 덮는다. TLC 판에 유기 물질이 흡착되어 있으면 아이오딘의 증기가 여기에 달라붙게 되어 노란색 혹은 갈색을 띠게 된다. TLC 판을 아이오딘 병에서 꺼낸 후 색깔을 띤 점을 연필로 표시하면 된다. 공기 중에 놓아 두면 아이오딘이 기화하기 때문에 점점 색이 사라지게 된다.

아이오딘 이외에도 많은 **발색 시약**이 알려져 있다. 어떤 발색 시약은 특정한 작용기에만 반응하기도 한다[예로서 닌히드린(ninhydrin)은 아미노산에만 반응하여 자주색을 띠는 화합물을 만든다]. 표 6.4에 흔히 사용하는 발색 시약의 제조법이 나와 있다.

표 6.4 TLC 용 발색 시약.

발색 시약	제조법	특징
포스포몰리브드산 (phosphomolybdic acid)	5 g의 포스포몰리브드산을 무수 에탄올 100 mL에 녹인다.	120°C에서 몇 분 동안 가열. 알코올 등의 검출에 사용. 상당히 비싼 시약. 대신 Aldrich에서 파는 20% 용액을 희석하여 쓰면 더 저렴함. 빛을 받으면 초록색으로 변함.
p-아니스알데하이드 (anisaldehyde)	에탄올 180 mL에 *p*-아니스알데하이드 10 mL와 황산 10 mL를 녹여 제조.	110°C에서 몇 분 동안 가열. 탄수화물 검출에 사용.
바닐린(vanillin)	무수 에탄올 100 mL에 바닐린 6 g을 녹이고 황산 1.5 mL를 가하여 제조	120°C에서 몇 분 동안 가열. 알코올과 케톤의 검출.
하네시안(Hanessian) 발색 시약(cerium molybdate)	90 mL의 물에 암모늄 몰리브데이트 2.5 g, 황산 암모늄 세륨(cerium ammonium sulfate, $Ce(NH_4)_4(SO_4)_4 \cdot 2H_2O$) 1 g 그리고 진한 황산 10 mL를 가함	높은 온도에서 가열 필요. 만능 발색 시약
닌히드린(ninhydrin)	0.3 g의 닌히드린을 1-뷰탄올 100 mL에 녹이고 아세트산 0.5 mL와 물 4.5 mL를 가한다.	110°C에서 몇 분 동안 가열. 아미노산은 핑크색으로 나타남. 단, 프롤린은 노란색.
과망가니즈산 용액	물 100 mL에 $KMnO_4$ 1 g, 탄산 포타슘 6 g과 NaOH 0.1 g을 가한다.	알켄과 쉽게 산화되는 화합물은 노란색으로 나온다. 대개 가열할 필요 없음
황산	50% 수용액	110~120°C에서 몇 분 동안 가열. 대부분의 유기물은 갈색에서 검은 색 점으로 나타남

6.6.2 ▸ 관 크로마토그래피

유기 반응에서는 원하는 화합물만이 아니라 부반응에 의하여 원하지 않는 물질이 나오기도 한다. 이 경우 재결정이나 증류 같은 방법을 사용할 수 없거나 혹은 이러한 분리 방법을 시도하였으나 성공하지 못 한 경우 사용할 수 있는 방법이 크로마토그래피이다. 크로마토그래피에는 몇 가지 종류가 있으나 흔히 사용하는 방법은 **관 크로마토그래피**(column chromatography)라고 부르는 방법이다. 하지만 관 크로마토그래피는 시간이 많이 걸리고(1~3시간), 용매가 많이 소비되는 단점이 있다.

메시(mesh)는 체의 망목 크기를 나타내는 단위이며 예를 들어 70 mesh 입자는 사방 1 in에 70 × 70 = 4,900 개의 구멍이 있는 체(sieve)를 통과하는 입자를 말한다. 따라서 이 값이 클수록 입자가 곱다. 70 mesh는 200 μm, 230 mesh는 63 μm에 해당한다.

이 방법에서는 혼합물을 소량의 적당한 용매에 녹인 용액을 고정상으로 작용하는 작은 입자로 이루어진 흡착제(흔히 70~230 mesh 실리카 겔을 사용한다)로 충진된 관 위에 가한다. 그 다음에 이동상의 역할을 하는 용매(**용출액**, eluant 혹은 eluent)를 관 아래로 흘려 보낸다. 혼합물의 각 성분은 처음에는 관 위의 고정상에 있으나 용출액을 흘려주면 같이 아래로 이동할 것이다. 하지만 각 성분들이 고정상과의 친화력이 다르다면 친화력이 큰 성분은 느리게 이동할 것이며 친화력이 작은 성분은 더 빠르게 이동할 것이다. 관 아래로 나오는 용액을 일정 부피만큼씩 모은 다음에 TLC로 성분을 확인하고 원하는 성분이 들어 있는 용액을 농축하면 순수한 성분을 얻을 수 있다.

플래시 크로마토그래피(flash chromatography)는 관 크로마토그래피의 일종으로서 보통의 실리카 겔보다 입자가 더 작은 실리카 겔[230~400 mesh(40~63 μm)]을 이용한다. 입자가 더 곱기 때문에 관에 더 잘 충진되어 중력의 힘으로는 용매가 충분히 빠르게 용출되지 않는다. 따라서 압축 공기나 질소를 이용하여 용출시키며 분리에 걸리는 시간이 더 짧기 때문에 많은 실험실에서 애용하고 있다.

관 크로마토그래피로 혼합물을 효율적, 경제적으로 분리하기 위해서는 적당한 양의 실리카 겔(적당한 크기의 관을 결정)과 적합한 극성의 전개 용매를 사용하여야 한다. 실리카 겔의 양은 분리하고자 하는 성분들의 R_f 값에 좌우된다. 대개는 혼합물 1 g 당 실리카 겔 10 g도 사용할 수 있으나 성분들의 극성이 유사하면 더 많은 실리카 겔(100~200 g까지)이 필요할 수도 있다. 또한 충진된 관의 크기는 높이와 직경의 비가 8 정도이어야 한다. 또한 실리카 겔로 충진한 후에 위쪽으로 약 관 길이의 절반 정도의 용매를 채울 빈 공간이 남아 있어야 한다. 표 6.5에 관의 크기에 대한 지침을 실었다.

표 6.5 관 크로마토그래피에서 흔히 쓰이는 관의 크기.

시료의 질량(g)	관의 직경(cm)	관의 길이(cm)	모으는 분액(mL)[a]
0.01~0.1	0.5	10(파스퇴르 피펫)	0.5~1 mL
0.1~0.3	1.0~1.5	70(50 mL 뷰렛)	10 mL
0.3~1	2.0~3.0	75~100	20 mL
1~2	2.0~3.5	75~100	30 mL
2~3	3.0~5.0	100	50 mL

크로마토그래피 관의 그림은 그림 6.8과 같다.

관은 테플론 잠금 꼭지가 장착되고 위에 볼 조인트(ball joint)가 달린 유리관이다. 관은 다음과 같은 순서로 준비한다.

(1) 먼저 소량의 탈지면을 관의 안에 끝까지 집어 넣는다.

(2) 모래(혹은 무수 황산 소듐)를 1 cm 두께로 깐다.

(3) 표 6.5를 참조하여 적당한 양의 실리카 겔로 관을 채운다. 관을 채우는 방법에는 크게 두 가지가 있다.

첫 번째 방법은 **건식 충진**(dry-pack) 방법으로서 건조한 실리카 겔을 용매로 반쯤 채워진 관(혹은 비어있는 관) 위로부터 부어 채우는 방식이다. 다른 방식은 **습식 충진**(wet-pack) 방법인데, 이 방식에서는 미

그림 6.8 크로마토그래피 관.

리 용매를 넣어 슬러지로 된 실리카 겔을 용매와 같이 채운다. 용매로 채워진 실리카 겔에는 공기 방울이 없어야 하는데, 첫 번째 방식에서는 공기를 제거하는 일이 시간이 많이 걸린다(위에서 압축 공기를 불어넣어야 함). 따라서 미리 공기가 제거된 슬러지를 사용하는 두 번째 방식이 더 좋다. 용매로 채워진 실리카 겔 층이 단단해 질 때까지 관을 손바닥으로 살짝 쳐서 위에 고이는 용매를 빼어낸다. 하지만 절대로 용매가 실리카 겔의 위층 아래로 내려오게 해서는 안 된다.

(4) 실리카 겔 층이 단단해 지면 다시 모래(혹은 무수 황산 소듐)를 넣어 1~2 cm 두께의 층을 만든다.

(5) 분리하고자 하는 혼합물을 최소한의 비극성 용매에 녹이고(비극성 용매에 녹지 않으면 약간의 극성 용매를 첨가한다) 파스퇴르 피펫을 이용하여 관의 위 모래 층에 균일하게 가한다(약간의 혼합물도 TLC 분석에 필요하니 절대로 다 사용하지 말 것).

(6) 잠금 꼭지를 열고 용매를 흘려 보낸 후 모래 층을 소량의 용매로 씻어낸다. 이 과정을 두세 차례 반복한다.

(7) 용매로 관을 채운 후 각 분액을 모으고 TLC로 분석한다.

(8) 만약 혼합물 중에서 극성이 큰 성분만 나온다면 용매의 극성을 높여서 용출시키면 이 성분이 나오는 시간을 줄일 수 있다(마치 기체 크로마토그래피에서 온도를 올리면서 분석하는 것과 비슷하다).

(9) 사용한 관은 에틸 아세테이트 혹은 메탄올과 에틸 아세테이트로 용출시켜 타르 같은 극성 성분을 제거하면 재사용할 수 있다(대개 극성 성분은 갈색이나 노란색을 띤다). 관은 잘 관리하면 수십 번도 사용이 가능하다.

관 크로마토그래피를 효율적으로 수행하려면 관의 V_0(빈 부피, dead volume, void volume)를 알아야 한다. V_0는 관 안의 부피 중에서 용매가 차지하는 부피이며(전체 부피 = 실리카 겔이 차지하는 부피 + 용매가 차지하는 부피) 이 값은 처음 실리카 겔 관을 만들 때 사용한 용매의 부피에서 관을 다 만든 후 나온 용매의 부피를 빼면 알 수 있다. 만약 V_0 mL의 관이 있다고 하자. 한 성분의 R_f가 0.20이라면 이 물질은 $V_0/0.2$ mL 즉 5 V_0 mL의 용출액이 흘러나올 때 관 아래에서 나올 것이다. 이 때 처음 V_0 mL에는 아무 성분도 나오지 않기 때문에 이 용매는 재활용할 수 있다.

용매의 극성은 분리하고자 하는 성분의 R_f 값이 0.2~0.3되는 혼합 용매를 사용하는 것이 좋다.

▶ 참고 문헌

유기 화학 실험의 이론 및 방법에 대하여 좀 더 자세하게 알고 싶으면 아래 문헌을 참고 하기 바란다.

- Furniss. B S.; Hannaford A. J.; Smith, P. W. G.; Tatchell, A. R. *Vogel's Textbook Of Practical Organic Chemistry*, 5th ed.; Longman: New York, 1989.
- Li, J. J.; Limberakis, C.; Pflum, D. A. *Modern Organic Synthesis in the Laboratory*; Oxford University: Oxford, 2007.
- Pedersen, S. F.; Myers, A. M. *Understanding the Principles of Organic Chemistry*: A Laboratory Course; Brooks/Cole, Cengage Learning: Belmont, 2011.
- Pirrung, M. C. *The Synthetic Organic Chemist's Companion*; Wiley: New Jersey, 2007.
- Zubrick, J. W. *The Organic Chem Lab Survival Manual*: A Student's Guide to Techniques, 8th ed.; Wiley: New York, 2011.

LABORATORY EXPERIMENTS FOR
ORGANIC CHEMISTRY

제 2 부 유기 화학 실험편

1 크로마토그래피

실험 1-1 얇은층 크로마토그래피에 의한 화합물의 분리

실험 목적: 얇은층 크로마토그래피의 원리를 이해하고 사용법을 배운다.
미리 공부하기: 제1부 4.1 분자간 힘, 6.6.1 얇은층 크로마토그래피.

1 들어가기

이번 실험에서는 신남알데하이드(cinnamaldehyde)와 신남일 알코올(cinnamyl alcohol)을 얇은층 크로마토그래피(thin layer chromatography, TLC)로 분리하고자 한다. 신남알데하이드는 신남일 알코올보다 R_f 값이 더 크며 두 화합물은 자외선을 흡수하기 때문에, 자외선 램프 아래에서 관찰하면 화합물의 존재를 확인할 수 있다. 또는 아이오딘 병에서 발색시킬 수도 있다.

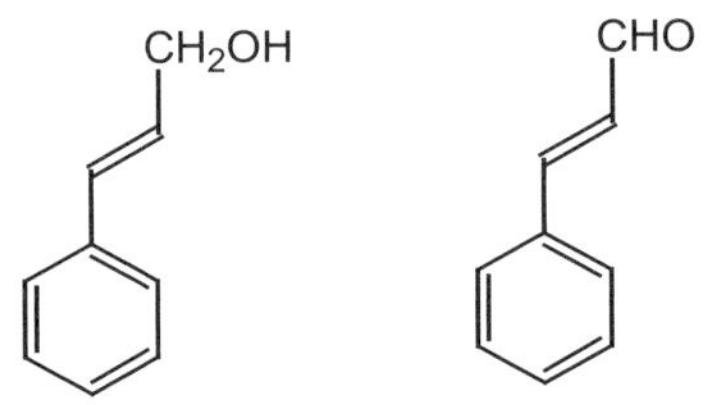

Cinnamyl alcohol　Cinnamaldehyde

에틸 아세테이트와 헥세인의 몇 가지 혼합 용매를 사용하여 신남알데하이드와 신남일 알코올의 R_f(retention factor) 값을 구하고자 한다.

혼합 용매(v/v)		신남알데하이드의 R_f	신남일 알코올의 R_f
에틸 아세테이트	헥세인		
1	10		
1	5		
1	3		

2 실험 방법

실험 시간 2시간

시약 신남알데하이드, 신남일 알코올 및 두 혼합 물질의 0.5% CH_2Cl_2 용액, 헥세인과 에틸 아세테이트의 1:10, 1:5, 1:3(v/v) 혼합 용액들.

⚠ 신남알데하이드과 신남일 알코올은 피부에 자극을 줄 수 있다. 피부에 묻으면 다량의 물과 비누로 씻는다.

⚠ 이염화메테인은 피부와 눈에 심한 자극을 일으킬 수 있다. 증기를 흡입하지 말고 장갑을 착용한다.

기구 TLC 판(Merck, 실리카 겔 60 F_{254}, 5~6 cm × 2.5~3 cm), UV 램프(254 nm), 아이오딘 병, 미세 모세관.

방법

1. TLC 판 밑에서 1 cm 위에 **연필**로 선을 그은 후, 선 아래에 **연필**로 a, m, b라고 각각 적는다.

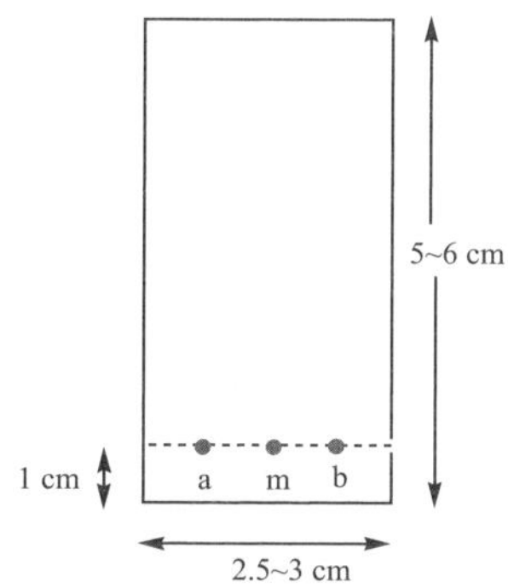

2. 미세 모세관(길이 5~6 cm, 지름 0.2~0.3 mm, 휴대용 뷰테인 가스 버너를 이용하여 파스퇴르 피펫으로 미세 모세관을 만든다. 모세관을 만드는 과정은 대부분의 일반화학 실험책의 유리 공작 항목에 소개되어 있다)으로 신남알데하이드의 용액을 취하고 TLC 판의 a라고 표시한 위의 연필 선에 점적(spot)한다. 이 때 점적한 원의 직경은 1 mm 이하이어야 한다(이 값은 모세관이 TLC 판에 접촉하는 시간으로 결정된다. 직경이 더 크다면 접촉하는 시간을 줄여야 한다. CH_2Cl_2 용액에서 용매는 금방 마르며 그러면 하얀 자국이 생길 것이다). 이 모세관을 CH_2Cl_2 용액으로 씻고 신남일 알코올의 용액을 b 점에 점적한다. 마지막으로 혼합 용액을 m 점에 점적한다.
3. 50-mL 정도의 뚜껑 달린 유리병의 바닥에 여과지를 아래 모양처럼 접어 깔고, 여기에 여러분이 정한 용매를 0.5 cm 정도 깊이가 될 때

까지 넣는다(1 cm를 초과하지 말 것). 여과지의 밑을 가위로 자른 후 유리병 안에 둥그렇게 넣어 용매가 적시도록 한다.

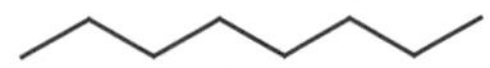

4. 점적한 TLC 판을 유리병에 담그고, **뚜껑을 닫은 후 용매 선**(solvent front)이 TLC 판 위에서 0.5 cm 정도 아래까지 도달할 때까지 **전개**(develop)한다. 몇 분 정도의 시간이 걸릴 것이다.
5. 유리병에서 꺼낸 후, 즉시 용매 선을 TLC 판 위에 연필로 표시하고 공기 중에서 말린 후 UV나 아이오딘 발색 시약을 이용하여 화합물의 위치를 연필로 표시한다.
6. R_f 값을 계산한다.
7. 실험 보고서의 표를 채운다.

3 안전 관리

TLC 실험에서 사용한 용매와 TLC 유리는 각각 비할로젠용 폐기물통과 폐유리통에 버린다.

얇은층 크로마토그래피에 의한 화합물의 분리

1

실험 일자 .... 학과 ....

학번 .... 이름 ....

1. 실험 목적

2. 실험 방법 및 관찰

3. 실험 결과

용매의 종류	용매 선 거리	신남알데하이드 거리(cm)	신남 알데하이드의 R_f	신남일 알코올 거리(cm)	신남일 알코올의 R_f

4. 결론 및 토의

5. 질문

(1) TLC와 관 크로마토그래피의 두 주요한 차이점은 무엇일까?

(2) 만약에 정제하여야 할 성분 3 g이 있다면 TLC와 관 크로마토그래피 중에서 어느 방법을 사용하겠는가? 그 이유는 무엇인가?

(3) TLC 분석 시 다음과 같은 실수를 범하였다면 어떠한 결과가 생기겠는가?

❶ 연필로 선을 긋지 않고 잉크(혹은 볼펜)로 그었다.

❷ 너무 많은 양의 화합물을 TLC 판 위에 점적하였다.

❸ 용매의 깊이가 1 cm보다 깊은 유리병에서 TLC 판을 전개하였다.

❹ 극성이 너무 큰 전개 용매를 사용하였다.

❺ 용매가 판 위에 도달하였을 때 TLC 판을 꺼내는 것을 잊어버렸다.

(4) 실험 방법 3에 "여과지의 밑을 가위로 자른 후 유리병 안에 둥그렇게 넣어 용매가 적시도록 한다"라고 나와 있다. 이렇게 하는 이유는 무엇일까?

(5) 신남일 알코올의 R_f 값이 알데하이드의 값보다 더 작은 이유를 분자간의 힘의 개념을 이용하여 설명하시오.

(6) 이동상이 기체, 고정상이 고체 혹은 액체인 분리 방법을 흔히 무엇이라고 부르는가?

(7) 다음 화합물을 TLC로 분석하였다. R_f 값이 증가하는 순서로 나열하시오.

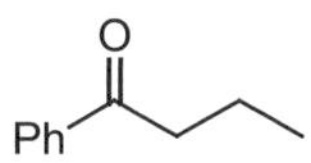

A

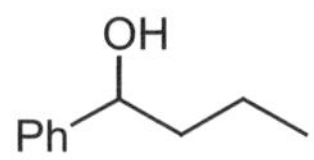

B

C

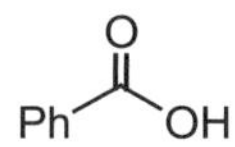

D

▶ 참고 문헌

- Sherman, J.; Fried, B. Eds.*Handbook of Thin-Layer Chromatography*; Marcel Dekker: New York 1991.
- Stahl, E. *Thin-Layer Chromatography*, 2nd ed.; Springer: New York, 1969.
- Kirchner, J. G.; Perry, E. S. Eds., *Thin-Layer Chromatography: Techniques of Chemistry*, Vol. XIV, 2nd ed.; John Wiley: New York, 1978.
- Touchstone, J. C. *Practice of Thin Layer Chromatography*, 3rd ed.; John Wiley: New York, 1992.

친핵성 치환 반응과 제거 반응

2

실험 2-1 알코올과 할라이드의 정성 분석

실험 목적: 1차, 2차, 3차 알코올과 할라이드를 반응성의 차이를 이용하여 구별한다.

미리 공부하기: 알코올과 할라이드의 분류, 알킬 알코올이 진한 염산과 반응하여 염화물로 변환되는 반응의 메커니즘, 알킬 할라이드의 친핵성 치환 반응의 속도론 및 메커니즘.

1 들어가기

※ 알코올 구별법

1차, 2차, 3차 알코올을 구별하는 한 가지 방법은 루카스 시약(진한 염산과 염화 아연의 혼합물)을 이용하는 Lucas(**루카스**) 시험법이다. 수산(hydroxyl) 기가 염화 아연과 결합하면 탄소-산소 결합이 쉽게 깨어져 **탄소양이온**(carbocation)이 생성된다.

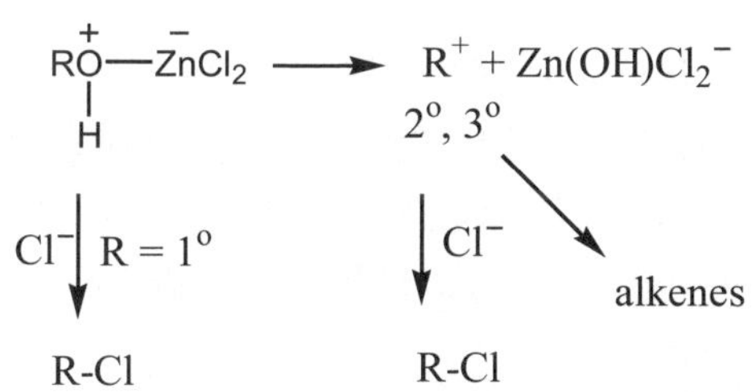

이 때 탄소양이온의 생성의 용이성은 양이온의 안정성에 달려 있다. 즉, R 기가 3차, 벤질성(benzylic), 알릴성(allylic)이면, 이 반응은 거의 즉시 일어나나 (S_N1), 2차 알코올인 경우에는 몇 분 정도 걸린다. 한편, 1차 알코올은 15분 동안 반응이 일어나지 않는다(S_N2)(표 2.1). 반응의 진행 여부는 물에 녹지 않는 알킬 할라이드가 뿌연 현탁액으로 생기고 얼마 후에 위층으로 분리되는 것을 관찰하여 알 수 있다. 따라서 알코올이 루카스 시약에 녹아야 하기 때문에 이 반응은 탄소수가 5 이하인 알코올에만 적용할 수 있다.

2차, 3차 알코올의 구별은 진한 염산만을 사용하여 할 수 있다. 3차 알코올은 3, 4분 안에 반응하여 층이 생기나, 2차 알코올은 이 시간 동안에 반응하지 않기 때문에 용액이 맑은 상태로 남게 된다.

표 2.1 루카스 시험법의 요약.

알코올의 종류	알킬 할라이드 형성에 필요한 시간
3차, 벤질성, 알릴성	$<$ 1분
2차	5분
1차	15분 이내에는 미반응

✲ 할라이드 구별법

1차, 2차, 3차 알킬 할라이드를 구별하는 방법에는 질산 은 시험법과 아이오딘화 소듐/아세톤 시험법이 있다.

- **알코올성 질산 은 시험법**: 알킬 할라이드와 질산 은이 에탄올 용매에서 반응하면 할로젠화 은(침전)과 알킬 나이트레이트(alkyl nitrate)가 생성된다. 이 반응은 S_N1 메커니즘이기 때문에 이 반응의 용이성은 중간체인 탄소양이온의 안정성에 달려 있다. 즉, 탄소양이온이 안정할수록 반응이 더 빠르다. 염화 은(AgCl)의 색은 흰색이나, 빛이 닿으면 보라색으로 변하고 브로민화 은(AgBr)은 엷은 노란색, 아이오딘화 은(AgI)은 노란색이다.

침전 생성 속도: 3차 > 2차 > 1차

브로민화 알킬과 아이오딘화 알킬은 염화물보다 더 빠르게 반응하며 염화물의 경우 반응 온도를 높일 필요가 있을 수 있다.

- **아이오딘화 소듐/아세톤 시험법**: 이 방법은 아이오딘화 소듐(NaI)이 아세톤에 녹는 성질을 이용하는 시험법이다(NaCl과 NaBr은 아세톤에 녹지 않는다). 염화 알킬(혹은 브로민화 알킬)을 아세톤에서 NaI와 반응시키면 S_N2 반응에 의하여 아이오딘화 알킬과 NaCl(혹은 NaBr)가 생성된다. 이 반응에서 할라이드의 반응성은

1차 > 2차 > 3차이다.

1차 브로민화물은 실온에서 3분 안에 NaBr을 생성하며, 1차, 2차 염화물은 반응이 일어나기 위하여 50°C로 가열하여야 한다. 2차, 3차 브로민화물은 50°C에서 반응하나, 3차 염화물은 반응하지 않는다.

2 실험 방법

실험 시간 4시간

✲ 알코올의 분류

시약 알코올(*tert*-뷰틸 알코올, 3-메틸-1-뷰탄올, 벤질 알코올, *sec*-뷰틸 알코올, 1-뷰탄올, 1-펜탄올, 2-뷰탄올, 2-펜탄올, 사이클로헥산올, 미지 시료)

루카스 시약(32 g의 무수 염화 아연을 23 mL의 진한 염산에 잘 저어 주면서 찬물에서 식히면서 녹여서 만든다. 용액의 부피는 약 35 mL로서 10번 실험할 수 있는 양이다. 사용하기 전에 만들어야 한다. 조교 제조).

이번 실험에서 사용하는 모든 알코올은 가연성 액체로서 눈과 호흡기에 심한 자극을 줄 수 있다. 증기를 흡입하지 말고 보호장갑을 착용한다.

방법

1. 작은 시험관에 0.5 mL의 알코올을 넣고 여기에 3 mL의 루카스 시약을 상온에서 한 번에 넣는다. 마개를 닫은 후 1분 동안 잘 흔들어 준다.
2. 실온에 방치하고 위의 표를 참조하여 구별한다(층으로 갈라지거나 현탁액처럼 보이는 할라이드가 생기는데 걸리는 시간을 기록한다).
3. 2차와 3차 알코올의 구별이 애매한 경우, 2~3방울의 알코올을 1 mL의 진한 염산에 가하고 잘 흔들어 준다. 3차, 벤질성, 알릴성 알코올만 빠르게 반응한다.

✲ 할라이드의 분류

시약 할라이드(1-염화뷰테인, 1-브로모뷰테인 1-아이오도뷰테인, *tert*-뷰틸 클로라이드(2-클로로-2-메틸프로페인), *tert*-뷰틸 브로마이드(2-브로모-2-메틸프로페인), 클로로사이클로헥세인, 브로모사이클로헥세인, 염화 벤질(benzyl chloride), 아이소뷰틸 브로마이드, 미지 시료).

이번 실험에서 사용하는 할라이드는 모두 피부와 눈에 심한 자극을 주는 액체이며 눈이 증기에 노출되면 눈물이 나올 수도 있다(특히 염화 벤질). 또한 발암성 물질로 추측이 된다. 따라서 피부, 눈, 호흡기에 대한 노출을 최대한 피하여야 한다.

- **알코올성 질산 은 시험법**

시약 0.1 M 질산 은의 95% 에탄올 용액(질산 은 1.7 g을 95% 에탄올에 녹여 최종 부피를 100 mL로 만든다).

질산 은은 피부에 심한 화상과 눈에 손상을 일으키므로 보안경과 보호 장갑을 착용하여야 한다. 질산 은 용액이 피부에 묻으면 피부가 갈색으로 변한다. 질산 은이 눈에 들어간 경우 눈이 멀 수도 있으므로 즉시 물로 씻고 병원에 가야 한다.

방법

1. 시험관에서 한 방울의 알킬 할라이드를 2 mL의 0.1 M 질산 은 95% 에탄올 용액에 넣는다. 실온에서 5분 안에 반응이 일어나지 않으면 끓는 물에 넣고 관찰한다.
2. 침전의 색을 기록한다.

- **아이오딘화 소듐/아세톤 시험법**

시약 아이오딘화 소듐/아세톤 용액(37.5 g의 NaI를 250 mL의 무수 아세톤에 녹여 만든다).

방법

1. 깨끗하고 건조한 시험관에 1 mL의 NaI/아세톤 용액을 넣고 2방울의 염화물 혹은 브로민화물을 넣는다.
2. 시험관을 흔들어 주고 실온에서 3분간 방치한다.
3. 침전의 생성 여부를 기록한다.
4. 3분 안에 침전이 생기지 않으면 50°C의 물에서 6분 동안 가열한다.
5. 실온으로 식히고 침전의 생성 여부를 기록한다.

3 안전 관리

실험 중에 사용한 할라이드는 싱크대에서 버리지 않고 할로젠용 폐기물통에 버린다.

알코올과 할라이드의 정성 분석

2-1

실험 일자 .... 학과 ....

학번 .... 이름 ....

1. 실험 목적

2. 실험 방법 및 관찰

3. 실험 결과

4. 결론 및 토의

5. 질문

(1) 아이오딘화 소듐/아세톤 법을 이용할 때 건조한 시험관을 사용하여야 하는 이유는 무엇인가?

(2) 1차와 2차 알킬 브로마이드를 질산 은과 아이오딘화 소듐/아세톤 법을 이용하여 구별할 수 있는 메커니즘적 근거는 무엇인가?

(3) 어떻게 하여 NaI 혹은 KI가 알킬 클로라이드 혹은 브로마이드의 S_N2 반응에서 친핵성 촉매(nucleophilic catalyst)의 역할을 수행하는 지를 설명하시오.

(4) *tert*-뷰틸 에틸 에터를 각각 S_N1 반응과 S_N2 반응을 이용하여 합성하려고 한다. 합성법을 제안하시오.

(5) NaI/아세톤 법에서 NaI의 농도가 반으로 줄어들었다면 반응 속도에 미치는 영향은 어떠하겠는가.

(6) 1차, 2차, 3차 알킬 할라이드가 각각 NaCN과 반응할 때 어느 할라이드가 가장 빨리 반응하는가? 그 이유는 무엇인가?

▶ 참고 문헌

• Shriner, R. L.; Hermann, C. K. F.; Morrill, T. C.; Curtin, D. Y.; Fuson, R. C. *The Systematic Identification of Organic Compounds*, 7th ed.; John Wiley: New York, 1998.

실험 2-2 2-클로로-2-메틸뷰테인의 합성: S_N1 반응

실험 목적: 3차 알코올을 진한 염산으로 처리하여 3차 알킬 염화물을 얻고 이를 단순 증류법으로 정제한다.

미리 공부하기: 제1부 6.5절 증류, 알킬 알코올이 진한 염산과 반응하여 염화물로 변환되는 반응의 메커니즘.

1 들어가기

3차 알코올에서 3차 알킬 할라이드를 얻을 때 흔히 사용하는 시약은 진한 HX이다. 이번 실험에서는 2-메틸-2-뷰탄올(*tert*-아밀 알코올)을 염산과 반응시켜 2-클로로-2-메틸뷰테인을 얻고자 한다. 이 반응은 **S_N1 메커니즘**으로 일어난다.

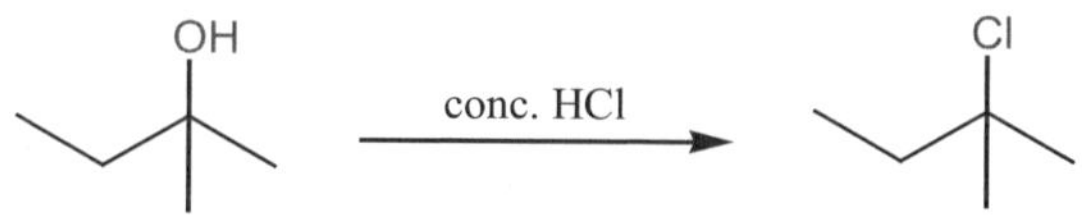

2-Methyl-2-butanol	2-Chloro-2-methylbutane
mw 88.15	mw 106.60
bp 102 °C	bp 85-86 °C
d 0.805	d 0.866

2 실험 방법

실험 시간 4시간

시약 2-메틸-2-뷰탄올 10 mL, 진한 염산, 포화 $NaHCO_3$ 용액.

2-메틸-2-뷰탄올(*tert*-아밀 알코올)은 가연성 액체로서 눈과 호흡기에 심한 자극을 줄 수 있다. 증기를 흡입하지 말고 보호장갑을 착용한다.

염산은 부식성 액체로서 피부에 심한 화상과 눈에 손상을 일으키며 흡입하면 유독하다. 증기를 흡입하지 말고 보안경과 보호장갑을 착용한다.

기구 100-mL 분별 깔때기, 50-mL 둥근바닥 플라스크, 25-mL 둥근바닥 플라스크, 단순 증류 장치.

▶ **반응**

1. 100-mL 분별 깔때기에 10 mL의 2-메틸-2-뷰탄올과 25 mL의 진한 염산을 넣는다.
2. 즉시 분별 깔때기의 대롱이 위로 가도록 든 상태에서 잠금 꼭지를 열어 기체를 내보낸다(사람이 있는 방향으로 배출하지 말 것).
3. 잠금 꼭지를 닫고 15초 정도 흔든 후 과정 2를 반복한다.
4. 10분 정도 과정 3을 반복한다.

▶ **반응 마무리**

1. 두 층의 분리가 끝날 때까지 분별 깔때기를 고리에서 방치한다(생성물인 할라이드가 있는 유기층은 위층인가 아래층인가?).
2. 위 마개를 열고 잠금 꼭지를 열어 염산이 들어 있는 물층을 버린다. 이 때 물층만을 버려야 한다(두 층의 구별이 어려우면 청색의 황산 구리 용액을 한 방울 넣어보자). 황산 구리(청색이 연녹색으로 변한다. 왜 그럴까?)가 들어 있는 층이 물층이다.
3. 유기층에 10 mL의 **차가운** 포화 $NaHCO_3$ 용액을 천천히 가하면서 잘 저어준다. CO_2가 나오므로 잠금 꼭지를 열고 내보낸다.
4. 유기층을 순차적으로 차가운 물(10 mL)과 포화 소금물(10 mL)로 씻어준다.
5. 무수 염화 칼슘을 약간(반 스푼) 넣고 유기층을 말린다.

▶ **생성물 분리**

1. 파스퇴르 피펫을 이용하여 생성물을 25-mL 둥근바닥 플라스크에 옮긴다. 단순 증류 장치를 조립한 후 증류한다. 증류액은 얼음물에 식힌, 무게를 단 둥근바닥 플라스크에 모은다.
2. 생성물의 끓는점은 85~86°C이지만 생성물의 양이 작을 때에는 75°C부터 모으기 시작한다.

▶ **분석**

1. 생성물의 무게를 달고 수율을 기록한다.
2. 알코올성 질산 은 법과 NaI/아세톤 법을 수행한다(실험 2-1 참조).
3. 반응물과 생성물의 IR과 ^{1}H-NMR 스펙트럼을 얻어 비교하여 본다.

3 안전 관리

생성물인 2-클로로-2-메틸뷰테인은 한 병에 모아 보관하여도 좋다. 씻은 용액은 싱크대에서 버리고 사용한 피펫은 폐유리통에 버린다.

2-클로로-2-메틸뷰테인의 합성: S_N1 반응

2-2

실험 일자 .... 학과 ....

학번 .... 이름 ....

1. 실험 목적

....

....

....

....

2. 반응식

....

....

....

....

3. 반응물과 생성물

반응물과 생성물	몰질량 (g/mol)	사용한 부피(mL) 및 질량(g)	몰수 (mmol)	몰비	mp 혹은 bp(°C)	밀도 (g/mL)
2-메틸-2-뷰탄올						
진한 염산						
2-클로로-2-메틸뷰테인 (생성물)						

한계 시약:
....

....

이론적 수득량:
....

....

4. 실험 방법 및 관찰

5. 실험 결과

실제 수득량:

수득 백분율:

알코올성 질산 은 법:

NaI/아세톤 법:

6. 결론 및 토의

7. 질문

(1) 이번 반응에서 할라이드가 생기는 과정의 메커니즘을 그리시오.

(2) 이번 반응에서 염화물 말고 생길 수 있는 부생성물은 무엇인가? 메커니즘을 그려 설명하시오.

(3) 반응 마무리 시 2-클로로-2-메틸뷰테인을 **차가운** 포화 $NaHCO_3$ 용액으로 씻어 주는 과정이 있다.

❶ 왜 씻어 주는가?

❷ 씻어 주는 과정에서 기체가 나오므로 천천히 가하지 않으면 용액이 넘쳐 나서 수율이 떨어질 수도 있다. $NaHCO_3$ 용액 대신 묽은 NaOH 용액을 사용하면 이러한 문제를 해결할 수 있을 것 같은데, NaOH 용액을 사용했을 경우의 단점은 무엇이라고 생각하는가?

(4) 유기층을 물로 씻은 후, 다시 소금물로 씻는 이유는 무엇인가?

(5) 이번 실험에서는 생성물을 무수 염화 칼슘으로 건조하였다. 고체 KOH나 NaOH를 사용하여 건조할 수 있을까?

(6) (*S*)-3-메틸-3-헥산올((*S*)-3-methyl-3-hexanol)과 진한 염산이 반응한다고 하자.

❶ 쐐기와 점선을 사용하여 (*S*)-3-메틸-3-헥산올의 3차원 구조를 그리시오.

❷ 이 반응에서 얻어지는 생성물 3-클로로-3-메틸헥세인은 *R*-, *S*- 혹은 라셈 혼합물 중에서 어느 것일까를 예측하시오. 그 이유는?

(7) 이름이 '성급한'이라고 하는 학생은 반응 시간을 줄이려고 진한 염산의 양을 25 mL에서 50 mL로 늘렸다. 성급한은 의도대로 반응 시간을 줄일 수 있었을까?

(8) 2,2-다이메틸-1-프로판올(2,2-dimethyl-1-propanol)을 진한 염산과 함께 끓였더니 2-클로로-2-메틸뷰테인(2-chloro-2-methylbutane)이 생겼다. 이 반응의 메커니즘을 굽은 화살표를 사용하여 그리시오.

실험 2-3 2-메틸사이클로헥산올의 탈수에 의한 알켄의 합성

실험 목적: 산 촉매 하에서 일어나는 알코올의 탈수 반응을 이용하여 알켄을 합성하고 이 반응의 위치 선택성을 이해한다.

미리 공부하기: 제1부 6.5절 증류, 알코올의 탈수 반응, E1 메커니즘, 알켄의 안정성, 사이체프 구칙

1 들어가기

알켄을 얻는 한 가지 방법은 알코올에서 물을 **제거(탈수)**하여 얻는 것이다.

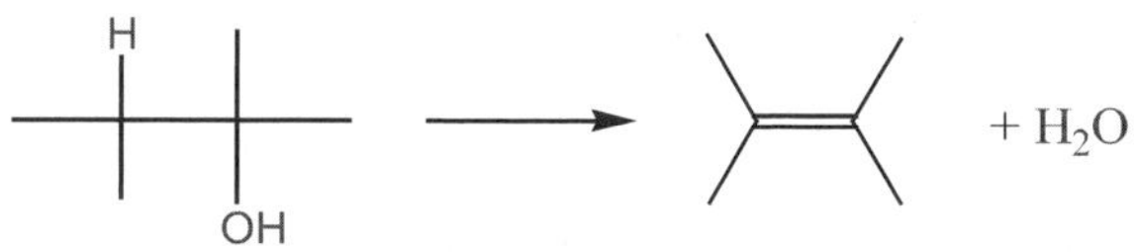

알코올의 $-OH$ 기는 제거반응에서 쉽게 떨어지지 않기 때문에 더 좋은 이탈기로 바꿔야 한다. 이 때 사용하는 방법 중의 하나가 알코올을 산으로 처리하여 $-OH$기를 더 좋은 이탈기인 $-O^+H_2$로 바꾸는 것이다. 전체적인 탈수 반응은 E1 **메커니즘**을 따른다.

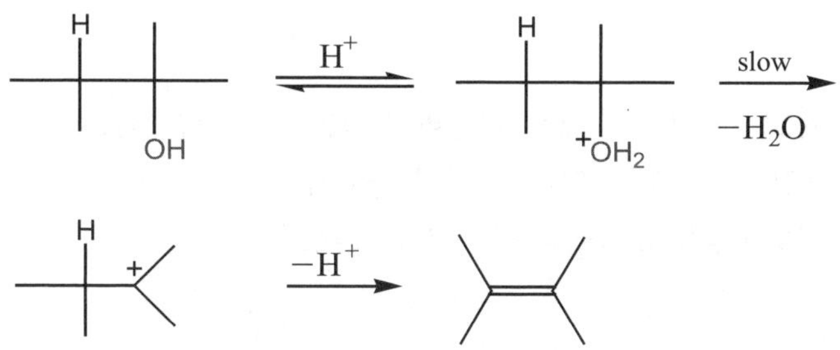

이 때 생기는 탄소양이온은 반응 조건에 따라 치환과 제거 반응을 할 수 있다. 치환 반응을 억제하려면 친핵성이 떨어지는 음이온을 주는 산(황산, 인산)을 사용하여야 한다. 또한 반응 온도를 올리면 치환보다 제거 반응이 선호된다. 마지막으로 생성물인 알켄이 생기는 즉시 증류하면 알켄의 수율을 올릴 수 있다(알켄이 센산과 계속 같이 있으면 중합 반응이 일어나서 알켄의 고분자가 생긴다).

이번 실험에서는 2-메틸사이클로헥산올(2-methylcyclohexanol)을 황산과 같이 가열하여 알켄을 얻고 생성물을 ^{1}H-NMR 분광기 혹은 GC/MS로 분석하여 주생성물의 구조를 확인하고자 한다. **사이체프(Zaitsev) 규칙**에 의하면 더 많이 치환된 알켄이 주생성물로 얻어진다고 한다. 이번 반응이 사이체프 규칙을 따르는지의 여부를 직접 확인하여 보자.

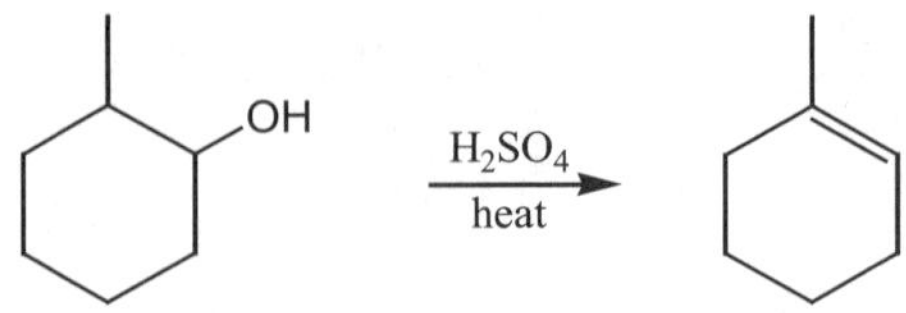

2-Methylcyclohexanol (A mixture of cis and trans) mw 114.2 bp 163~166°C d 0.93	1-Methyl- cyclohexene mw 96.2 bp 110~111°C d 0.811

이중 결합의 존재는 **브로민의 사염화 탄소 용액**(독성이 큰 사염화 탄소 용매 대신 이염화메테인을 사용할 수 있으나 그 용액은 불안정하므로 검사하기 전에 만들어야 한다)으로 확인할 수 있다. 브로민 원소는 적갈색이나 다이브로마이드는 무색이므로 브로민의 색이 없어지면 이중 결합 혹은 삼중 결합이 있음을 나타낸다. 이 첨가 반응은 전자가 풍부한 알켄의 경우 매우 빨라서 브로민 용액을 가하는 순간에 색이 없어진다. 하지만 전자를 당기는 기로 치환된 알켄(예: PhCH=CHCOOH)의 경우에는 반응이 느리게 일어난다.

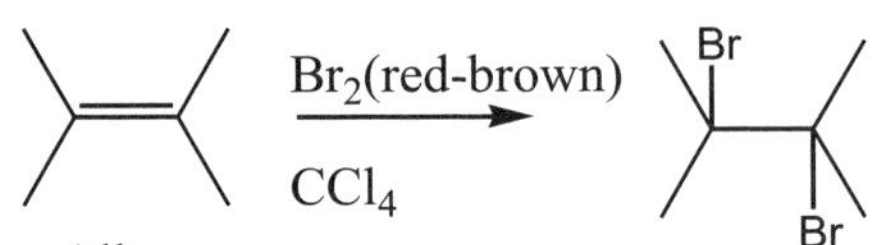

Alkene → Dibromide (colorless)

과망가니즈산 포타슘을 사용하는 **바이어**(Baeyer) **검사법**은 전자가 부족한 알켄의 경우에도 사용할 수 있다. 알켄이 자주색의 과망가니즈산 포타슘과 반응하면 이산화 망가니즈(MnO_2)의 갈색 침전이 생긴다.

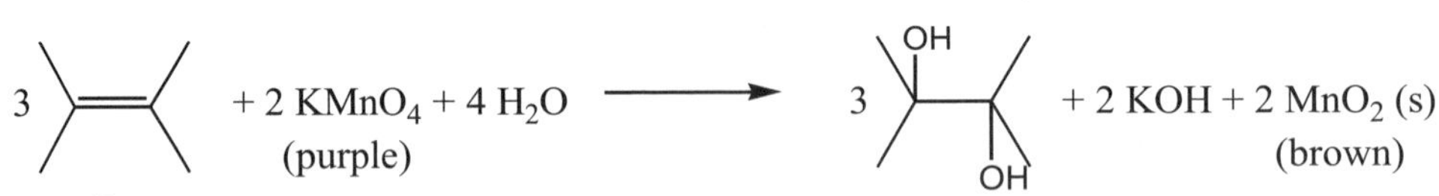

Alkene → 1,2-Diol

2 실험 방법

실험 시간 4시간

시약 2-메틸사이클로헥산올 5.00 g, 9 M 황산 2.5 mL, 포화 $NaHCO_3$ 용액, 브로민의 사염화 탄소 용액(5%), 2% 과망가니즈산 포타슘 수용액, 사염화 탄소.

2-메틸사이클로헥산올은 흡입하면 유해하다. 액체나 증기는 자극성이므로 피부 및 호흡기와의 접촉을 피한다.

황산은 피부에 심한 화상과 눈에 손상을 일으키므로 보호 장갑 및 보안경을 착용한다.

기구 25-mL 둥근바닥 플라스크, 단순 증류 장치, 시험관.

▶ **반응**

1. 25-mL 둥근바닥 플라스크에 5.00 g의 2-메틸사이클로헥산올과 9 M 황산 2.5 mL을 가하고 단순 증류 장치를 조립한다.

▶ **생성물 분리**

1. 천천히 온도를 올리면서 초당 1방울의 속도로 증류가 되도록 온도를 조절한다.
2. 증류액이 2~3 mL 정도 모아지면 증류를 멈춘다. 절대로 플라스크가 마를 때까지 증류하지 말 것! 화재가 날 수 있다! 알켄은 알코올(혹은 알케인)에 비하여 냄새가 고약하다(왜 그럴까?). 가능하면 후드에서 증류하는 것이 좋다.
3. 증류액에 무수 탄산 포타슘을 조금 넣어 말린다.
4. 액체를 기울여 미리 무게를 단 작은 유리 병에 옮긴다

▶ **분석**

1. 생성물의 질량을 측정하여 수율을 계산한다.
2. ^{1}H-NMR 분광기 혹은 GC/MS로 분석한다.
3. 브로민 검사: 후드에서 시험관에 2 mL의 사염화 탄소를 넣고 생성물인 알켄을 4방울 가한 후 브로민의 사염화 탄소 용액(5%)을 브로민의 색이 남아 있을 때까지 잘 흔들어 주면서 한 방울씩 가한다.
4. 바이어 검사: 2 mL의 에탄올에 알켄을 4방울 가한 후 2% 과망가니즈산 포타슘 수용액을 과망가니즈산 이온의 자주 색이 남아있을 때까지 잘 흔들어 주면서 한 방울씩 가한다.

3 안전 관리

수용액은 물로 묽힌 후 싱크대에 버린다.

LABORATORY EXPERIMENTS FOR
ORGANIC CHEMISTRY

실험보고서

2-메틸사이클로헥산올의 탈수에 의한 알켄의 합성

2-3

LABORATORY EXPERIMENTS FOR **ORGANIC CHEMISTRY**

실험 일자 .... 학과 ....

학번 .... 이름 ....

1. 실험 목적

....

....

....

....

2. 반응식

....

....

....

....

3. 반응물과 생성물

반응물과 생성물	몰질량 (g/mol)	사용한 부피(mL) 및 질량(g)	몰수 (mmol)	몰비	mp 혹은 bp(°C)	밀도 (g/mL)
2-메틸사이클로헥산올						
9 M 황산(촉매)						
1-메틸사이클로헥센(생성물)						

한계 시약:

....

....

이론적 수득량:

....

....

4. 실험 방법 및 관찰

5. 실험 결과

실제 수득량:

수득 백분율:

^{1}H-NMR 스펙트럼 혹은 GC/MS

브로민 검사:

바이어 검사:

6. 결론 및 토의

7. 질문

(1) 산성 조건에서 2-메틸사이클로헥산올에서 1-메틸사이클로헥센이 생기는 반응의 메커니즘을 그리시오.

(2) 왜 이 생성물이 주생성물로 얻어지는가?

(3) 주생성물 이외에 생길 수 있는 두 알켄은 무엇인가?

(4) 산 촉매로서 진한 염산을 사용할 수 없는 이유는 무엇인가?

(5) 생성물인 알켄의 끓는점이 반응물인 알코올보다 낮은 이유는 무엇인가?

(6) 증류액을 무수 염화 칼슘이나 황산 소듐 대신에 무수 탄산 포타슘으로 말리는 이유는 무엇인가?

(7) 이번 실험에서 사용한 반응 조건에서 다음 알코올 중에서 가장 먼저 탈수되는 것은 어떤 것인가? 가장 탈수가 느린 것은? 그 이유를 설명하시오.

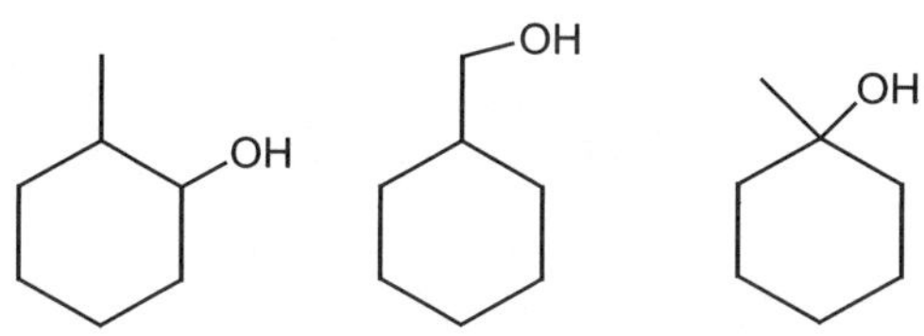

(8) 4-메틸사이클로헥산올을 황산으로 탈수시켰더니 다음과 같은 알켄이 얻어졌다. 이들 알켄이 어떻게 생성되었는지를 설명하시오.

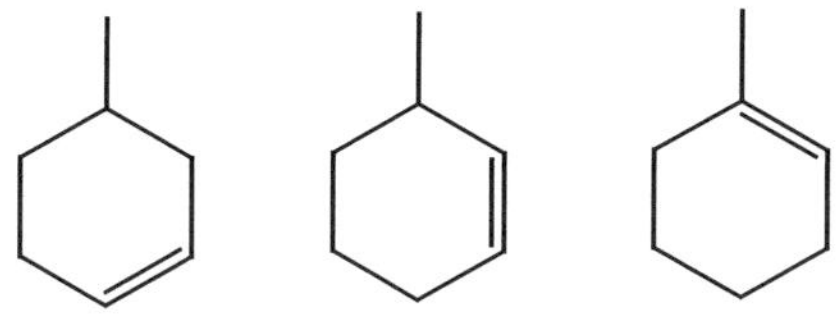

3 친전자성 첨가 반응

실험 3-1 1-헥센의 HBr 첨가 반응

실험 목적: 친전자체인 HBr의 알켄 첨가 반응에서 위치 선택성을 결정하고 상전이 촉매의 원리를 이해한다.

미리 공부하기: 알켄의 친전자성 첨가 반응의 위치선택성, 상전이 촉매.

① 들어가기

알켄은 다음과 같이 친전자체인 H-X와 첨가 반응을 한다.

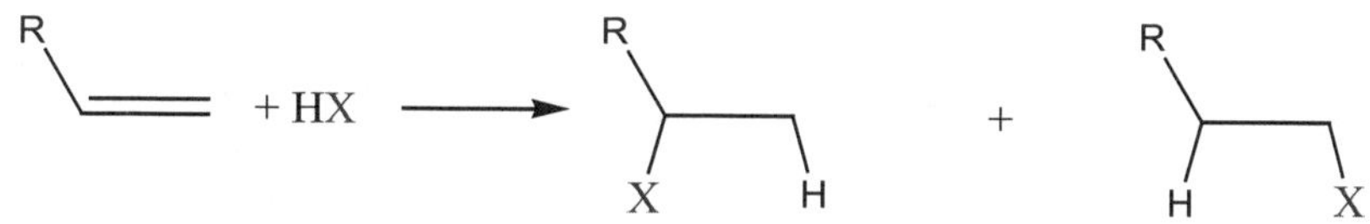

major Markovnikov product　　　minor

이번 실험에서는 브로민화 수소 HBr가 1-헥센(1-hexene)에 이온성 첨가 반응을 할 때, 2-브로모헥세인(2-bromohexane)이 **마르코우니코프(Markovnikov) 법칙**에 따라 주생성물로 생성되는 것을 확인하고자 한다.

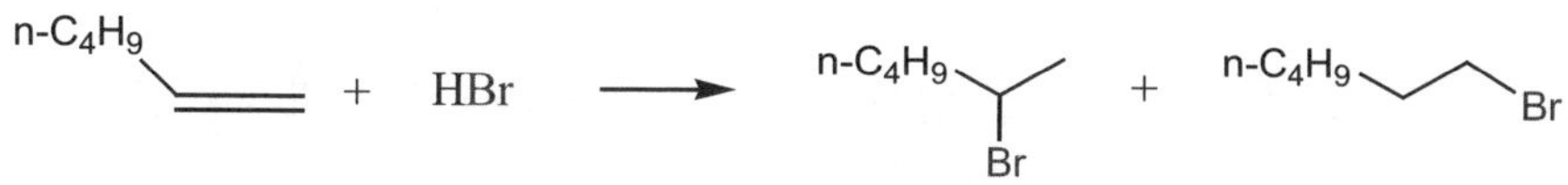

1-Hexene	2-Bromohexane	1-Bromohexane
mw 84.16	mw 178.18	mw 178.18
bp 64 °C	bp 142~144 °C	bp 154~158°C
d 0.673		

진한 HBr 용액을 이용하는 방법은 실제로는 수행하기가 어렵다. 첫 번째 이유는 알켄이 진한 HBr 용액과 섞이지 않기 때문이다. 두 번째 이유로는 HBr이 센산이기 때문에 물과 반응하여 하이드로늄 이온 H_3O^+으로 변하며 하이드로늄 이온은 HBr보다 약산이므로 알켄에 양성자를 주는 과정이 느리게 일어난다. 또한, 산 촉매에 의한 물의 첨가 반응도 일어날 수 있다.

이러한 실험적 어려움을 피할 수 있는 한 가지 방법은 **상전이 촉매**(phase transfer catalyst, PTC)를 사용하는 것이다. 상전이 촉매의 예로서 염화 메틸트라이옥틸암모늄(methyltrioctylammonium chloride)를 들 수 있는데, 이 염은 소수성 기인 알킬 기와 친수성 기인 4차 암모늄 염으로 이루어져 있기 때문에 물층과 유기층 모두에 분배된다. PTC는 HBr과 착물을 이루며 이 착물은 물층에서 유기층으로 넘어간다. 이 과정을 통하여 HBr이 물층에서 알켄이 존재하는 유기층으로 넘어가며 이 유기층에는 물이 없기 때문에 HBr의 산성도가 물층에서 보다 증가하며 따라서 반응속도가 증가한다.

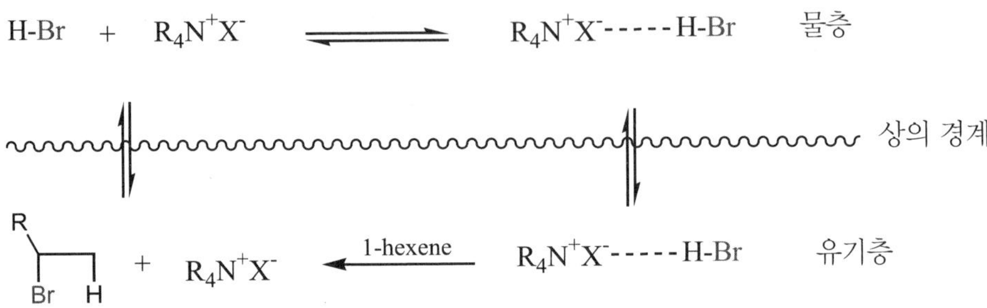

PTC가 관여하는 반응의 속도는 시약과 반응물이 두 상 사이에서 분배되는 효율성에 달려 있으며 이 효율성은 두 상의 경계면의 표면적에 달려 있다. 따라서 이 면적을 증가시키기 위하여 반응 혼합 용액을 세게 저어주어야 한다.

2 실험 방법

실험 시간 4시간

시약 1-헥센 3.0 mL, 48% HBr 수용액 14 mL, 염화 메틸트라이옥틸암모늄 1.0 g, 석유 에테(bp 60~80°C) 15 mL, 10% $NaHCO_3$ 용액, 분석용 1-브로모헥세인, 2-브로모헥세인.

1-헥센은 가연성 액체이다. 액체나 증기는 자극성이므로 피부 및 호흡기와의 접촉을 피한다.

진한 HBr(47~48%)은 부식성이 큰 유독한 시약이다. 후드에서 취급하고 다룰 때 보호 장갑과 보안경을 착용한다. 피부(또는 머리카락)에 묻으면 오염된 모든 의복은 벗거나 제거하고 피부를 물로 씻는다.

4차 암모늄 염은 유독한 시약이다. 피부에 자극을 일으키고 눈에 심한 손상을 일으킨다. 피부와의 접촉을 피하고 만약 피부에 묻으면 물과 비누로 씻는다.

기구 25-mL 둥근바닥 플라스크, 50-mL 둥근바닥 플라스크, 분별 깔때기, 냉각기, 가열판-자석 교반기, 단순 증류 장치.

▶ **반응**

1. 3.0 mL의 1-헥센, 14 mL의 48% HBr 수용액과 1.0 g의 염화 메틸트라이옥틸암모늄을 50-mL 둥근바닥 플라스크에 넣고 빠르게 저어주면서 2시간 동안 환류한다.

▶ **반응 마무리**

1. 실온으로 식히고 반응액을 분별 깔때기로 옮긴다.
2. 반응 플라스크를 15 mL의 석유 에테르로 씻어 주고 분별 깔때기에 붓는다.
3. 분별 깔때기를 잘 흔들어 주고 두 층이 분리될 때까지 기다린다.
4. 아래층(물층)을 버리고 유기층을 15 mL의 10% $NaHCO_3$ 용액으로 두 번 씻는다.
5. 이 때 기체가 발생하기 때문에 분별 깔때기 안에 과도한 압력이 걸리지 않도록 기체를 방출시킨다.
6. 유기층을 삼각 플라스크에 옮기고 한 숟가락 분량의 무수 황산 소듐을 가하고 10분간 기다린다.

▶ **생성물 분리**

1. 말린 유기층을 25-mL 둥근바닥 플라스크에 따라 붓고 단순 증류 장치를 설치한 후 증류한다.
2. 용매와 미반응 1-헥센이 80°C까지의 온도에서 다 나오면 무게를 단 용기에 브로모헥세인을 모은다. 생성물의 양이 적기 때문에 110~115°C의 범위에서 끓는 액체를 모은다. 이 때 용매를 빠르게 제거하려고 급하게 가열하지 말 것. 그러면 거품이 생겨서 생성물의 회수가 나빠진다.

▶ **분석**

1. 알코올성 질산 은 법(실험 2-1 참조)으로 브로민 원자의 존재를 확인하고 생성물의 반응성을 분석용 1-브로모헥세인, 2-브로모헥세인의 반응성과 비교하여 본다.
2. (선택) GC(혹은 GC-MS)나 ^{1}H-NMR 분광기로 분석하여 주생성물의 비를 결정한다.

3 안전 관리

씻은 물은 탄산 소듐으로 중화한 후에 싱크대에서 버린다. 생성물을 모을 필요가 없다면 할로젠용 폐기물통에 버린다.

LABORATORY EXPERIMENTS FOR
ORGANIC CHEMISTRY

1-헥센의 HBr 첨가 반응

3-1

LABORATORY EXPERIMENTS FOR **ORGANIC CHEMISTRY**

실험 일자 .... 학과 ....

학번 .... 이름 ....

1. 실험 목적

....

2. 반응식

....

3. 반응물과 생성물

반응물과 생성물	몰질량 (g/mol)	사용한 부피(mL) 및 질량(g)	몰수 (mmol)	몰비	mp 혹은 bp(°C)	밀도 (g/mL)
1-헥센						
HBr 수용액						
염화 메틸트라이옥틸암모늄						
2-브로모헥세인(생성물)						

한계 시약: ....

이론적 수득량: ....

4. 실험 방법 및 관찰

5. 실험 결과

실제 수득량:

수득 백분율:

알코올성 질산 은 법:

6. 결론 및 토의

7. 질문

(1) 알켄 $RCH=CH_2$에 HBr이 첨가하였을 때 주생성물로서 $RCH(Br)CH_3$가 나오는 이유를 중간체인 탄소양이온의 안정성을 바탕으로 에너지 그림을 그려 설명하시오.

(2) '들어가기'에서 HBr은 물속에서 $H_3O^+Br^-$로 존재한다고 서술하였다. 과연 이 말이 맞는지를 아래 평형 반응의 평형상수를 계산하여 확인하시오.

$$\underset{\mathrm{p}K_a\ -8}{HBr} + H_2O \rightleftharpoons \underset{\mathrm{p}K_a\ -1.7}{H_3O^+} + Br^-$$

(3) 반응 혼합물을 잘 저어 줄 때가 그렇지 않을 경우에 비하여 2-브로모헥세인의 수율이 높다. 그 이유는?

(4) 탄소양이온의 안정성이 1차 < 2차 < 3차의 순으로 증가하는 이유를 분자오비탈 개념으로 설명하시오.

(5) 상전이 촉매(PTC)가 유기 용매와 물에서 모두 녹는 이유는 PTC의 분자 구조의 어떠한 성격 때문인가?

(6) 염화 메틸트라이옥틸암모늄을 PTC로 사용했을 때 2-클로로헥세인이 부산물로 생성될 수 있다. 이번 실험에서 염화물의 생성이 크게 문제가 되지 않는 이유는 무엇인가?

실험 3-2 알켄의 수소붕소화 반응-산화 반응

실험 목적: 알켄의 수소붕소첨가-산화 반응을 이용하여 알코올을 합성하고 이 반응의 위치 선택성 및 입체 선택성을 이해한다.

미리 공부하기: 미리 공부하기: 알켄의 친전자성 BH_3 첨가 반응.

1 들어가기

알켄은 산성 조건에서 물과 반응하여 알코올로 변한다. 이 반응은 탄소양이온 중간체를 거치기 때문에 마르코우니코프(Markovnikov) 법칙에 의하여 예측되는 구조의 알코올이 주생성물로 얻어지게 된다. 한편, 안티-마르코우니코프 생성물을 얻는 방법 중에서 유용한 방법이 **수소붕소첨가-산화** 반응이다.

다이보레인(diborane)은 보레인(borane) BH_3의 이합체이며 루이스 염기인 테트라하이드로퓨란(tetrahydrofuran, THF) 용매에서는 borane-THF **착물**로서 존재하게 된다.

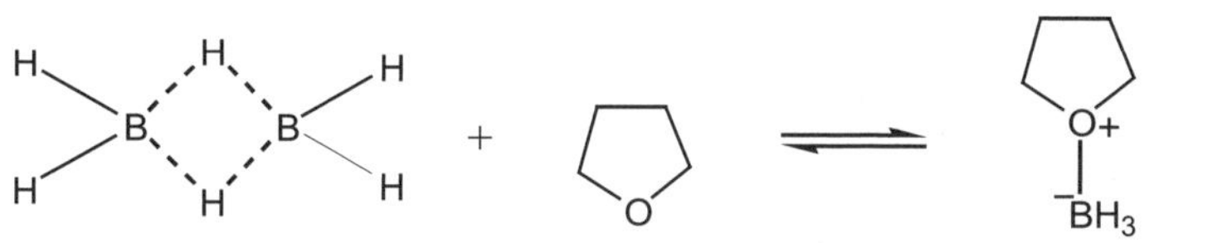

Diborane THF Borane-THF complex

마르코우니코프(Markovnikov) 법칙: 러시아 화학자인 마르코우니코프가 HX의 알켄 첨가 반응에서의 위치 선택성에 관하여 1869년도 박사 논문에서 제안한 법칙. 원래 이 법칙은 "HX의 할로젠은 수소 수가 더 작고 탄소 수는 더 많은 알켄의 탄소와 결합한다"라는 것이었다. 마르코우니코프가 살아있을 당시에는 탄소양이온의 존재가 알려지지 않았다(탄소양이온의 존재를 NMR 장비로 확인한 것은 1950~60년대의 일이다). 현재 이러한 첨가 반응이 탄소양이온 중간체를 거쳐 일어난다는 것을 알고 있기 때문에 이 법칙을 다음과 같이 재해석할 수 있다: HX의 친전자성 첨가 반응에서 친전자체인 H는 수소 수가 더 많은 알켄의 탄소에 첨가된다. 이 반응의 주생성물과 부생성물을 각각 마르코우니코프 생성물과 안티-마르코우니코프 생성물이라고 부른다.

수소붕소첨가 반응(hydroboration)은 알켄에 붕소와 수소가 첨가되는 반응이다. 1-알켄의 경우에는 트라이알킬보레인(trialkylborane)까지 수소붕소첨가 반응이 진행되나, 일반적으로 어느 정도까지 다이알킬(dialkyl)과 트라이알킬보레인이 생길지는 알켄의 입체적 요인에 달려 있다.

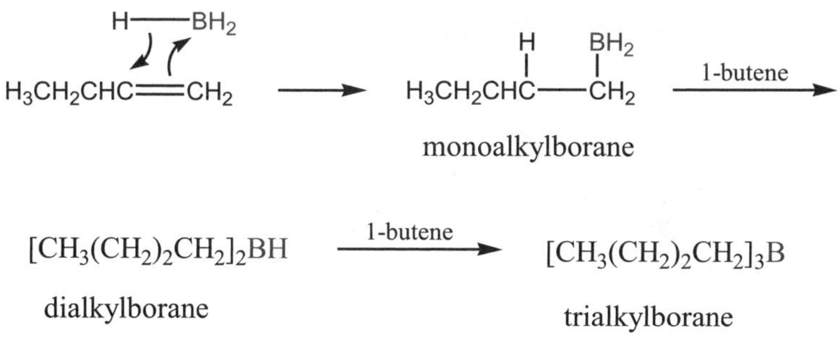

수소붕소첨가 반응에서는 친전자체 역할을 하는 원자가 보론(B)이며 주생성물도 보론 원자가 수소 수가 더 많은 알켄의 탄소에 첨가된 생성물이다. 따라서 이 반응도 마르코우니코프 법칙을 따른다고 말할 수 있다. 하지만 산화 반응 후에 얻어지는 알코올이 물이 첨가하여 생기는 주생성물은 아니기 때문에 안티-마르코우니코프 생성물이라고 부를 뿐이다.

수소붕소첨가 반응은 다음과 같은 **네원자 고리의 전이상태**를 거치며(따라서 수소붕소첨가 반응도 마르코우니코프 법칙을 따른다), *syn*-첨가 반응이다. 첨가 반응 시 BH_3은 이중 결합의 두 개의 면(face) 중에서 입체장애가 작은 쪽으로 접근하게 된다.

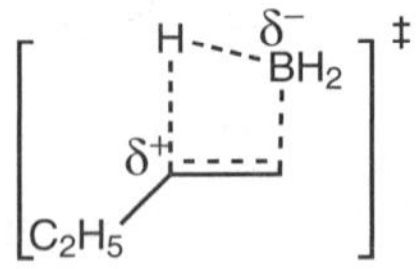

트라이알킬보레인을 알칼리성 과산화 수소와 반응시키면 **산화적 절단**(oxidative cleavage)에 의하여 3 몰의 알코올과 붕산이 생긴다. 이 반응의 첫 번째 단계는 과산화 수소 음이온이 루이스 산인 붕소 원자와 결합하여 화합물 A가 생기는 것이다. 다음 단계에서는 알킬 기가 붕소 원자에서 산소 원자로 이동을 하는데, 이 과정에서 약한 산소-산소 결합이 깨지고 수산화 이온이 떨어진다. 이 **자리옮김 반응**의 입체화학에서 중요한 점은 이동하는 **탄소의 배열이 보존**된다는 점이다. 이러한 단계는 모든 붕소-탄소 결합이 산소-탄소 결합으로 바뀌질 때까지 반복적으로 일어난다.

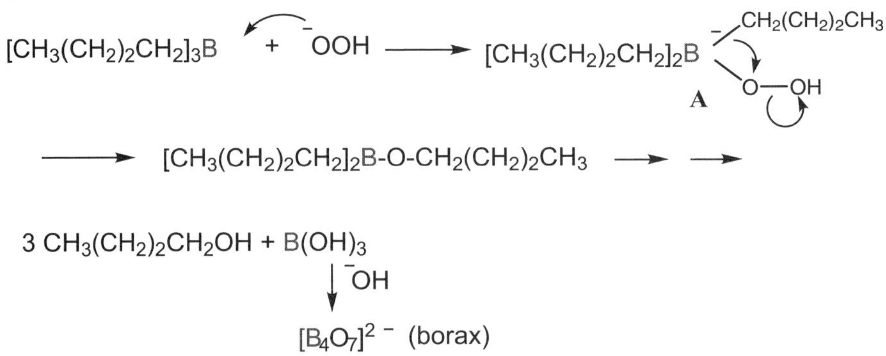

이번 실험에서는 (+)-α-피넨(pinene)의 수소붕소첨가-산화 반응의 입체화학을 확인하고자 한다. 피넨의 이중 결합은 입체적 장애를 가지고 있기 때문에 1 몰의 BH_3 당 2 몰의 피넨이 반응하여 다음과 같은 구조의 다이알킬보레인이 생기게 된다. 이 화합물을 알칼리성 과산화 수소와 반응시키면 (−)-아이소피노캄페올(isopinocampheol)이 얻어진다.

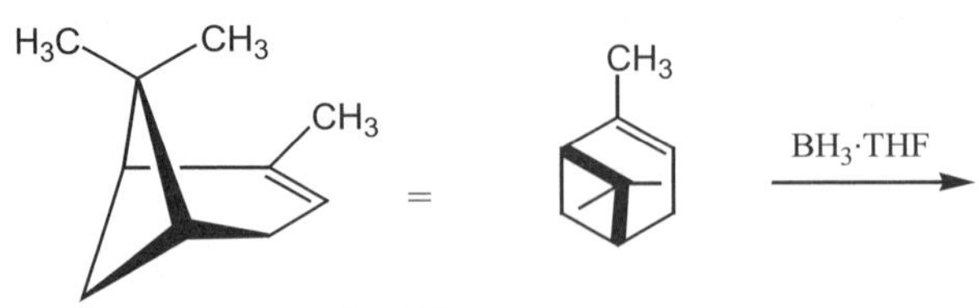

(+)-α-Pinene
mw 136.2
bp 155~156°C
d 0.858

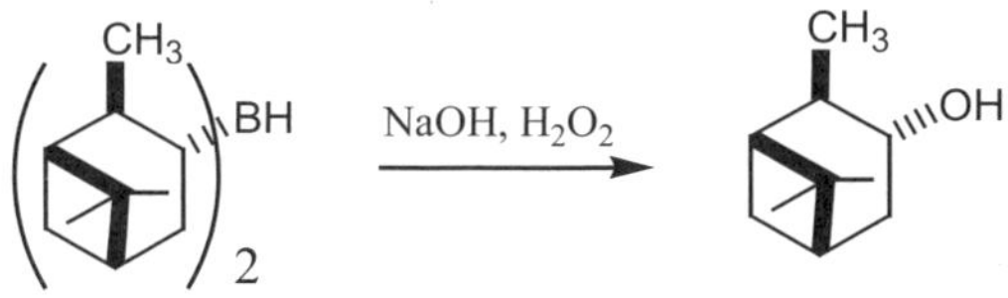

(–)-Isopinocampheol
mw 154.25
mp 51~53 °C

(−)-아이소피노캄페올의 입체이성질체로서는 다음과 같은 화합물이 있다.

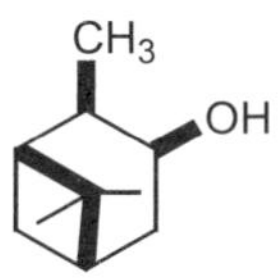

(+)-Neoisopinocampheol

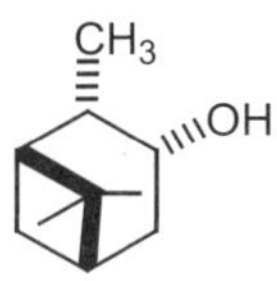

(–)-Neopinocampheol

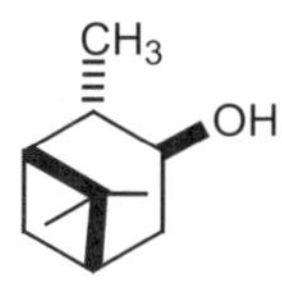

(+)-Pinocampheol

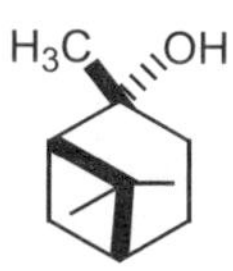

(+)-*cis*-2-Pinanol

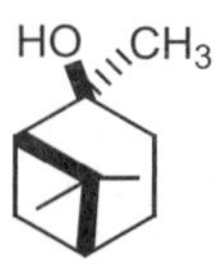

(+)-*trans*-2-Pinanol

여섯 가지의 이성질체는 알코올과 α-나프틸우레탄(naphthylurethane) 유도체의 녹는점을 비교하여 서로 구별할 수 있다(표 3.2).

표 3.2 (–)-아이소피노캄페올(isopinocampheol)의 입체이성질체와 그 α–나프틸유레탄(naphthylurethane) 유도체의 녹는점.

이름	알코올의 녹는점(°C)	α-나프틸유레탄 유도체의 녹는점(°C)
(−)-Isopinocampheol	51~53(55~56)	87.5~88
(+)-Neoisopinocampheol	45~47(48)	88
(−)-Neopinocampheol	27	148
(+)-Pinocampheol	67	91
(+)-*cis*-2-Pinanol	78-79	α-naphthylurethane 유도체 형성 안 됨
(+)-*trans*-2-Pinanol	58-59	α-naphthylurethane 유도체 형성 안 됨

알코올을 확인하기 위한 목적으로 결정성이 우수한(따라서 녹는점을 잴 수 있는) 알코올의 유도체를 만드는데 흔히 쓰이는 유도체는 유레탄과 벤조에이트

(benzoate)(예: 3,5-dinitrobenzoate)이다. **1-나프틸유레탄** 유도체는 알코올을 1-나프틸 아이소사이아네이트(naphthyl isocyanate)와 반응시켜 만드는데, 1차, 2차 알코올은 반응이 일어나지만 3차 알코올은 반응하지 않는다.

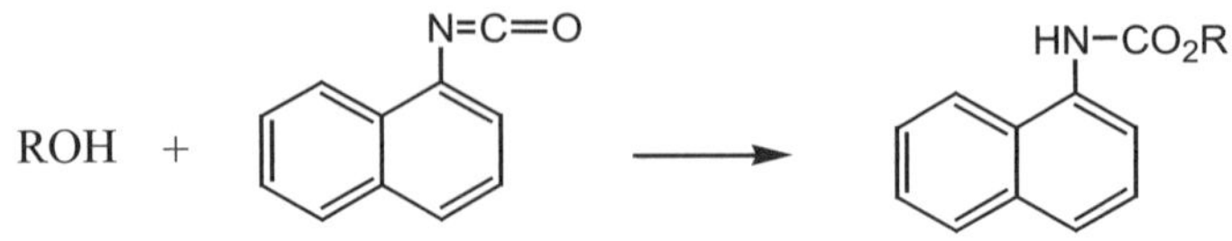

1-Naphthyl isocyanate
mw 169.2
bp 267 °C, mp 4 °C
d 1.177

1–Naphthylurethane

❷ 실험 방법

실험 시간 4시간

시약 α-피넨 1.6 mL, 1 M 보레인의 THF 용액 5 mL, 무수 THF 5 mL, 30% 과산화 수소 1.5 mL, 3 M NaOH 용액 1.5 mL, 1-나프틸 아이소사이아네이트 0.2 mL

α-피넨의 액체나 증기는 자극성이므로 피부, 눈 및 호흡기와의 접촉을 피한다.

THF는 고인화성 액체로서 피부, 눈 및 호흡기에 자극을 일으킨다. 불을 멀리하고 보호장갑 및 보안경을 착용한다.

30% 과산화 수소는 피부에 심한 화상과 눈에 손상을 일으킨다. 보호장갑 및 보안경을 착용한다.

1-나프틸 아이소사이아네이트은 최루성 액체이다. 피부와의 접촉을 피하고 증기를 호흡하지 않는다.

기구 50-mL 일구 둥근바닥 플라스크, 클라이젠 연결관, 50-mL 분별 깔때기, 염화 칼슘관, 고무마개(septum), 5-mL 유리 주사기, 자석 교반기.

▶ 반응

1. 건조한 주사기를 이용하여 5 mL의 1 M 보레인의 THF 용액을 고무마개로 막은 둥근바닥 플라스크에 옮긴다.
2. 플라스크를 찬물에 담그고, 잘 저으면서 다른 주사기를 사용하여 2 mL의 THF에 녹인 1.6 mL의 α-피넨 용액을 고무마개를 통하여 10~15분에 걸쳐서 가한다.

3. 실온에서 1.5시간 동안 저어준다.
4. 다시 찬물에 담그고, 0.5 mL의 물을 넣는다.

▶ 산화 반응

1. 1.5 mL의 30% 과산화 수소 용액에 1.5 mL의 3 M NaOH 용액을 가하여 알칼리성 과산화 수소 용액을 만든다.
2. 파스퇴르 피펫을 이용하여 이 용액을 천천히 잘 저어지고 있는 반응 용액에 가한다.
3. 다 가한 후, 5분 더 젓는다.

▶ 반응 마무리와 생성물 분리

1. 분별 깔때기로 반응액을 옮기고, 5 mL의 물을 넣는다.
2. 물층을 분리하고 물층을 10 mL의 에터로 두 번 추출한다.
3. 유기층을 합치고, 10 mL의 물로 두 번, 10 mL의 소금물로 두 번 씻고 무수 황산 소듐으로 말린다.

▶ 분석

1. 용매를 감압 농축하고 생성물의 무게를 측정하여 수율을 구한다.
2. 반응물과 생성물의 IR과 ^{1}H-NMR 스펙트럼을 얻고 이를 진짜 시료와 비교한다.
3. 1-나프틸유레탄 유도체: 후드에서 0.20 g의 생성물을 작은 건조한 시험관에 넣고 0.20 mL의 1-나프틸 아이소사이아네이트를 가한다. 반응이 즉시 일어나지 않으면 물중탕(60~70°C)에서 5분간 가열한다. 시험관을 얼음물에서 식힌 후 유리 막대로 벽을 긁어 결정화를 유도한다. 결정을 모은 후 석유 에터에서 재결정화하고(수분과 1-나프틸 아이소사이아네이트가 반응하게 되면 소량의 다이-1-나프틸유레아가 생기는데 이 물질은 석유 에터에 녹지 않는다). 녹는점을 측정한다.

3 안전 관리

수용액은 물로 묽힌 후 싱크대에 버린다. THF 등의 용매는 비할로젠용 폐기물 통에 버린다.

LABORATORY EXPERIMENTS FOR
ORGANIC CHEMISTRY

알켄의 수소붕소화 반응-산화 반응

3-2

실험 일자 .... 학과 ....

학번 .... 이름 ....

1. 실험 목적

....

....

....

....

2. 반응식

....

....

....

....

3. 반응물과 생성물

반응물과 생성물	몰질량 (g/mol)	사용한 부피(mL) 및 질량(g)	몰수 (mmol)	몰비	mp 혹은 bp(˚C)	밀도 (g/mL)
α-피넨						
1 M 보레인의 THF 용액						
30% 과산화 수소						
3 M NaOH 용액						
(-)-아이소피노캄페올(생성물)						

한계 시약:
....

....

이론적 수득량:
....

....

4. 실험 방법 및 관찰

5. 실험 결과

(−)-아이소피노캄페올의 mp:

실제 수득량:

수득 백분율:

반응물과 생성물의 IR과 ^{1}H-NMR 스펙트럼:

1-나프틸유레탄 유도체의 mp:

6. 결론 및 토의

7. 질문

(1) 알켄 $RCH=CH_2$에 BH_3을 첨가한 후 과산화 수소-수산화 소듐으로 처리하였을 때 알코올 RCH_2CH_2OH가 주생성물로서 나오는 이유를 설명하시오.

(2) 알킬보레인을 과산화 수소로 산화시킬 때 반응액의 pH를 7보다 크게 유지하여야 하는 이유는 무엇인가?

(3) 수소붕소 첨가 반응을 수행할 때 유리 기구와 용매가 건조해야만 하는 이유는 무엇인가?

(4-1) 이 실험에서 사용한 수소붕소 첨가 시약은 보레인과 THF의 착물이었다. 다이보레인 B_2H_6 대신에 이 시약을 사용하는 이유는 무엇인가?

(4-2) BH_3 • THF의 루이스 구조를 그리시오.

(4-3) BH_3가 불안정한 이유는 무엇인가?

(5) (+)-α-피넨의 수소붕소첨가 반응은 보레인이 이중 결합의 한 쪽 면에서만 접근하여 첨가가 일어나는 입체선택적 반응이다. 그 이유를 설명하시오.

▶ 참고 문헌

- 윤능민, 수소화 붕소와 유기붕소화합물; 민음사: 서울, 1984.
- Brown, H. C. *Hydroboration*; Benzamin: Reading, 1980.

실험 3-3 브로모하이드린 생성

실험 목적: 알켄의 친전자성 첨가반응을 *N*-브로모석신이마이드(NBS)와 물을 이용하여 실시하고 이 반응의 입체화학과 위치선택성을 이해한다.

미리 공부하기: 알켄과 브로민(Br_2)의 친전자성 첨가반응의 입체화학.

1 들어가기

알켄의 π 전자 구름은 알켄의 면의 위와 아래에 퍼져 있기 때문에 알켄은 친핵체로서 반응하며 쉽게 전자를 친전자체에 줄 수 있다. 친전자체의 좋은 예가 브로민이다.

사이클로헥센의 사염화 탄소 용액에 브로민을 가하면 즉시 반응이 일어나며 이는 브로민의 적갈색이 사라지는 것으로 확인할 수 있다. 이 반응은 다음과 같이 두 단계로 일어난다고 알려져 있다.

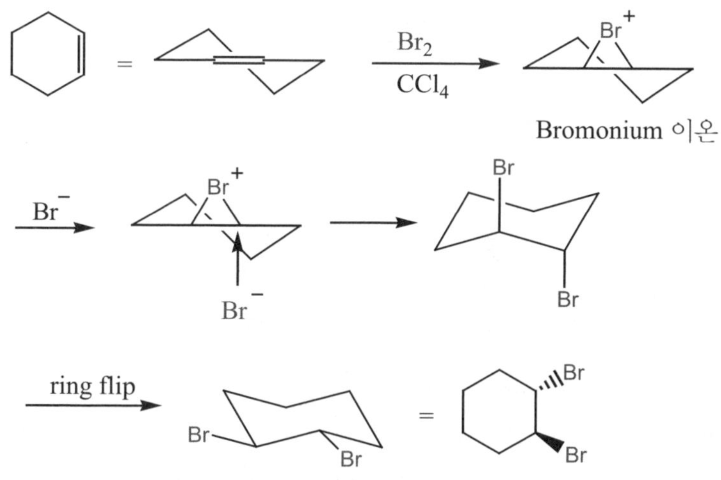

trans-1,2-Dibromo-cyclohexane

먼저 알켄이 브로민과 반응하면 중간체인 브로모늄 이온이 생기고 여기에 브로민화 이온이 S_N2 공격을 하면 *trans*-1,2-다이브로모사이클로헥세인이 얻어진다. 결과적으로 두 브로민 원자가 반대 방향으로 첨가하기 때문에 이러한 첨가를 *anti*-첨가라고 한다.

이 반응을 물 용매에서 실시하면(알켄은 물에 녹지 않기 때문에 테트라하이드로퓨란(THF) 같이 물과 알켄을 녹일 수 있는 유기 용매가 필요하다) 친핵체로서 브로마이드 이온 대신에 용매인 물이 반응에 참여하여 브로모하이드린이 생성된다.

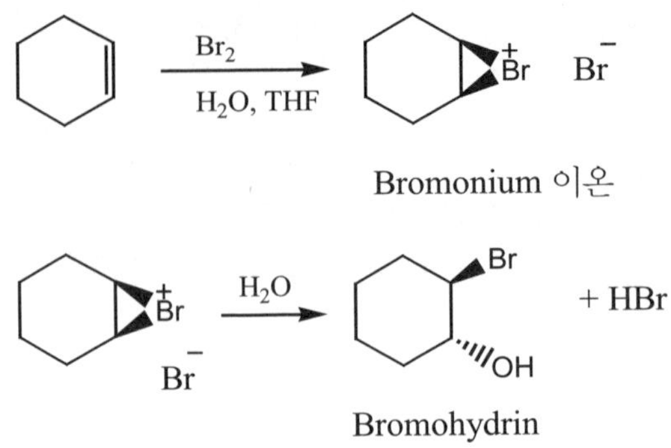

이번 실험에서는 알켄으로서 1-메틸사이클로헥센을 이용하여 브로모하이드린 생성의 입체화학과 위치선택성을 살펴보려고 한다. 실제 실험에서는 자극성이고 휘발성이 크며 밀도가 커서 다루기가 위험한 액체 브로민 대신에 고체여서 취급이 손쉬운 *N*-브로모석신이마이드(*N*-bromosuccinimide, NBS)를 대신 사용한다.

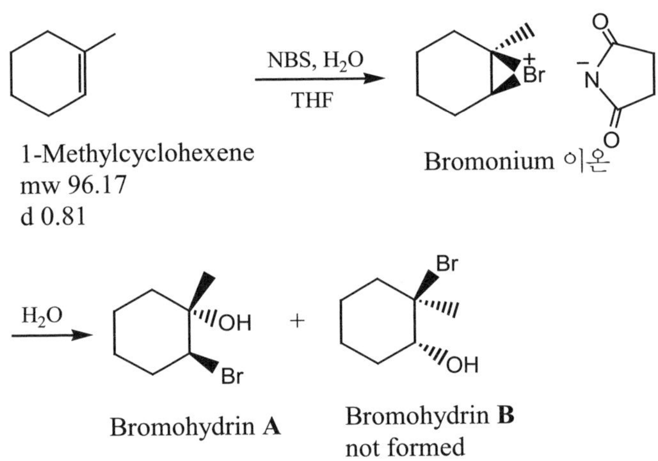

이 반응에서는 두 브로모하이드린 중에서 **A**만이 생성된다.

2 실험 방법

실험 시간 2시간

시약 *N*-브로모석신이마이드 0.350 g, 1-메틸사이클로헥센 0.24 mL, 실리카 겔(mesh 70-230), 알코올성 질산 은 용액(실험 2-1), 존스 시약(실험 5-1).

◈ ⚠ *N*-브로모석신이마이드는 피부에 심한 화상과 눈에 손상을 일으킨다.

기구 5.0-mL 유리 약병, 자석 젓개.

▶ **반응**

1. 상온에서 5.0-mL 유리 약병에 0.350 g의 NBS, 1.0 mL의 물, 0.75 mL의 THF 그리고 작은 자석을 넣는다.
2. 0.24 mL의 1-메틸사이클로헥센을 가한다.
3. 고체 NBS가 남아 있지 않을 때까지 저어준다.

▶ **반응 마무리**

1. NBS가 다 사라지면(~10분) 2.0 mL의 물을 가한다.
2. 유기층을 다른 유리 약병에 옮기고 약간의 무수 황산 소듐으로 말린다.

▶ **생성물 분리**

1. 파스퇴르 피펫 안으로 작은 탈지면을 집어 넣고 좁은 홈으로 구리 선을 이용하여 밀어 넣는다.
2. 실리카 겔(mesh 70-230)을 약 2 cm 높이까지 가한다.
3. 이염화메테인으로 실리카 겔 관을 적신다.
4. 용출액를 받기 위하여 작은 유리 약병을 관 아래에 놓는다.
5. 불순한 생성물 용액을 크로마토그래피 관으로 옮기고 작은 유리 약병은 이염화메테인 몇 방울로 헹군 후 관에 넣는다.
6. 3.0 mL의 이염화메테인을 가하고 용출액을 모은다.
7. 생성물의 무게가 변하지 않을 때까지 물중탕에서 가열하여 용매를 제거한다.

▶ **분석**

1. 브로민 원자 존재 여부

   브로민 원자가 존재하는지는 알코올성 질산 은 법(실험 2-1)으로 확인할 수 있다. 생성물 한 방울을 2 mL의 0.1 M 질산 은 95% 에탄올 용액에 넣는다. 침전이 생기는 시간을 기록한다(몇 분).

2. 알코올이 2차 혹은 3차인지를 확인하기

   생성물 2방울을 0.5 mL의 아세톤에 녹이고 존스 시약(실험 5-1) 한 방울을 가한다. 20초 후에 일어나는 변화를 관찰한다. 이 반응을 2-프로판올(2차 알코올)과 2-메틸-2-프로판올(3차 알코올)에 대해서도 실시한다. 녹색이 생기면 1차 혹은 2차 알코올이 존재한다는 증거이다.

3. 안전 관리

   수용액은 물로 묽힌 후 싱크대에 버리고 사용한 실리카 겔은 폐고체 용통에 버린다.

LABORATORY EXPERIMENTS FOR
ORGANIC CHEMISTRY

브로모하이드린 생성

실험 일자 .... 학과 ....

학번 .... 이름 ....

1. 실험 목적

....

....

....

....

2. 반응식

....

....

....

....

3. 반응물과 생성물

반응물과 생성물	몰질량 (g/mol)	사용한 부피(mL) 및 질량(g)	몰수 (mmol)	몰비	mp 혹은 bp(°C)	밀도 (g/mL)
1-메틸사이클로헥센						
N-브로모석신이마이드						
브로모하이드린(생성물)						

한계 시약:
....

....

이론적 수득량:
....

....

4. 실험 방법 및 관찰

5. 실험 결과

실제 수득량:

수득 백분율:

알코올성 질산 은 법:

존스 시약과의 반응:

6. 결론 및 토의

7. 질문

(1) 1-메틸사이클로헥센과 NBS와의 반응에서 브로모하이드린의 생성 메커니즘을 그리시오.

(2) 브로모하이드린 **A**가 전적으로 생기는 이유를 중간체의 구조를 그려 설명하시오.

친전자성 방향족 치환 반응 4

실험 4-1 나이트로화 반응을 이용한 메틸 3-나이트로벤조에이트의 합성

실험 목적: 친전자성 방향족 치환 반응의 한 가지 예인 나이트로화 반응을 수행한다.

미리 공부하기: 벤젠의 친전자성 치환 반응, 나이트로화 반응, 치환기의 지향성.

1 들어가기

메틸 벤조에이트(methyl benzoate)의 **나이트로화 반응**(nitration)은 대표적인 **친전자성 방향족 치환 반응**이다. 이 반응에 참여하는 친전자체는 진한 황산과 진한 질산 사이의 반응에서 얻어지는 나이트로늄(nitronium) 이온이다.

$$HNO_3 + 2\,H_2SO_4 \rightleftharpoons NO_2^+ + 2\,HSO_4^- + H_3O^+$$

Nitronium ion

용매인 황산에서 메틸 벤조에이트는 황산으로부터 양성자를 받는다.

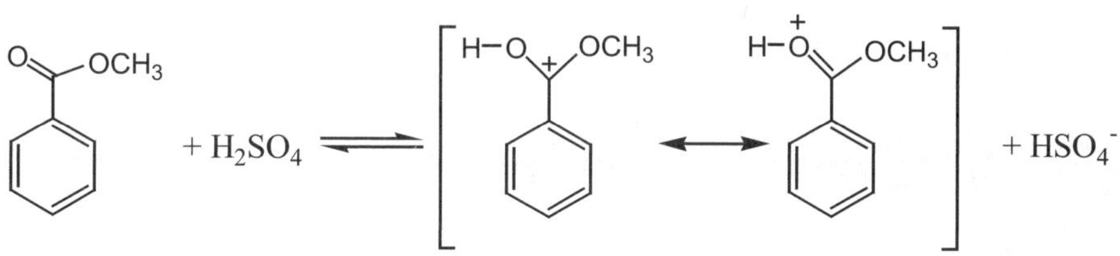

Methyl benzoate
mw136.15
bp 198~199°C
d 1.088

나이트로늄 이온은 위에 나온 양성자를 받은 중간체와 meta 위치에서 반응한다(meta 위치에서 전자밀도가 가장 높다).

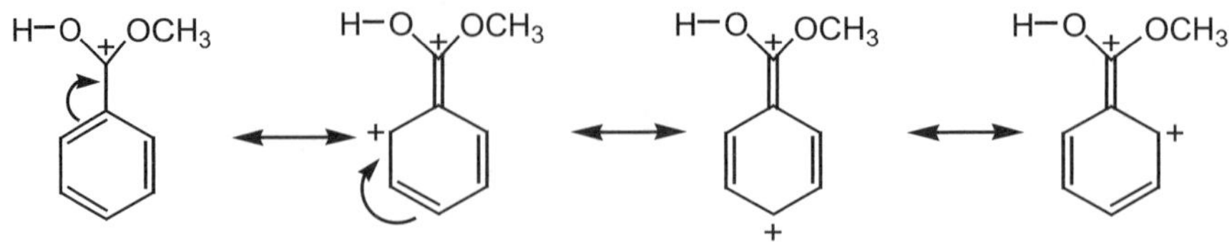

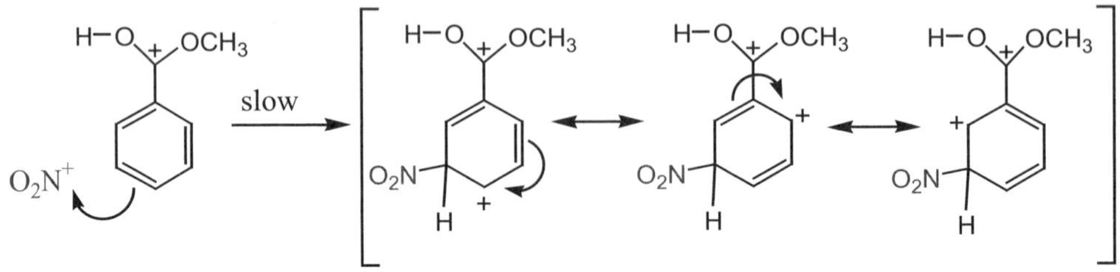

중간체인 아레늄 이온(arenium ion)의 양성자가 염기인 황산 수소 이온(HSO_4^-)으로 이동하면, 생성물인 메틸 3-나이트로벤조에이트(methyl 3-nitrobenzoate)가 고체로 얻어진다.

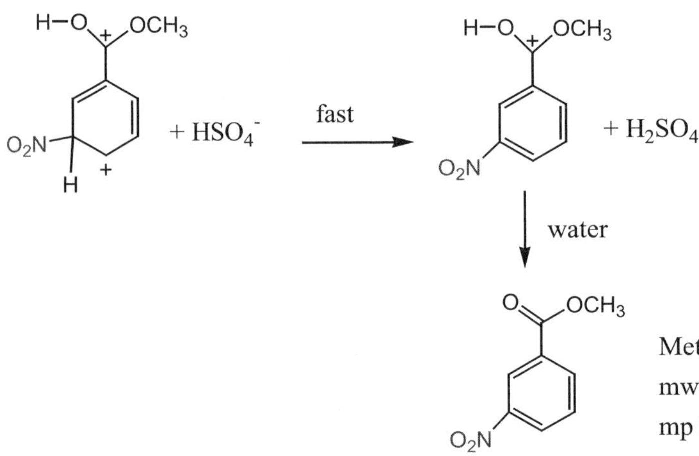

Methyl 3-nitrobenzoate
mw 181.15
mp 279 °C

❷ 실험 방법

실험 시간 2시간

시약 진한 황산 12 mL + 4 mL, 진한 질산 4 mL, 메틸 벤조에이트 6.1 g, MeOH 20 mL.

메틸 벤조에이트는 삼키면 위험하며 눈에 심한 자극을 일으킨다. 보안경을 착용할 것.

황산은 피부에 심한 화상과 눈에 손상을 일으키므로 보호장갑 및 보안경을 착용한다.

질산은 강한 산화제이며 피부에 심한 화상과 눈에 손상을 일으키므로 보호장갑 및 보안경을 착용한다.

기구 125-mL 삼각 플라스크, 250-mL 비커, 알코올 온도계, 여과 장치.

▶ **반응**

1. 125-mL 삼각 플라스크에 12 mL의 진한 황산을 가하고 0°C로 식힌 후, 6.1 g의 메틸 벤조에이트를 가한다. 다시, 혼합물을 0~10°C로 식히고, **차가운** 4 mL의 진한 황산과 4 mL의 진한 질산의 혼합용액을 파스퇴르 피펫을 이용하여 한 방울씩 가한다. 가하는 중에는 혼합물을 잘 흔들어 주고, 반응액의 온도는 5~15°C로 유지한다.
2. 다 가한 후에는 온도를 실온으로 올리고 15분간 방치한다.

▶ **반응 마무리**

1. 반응액을 50 g의 얼음이 들어 있는 250-mL 비커에 붓고, 뷔후너 깔때기를 이용하여 여과한다.
2. 고체 생성물을 물로 잘 씻고, 차가운 10 mL의 MeOH로 두 번 씻는다.

▶ **생성물 분리 및 분석**

1. 같은 무게의 MeOH에서 재결정하고, 녹는점을 측정한다.
2. 무게를 달고, 수율을 계산한다.

3 안전 관리

여과액은 물로 묽히고 탄산 소듐으로 중화한 후 싱크대에 버린다. 메탄올은 비할로젠용 폐기물통에 버린다.

LABORATORY EXPERIMENTS FOR
ORGANIC CHEMISTRY

나이트로화 반응을 이용한 메틸 3-나이트로벤조에이트의 합성

4-1

실험 일자 .... 학과 ....

학번 .... 이름 ....

1. 실험 목적

....

....

....

....

2. 반응식

....

....

....

....

3. 반응물과 생성물

반응물과 생성물	몰질량 (g/mol)	사용한 부피(mL) 및 질량(g)	몰수 (mmol)	몰비	mp 혹은 bp(°C)	밀도 (g/mL)
메틸 벤조에이트						
진한 질산						
진한 황산						
메틸 3-나이트로벤조에이트(생성물)						

한계 시약:
....

....

이론적 수득량:
....

....

4. 실험 방법 및 관찰

5. 실험 결과

녹는점:

실제 수득량:

수득 백분율:

6. 결론 및 토의

7. 질문

(1) 진한 황산과 진한 질산 사이의 반응에서 나이트로늄 이온이 생기는 과정을 굽은 화살표로 나타내시오.

(2) 메틸 벤조에이트의 나이트로화 반응에서 메타 생성물이 주로 얻어지는 이유를 에너지 그림을 그려 설명하시오.

(3) 메틸 벤조에이트가 진한 황산에 녹는 이유를 반응식을 써서 설명하시오.

(4) 이 반응의 부산물로서 다이나이트로 화합물이 생길 수도 있다. 나이트로 기와 에스터 기의 지향성 효과를 고려하여 이 구조를 그리시오.

(5) 아니솔(anisole)의 나이트로화 반응에서 생기는 주생성물은 무엇인가? 중간체의 공명구조를 그려 설명하시오.

실험 4-2 잔텐 염료의 합성

실험 목적: 친전자성 치환 반응을 이용하여 잔텐 염료인 플루오레세인과 로다민 B를 합성하고 형광을 관찰한다.

미리 공부하기: 벤젠의 친전자성 치환 반응.

1 들어가기

잔텐(xanthene)은 벤젠 고리 두 개가 에터 결합으로 연결되어 접합된 고리계를 이루고 있는 화합물이다[잔텐과 잔틴(xanthine)을 혼동하지 말 것. 잔틴은 카페인의 모핵을 이루고 있는 질소 함유 화합물이다]. 잔텐 염료는 잔텐의 유도체로서 플루오레세인(fluorescein, fluorescin과는 구조가 약간 다름), 로다민(rhodamine) B 및 에오신(eosin) 등이 그 예이다.

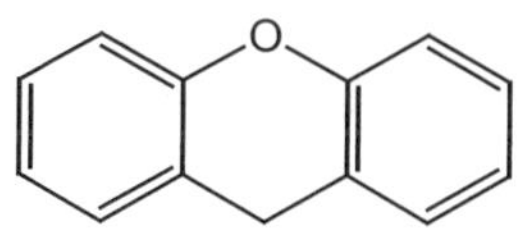

Xanthene

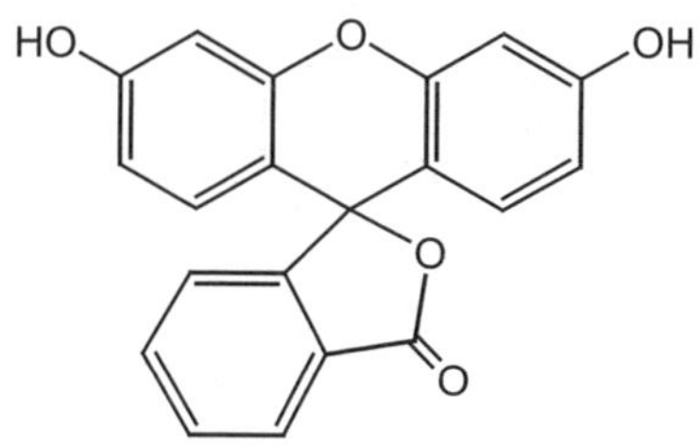

Fluorescein

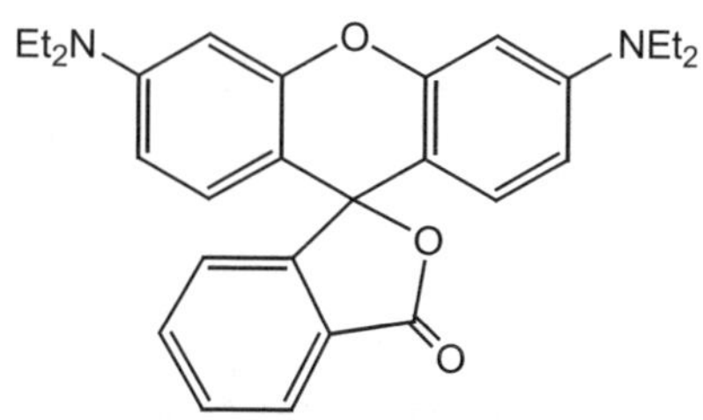

Rhodamine B

플루오레세인은 형광이 강하고 독성이 거의 없기 때문에 생체 내(예: 망막)의 혈류를 조사하기 위하여 널리 사용된다. 또한 물의 흐름을 추적하기 위한 지질학적 연구에서도 사용된다. 로다민 B는 레이저용 염료, 잉크, 섬유 염료 및 생물학적 염료로서 널리 사용된다.

플루오레세인은 1871년에 독일의 Adolf von Baeyer가 프탈산 무수물과 레소시놀(resorcinol)을 산으로 처리하여 처음으로 합성하였다. 이 반응은 일종의 친전자성 방향족 치환 반응인 프리델-크래프츠(Friedel-Crafts) 아실화 반응이다. 이번 실험에서는 브뢴스테드(Brønsted) 산인 황산을 촉매로 사용하여 플루오레세인과 로다민 B를 합성하려고 한다.

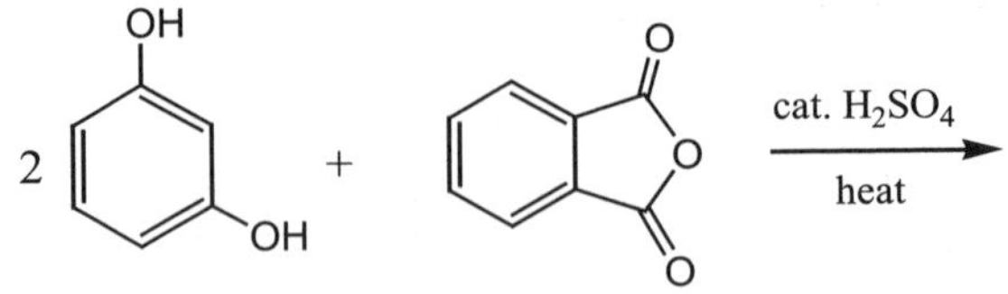

Fluorescein

mw 332.31
mp 314~316 °C

Resorcinol
mw 110.1
mp 110 °C

Phthalic anhydride
mw148.1
mp 131 °C

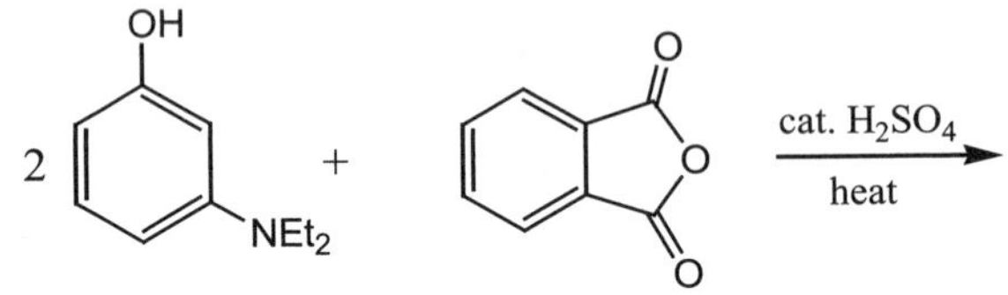

Rhodamine B

mw 479.0
mp 210~211 °C (d)

3-*N*,*N*-Diethylaminophenol
mw 165.2
mp 69~72 °C

플루오레세인의 합성 과정에서는 두 차례의 프리델-크래프츠 아실화 반응이 일어난다. 첫 번째 아실화 반응은 다음과 같다.

첫 번째 프리델-크래프츠 아실화 반응:

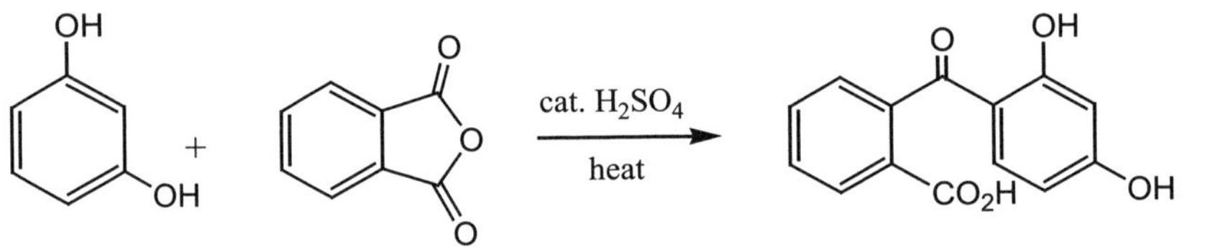

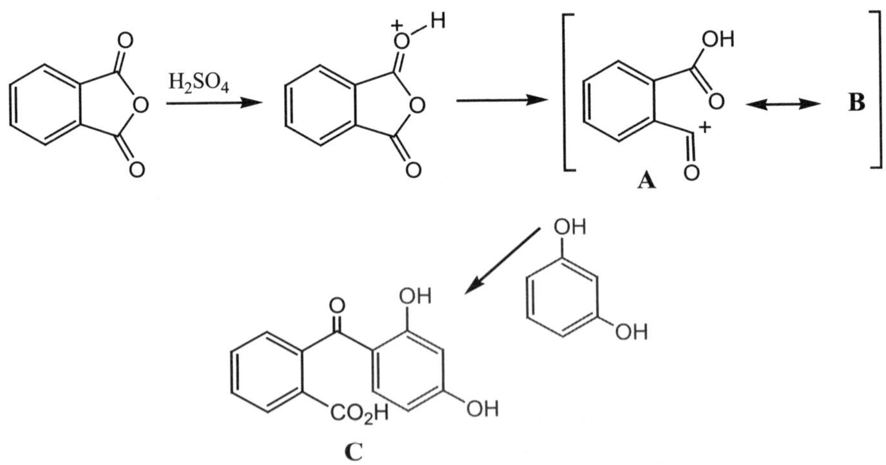

첫 단계에서는 프탈산 무수물에 양성자가 첨가되면 아실 양이온 **A**가 생성된다. 이 아실 양이온이 레소시놀과 반응하면 벤조페논의 유도체 **C**가 생긴다.

화합물 **C**는 반응 조건에서 계속 반응에 참여한다. 즉, 양성자가 카보닐 산소에 첨가되면 공명안정화된 양이온 **D**가 생긴다. 친전자체인 이 양이온이 레소시놀과 프리델-크래프츠 알킬화 반응과 비슷한 반응을 수행하면 아레늄 이온 **E**가 얻어진다. 아레늄 이온의 양전하를 띤 탄소 원자가 레소시놀의 산소 원자와 반응하면 고리 화합물 **F**가 생기며 양성자 이동 단계에서 탈수가 일어난 후 분자내 피셔 에스터화 반응이 진행되어 최종적으로 생성물인 플루오레세인이 생성된다.

두 번째 프리델-크래프츠 반응:

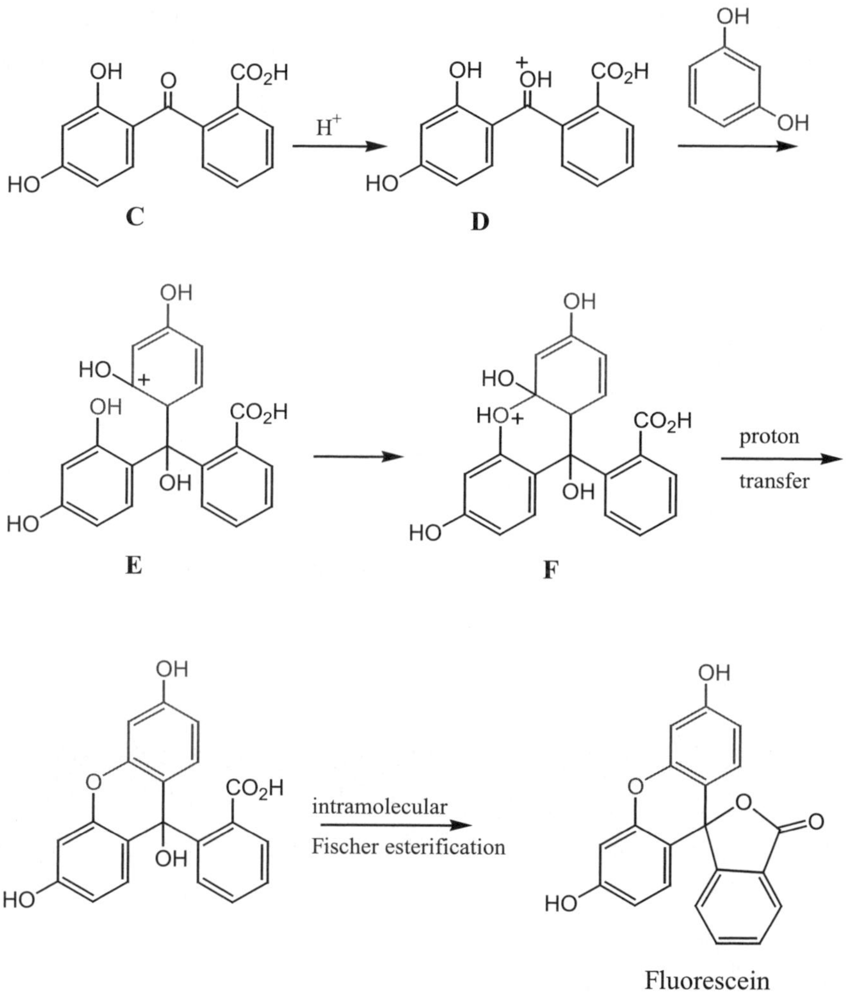

⁂ 광학 성질: 염료의 색

자외선 또는 가시광선을 분자에 쪼이면 결합성 혹은 비결합성 오비탈의 전자가 에너지가 더 높은 반결합성 오비탈로 들뜨게 된다. 분자내의 컨쥬게이션이 증가할수록 최고 점유 오비탈(HOMO)과 최저 비점유 오비탈(LUMO)의 에너지 차이가 점점 작아지고 이 에너지 차이 ΔE가 식 $\Delta E = h\nu$에서 구하는 가시광선의 진동수에 해당이 되면 우리는 이 진동수가 나타내는 빛의 보색을 보게 된다.

잔틴 염료가 가시광선을 흡수할 정도로 충분히 컨쥬게이션을 이루기 위해서는 분자의 가운데 탄소(방향족 고리 바로 옆의 탄소)가 sp^2 혼성이어야 한다. 플루오레세인에는 안정한 중성 토토머가 적어도 세 개 있다고 알려져 있으며 각각은 물리적 성질이 다르다. 한 가지 증거로서 결정이 어떻게 형성되는 가에 따라서 서로 다른 색(적색, 황색, 무색)을 띤 세 가지 결정 형태가 얻어진다는 점을 들 수 있다. 또한 염료의 색은 용매에 따라 변하기도 한다. 예로서 플루오레세인은 아세톤에서는 오렌지색이나 에터에서는 무색이다. 이러한 이유는 아마도 각 용매에서 가장 안정한 토토머가 달라서 일 것이다. 플루오레세인의 무색 형은 중심 탄소가 sp^3 혼성이므로 방향족 고리의 π 계가 서로 분리되어 있다. 따라서 컨쥬게이션이 충분하지 않기 때문에 가시광선 영역에서 빛을 흡수하지 않는다. 적색과 황색 형은 중심 탄소가 sp^2이므로 컨쥬게이션이 더 넓게 퍼져 있게 되고 따라서 가시광선을 흡수한다.

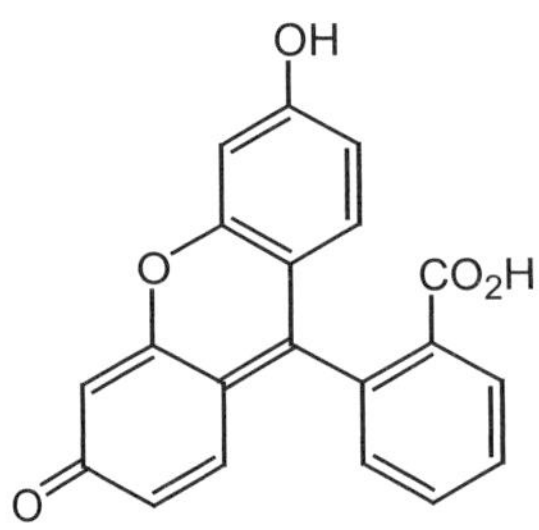

Quinoid tautomer
red

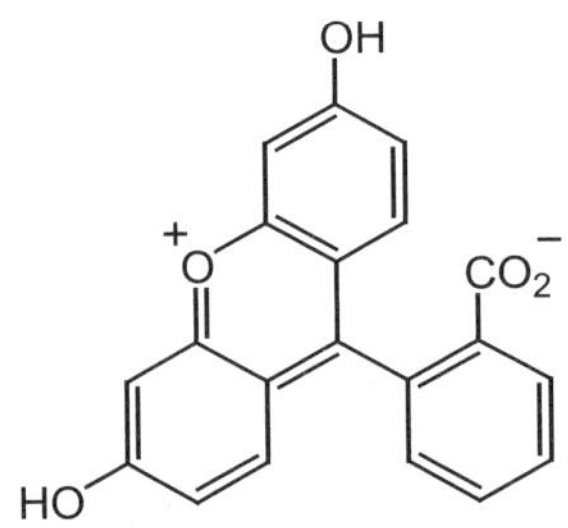

Zwitterionic tautomer
yellow

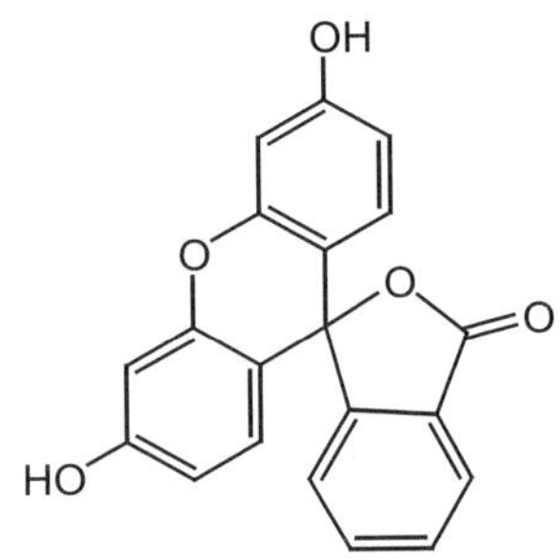

Lactone tautomer
colorless

✲ 형광

플루오레세인과 로다민 B는 모두 형광(fluorescence) 현상을 보인다. 형광은 흡수한 빛의 일부분을 다시 빛으로 방출하는 현상이다. 방출된 빛은 항상 흡수한 빛보다 에너지가 더 작다(즉, 더 긴 파장이다). 대부분의 형광 물질의 경우 자외선을 흡수한 후 가시광선을 방출한다. 하지만 가시광선에서 흡수가 일어나면 흥미로운 일이 생긴다. 즉, 용액의 부분에 따라 보이는 색이 다르게 된다. 플루오레세인의 경우 묽은 용액에 빛을 비추는 선과 관찰자의 선 사이의 각도에 따라 오렌지색, 오렌지색과 초록색이 섞인 색 혹은 초록색만을 볼 수 있다. 플루오레세인은 자외선과 청색을 흡수한다. 따라서 시료를 비추는 빛과 반대 방향에서 보면 오렌지색을 볼 수 있다. 반면에 형광에서 방출되는 초록색은 모든 방향으로 퍼진다. 이 색은 빛이 쪼이는 방향과 직각에서 보면 확실하게 볼 수 있다.

2 실험 방법

실험조를 두 반으로 나누어 플루오레세인과 로다민 B를 따로 합성하도록 한 후 결과를 공유할 수 있다.

✲ 플루오레세인의 합성

실험 시간 2시간

시약 레소시놀 153 mg, 프탈산 무수물 100 mg(곱게 간 것), 2 M H_2SO_4 용액 3방울.

레소시놀은 피부에 자극을 일으키며 눈에 심한 손상을 준다.

프탈산 무수물은 피부와 호흡기 계에 자극을 일으키며 알러지성 피부 반응을 일으킬 수 있고 눈에 심한 손상을 일으킨다. 흡입시 알러지성 반응, 천식 또는 호흡 곤란을 일으킬 수 있다.

기구 모래 중탕, 15 × 150-mm 시험관, 가열판.

▶ 반응

0. 모래 중탕의 온도를 미리 180~200°C로 맞춰 놓는다.

1. 15 × 150-mm 시험관에 153 mg의 레소시놀과 100 mg의 곱게 간 프탈산 무수물을 가하고 2 M H_2SO_4 용액 3방울을 가한다(*주의*: 4방울 이상 넣지 말것). 약숟가락으로 혼합물을 잘 섞은 후 이 시험관을 반응물이 미리 가열된 모래 표면 아래로 약 0.5 cm 정도 잠기도록 꽂는다.

2. 모래 중탕의 온도는 반드시 180~200°C이어야 한다(온도가 이보다 높으면 생성물이 분해한다). 이 온도 범위에서 30분 동안 가열한다. 이 동안의 색의 변화를 관찰하고 기록한다.

▶ 반응 마무리 및 생성물 분리

1. 30분 후에 시험관을 모래 중탕에서 꺼내고 약 5분 동안 식힌다.

2. 시험관에 5 mL의 아세톤을 가하고 작은 자석 젓개 막대를 집어 넣고 5~10분 가량 젓는다.

3. 플루오레세인이 녹으면서 용액은 노란색을 띨 것이다. 만약에 생성물이 녹지 않으면 아세톤 5 mL를 더 가한 후 반복한다.

4. 아세톤 층을 50-mL 둥근바닥 바닥 플라스크로 옮기고 회전 증발기에서 농축한다. 잔여물에 20 mL의 에터와 1 mL의 물을 가한 후 자석 젓개 막대를 하나 집어 넣고 녹을 때까지 저어준다.

5. 유기층을 10 mL의 물 그리고 10 mL의 포화 소금물로 씻어준다.
6. 유기층을 무수 황산 소듐으로 말리고, 여과, 농축하여 생성물을 오렌지색의 고체로 얻는다.

▶ **분석**

1. 무게를 측정하여 수율을 구한다.

3 안전 관리

유기층을 씻어 준 물과 소금물은 싱크대에 버린다.

✲ 로다민 B의 합성

실험 시간 2시간

시약 3-*N*,*N*-다이에틸아미노페놀 228 mg, 프탈산 무수물 100 mg(곱게 간 것), 2 M H_2SO_4 용액 3방울.

⚠ 3-*N*,*N*-다이에틸아미노페놀은 피부에 자극을 일으키며 눈에 심한 자극을 준다.

⚠ ⚠ ⚠ 프탈산 무수물은 피부와 호흡기 계에 자극을 일으키며 알러지성 피부 반응을 일으킬 수 있고 눈에 심한 손상을 일으킨다. 흡입 시 알러지성 반응, 천식 또는 호흡 곤란을 일으킬 수 있다.

기구 모래 중탕, 15 × 150-mm 시험관, 가열판.

▶ **반응**

0. 모래 중탕의 온도를 미리 180~200°C로 맞춰 놓는다.
1. 15 × 150-mm 시험관에 228 mg의 3-*N*,*N*-다이에틸아미노페놀과 100 mg의 곱게 간 프탈산 무수물을 가하고 2 M H_2SO_4 용액 3방울을 가한다(*주의*: 네 방울 이상 넣지 말 것). 약숟가락으로 혼합물을 잘 섞은 후 이 시험관을 반응물이 미리 가열된 모래 표면 아래로 약 0.5 cm 잠기도록 꽂는다.
2. 모래 중탕의 온도는 반드시 180~200°C이어야 한다(온도가 이보다 높으면 생성물이 분해한다). 이 온도 범위에서 60분 동안 가열한다. 이 동안의 색의 변화를 관찰하고 기록한다.

▶ **반응 마무리 및 생성물 분리**

1. 30분 후에 시험관을 모래 중탕에서 꺼내고 약 5분 동안 식힌 후 얼음물에 담가서 실온까지 식힌다.
2. 시험관에 3 mL의 이염화메테인을 가하고 작은 자석 젓개 막대를 집어 넣고 5~10분 가량 젓는다.

3. 염료가 녹은 용액을 빼낸 후 따로 모은다. 과정 2를 세 차례 더 반복한다.
4. 모은 유기 용매(12 mL)을 10 mL의 5% $NaHCO_3$ 용액으로 씻어준 후 10 mL의 물로 두 번 씻어준다.
5. 유기층을 무수 황산 소듐으로 말리고, 여과, 농축하여 생성물을 진홍빛의 고체로 얻는다. 생성물에 흡착된 물 때문에 끈적거릴 수도 있다.

▶ **분석**

1. 5 mg의 로다민 B를 50 mL의 메탄올에 녹인 용액과 5 mg의 플루오레세인을 50 mL의 0.1 M NaOH에 녹인 용액을 만든다. 용액을 작은 약병에 넣고 검은 표면(반사가 일어나지 않는 실험대) 위에 올려놓고 빛을 쪼인 후에 용액의 색을 반대편에서 관찰한다.
2. 다음에는 빛의 방향과 직각인 위치에서 관찰한다.
3. 어두운 실내에서 장파장의 자외선 램프를 쪼이고 무슨 일이 생기는지를 관찰한다.

3 안전 관리

유기층을 씻어 준 물과 소금물은 싱크대에 버린다.

LABORATORY EXPERIMENTS FOR
ORGANIC CHEMISTRY

잔텐 염료의 합성

실험 일자 ______________ 학과 ______________

학번 ______________ 이름 ______________

1. 실험 목적

2. 반응식

플루오레세인의 합성:

로다민 B의 합성

3. 반응물과 생성물

플루오레세인의 합성

반응물과 생성물	몰질량 (g/mol)	사용한 부피(mL) 및 질량(g)	몰수 (mmol)	몰비	mp 혹은 bp(℃)	밀도 (g/mL)
레소시놀						
프탈산 무수물						
플루오레세인(생성물)						

한계 시약:

이론적 수득량:

로다민 B의 합성

반응물과 생성물	몰질량 (g/mol)	사용한 부피(mL) 및 질량(g)	몰수 (mmol)	몰비	mp 혹은 bp(℃)	밀도 (g/mL)
3-*N*,*N*-다이에틸아미노페놀						
프탈산 무수물						
로다민 B(생성물)						

한계 시약:

이론적 수득량:

4. 실험 방법 및 관찰

5. 실험 결과

플루오레세인의 실제 수득량:

플루오레세인의 수득 백분율:

로다민 B의 실제 수득량:

로다민 B 의 수득 백분율:

플루오레세인과 로다민 B의 광학 성질:

6. 결론 및 토의

7. 질문

(1) 플루오레세인이 생기는 반응의 메커니즘을 굽은 화살표를 이용하여 그리시오.

(2) 구조 **A**의 다른 공명 구조 **B**를 그리시오.

(3) 플루오레세인이 아세톤에서는 오렌지색이나 에터에서는 거의 무색인 이유를 설명하시오.

▶ 참고 문헌

- McCullagh, J.V. Daggett, K.A. *J. Chem. Educ.* **2007**, *84*(11), 1799.

실험 4-3 페로센의 아세틸화 반응

실험 목적: 친전자성 치환 반응을 이용하여 페로센에 아세틸 기를 도입한다.

미리 공부하기: 미리 공부하기: 벤젠의 친전자성 치환 반응.

1 들어가기

페로센은 역사적으로 중요한 화합물이다. 페로센의 "샌드위치" 구조가 1951년에 밝혀짐에 따라 유기금속 화학의 새로운 장이 열리게 되었기 때문이다.

페로센(ferrocene)은 평평한 두 사이클로펜타다이엔일(cyclopentadienyl, Cp) 음이온 사이에 철(II) 이온이 끼어져 있는 화합물로 간주할 수 있다. 사이클로펜타다이엔일 음이온에서 전자 밀도는 다섯 탄소 원자에 균일하게 퍼져 있으며 이 음이온에는 6 π 전자가 있으므로 Hückel의 규칙에 따르면 방향성이다. 따라서 페로센은 다른 방향족 화합물처럼 **프리델-크래프트**(Friedel Crafts) **아실화** 반응 같은 친전자성 방향족 치환 반응을 수행한다.

페로센은 500°C에서도 안정하나 산화제(공기 중의 산소 같은)에 의하여 쉽게 산화된다. ^{1}H-NMR 스펙트럼에서는 4.1 ppm에서 하나의 신호만 관찰되는데 이는 수소 원자가 모두 같은 화학적 환경에 있고(Cp 고리는 고리와 철 사이의 축으로 빠르게 회전), 수소 원자가 Cp 고리의 고리 전류에 의하여 벤젠의 수소보다도 더 가리워져 있음을 의미한다.

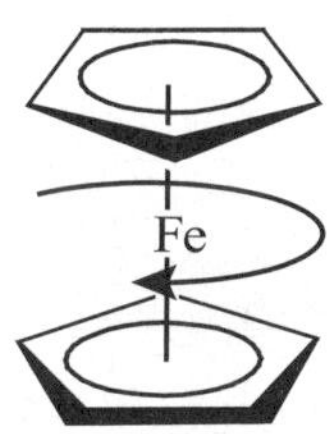

페로센의 아세틸화 반응은 염화 아세틸/무수 염화 알루미늄 혹은 아세트산 무수물/85% 인산 조건을 이용한다. 후자의 조건을 이용하면 모노-아세틸페로센이 주로 얻어지며 1,1′-다이아세틸페로센은 매우 소량 얻어진다.

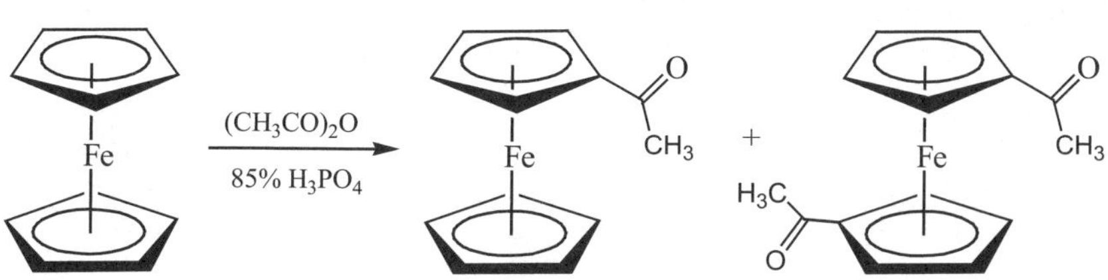

Ferrocene
mw 186.04
mp 172.5 °C

Acetylferrocene
mw 228.07
mp 84.0~845 °C

1,1'-Diacetylferrocene

2 실험 방법

실험 시간 2시간

시약 페로센 93 mg, 아세트산 무수물 0.35 mL, 85% 인산 0.1 mL.

페로센은 가연성 고체로서 다룰 때 보호장갑 등을 착용한다.

기구 10-mL 둥근바닥 플라스크, 고무마개(septum), 주사 바늘.

▶ 반응

1. 미리 65°C로 온도를 맞춘 물중탕을 준비한다.
2. 10-mL 둥근바닥 플라스크에 자석 젓개를 넣고 93 mg의 페로센, 0.35 mL의 아세트산 무수물과 0.1 mL의 85% 인산을 이 **순서대로** 가한다.
3. 고무마개(septum)로 구멍을 막은 후 주사 바늘을 하나 꼽는다.
4. 물중탕에서 30분간 가열한다.

▶ 반응 마무리 및 생성물 분리

1. 플라스크를 얼음물에서 식힌 후 0.5 mL의 얼음물을 가하고 잘 저어 준다.
2. 혼합물이 중성이 될 때까지 3 M NaOH 수용액(20~30 방울. pH 종이로 확인한다)을 가한다.
3. 생성물을 히르쉬 깔때기에서 모으고 1 mL의 물로 네 번 씻어 준 후 공기 중에서 건조한다.

▶ 분석

1. 녹는점을 측정하고 수율을 구한다.
2. TLC로 분석한다[헥세인:에틸 아세테이트(1:5). 아세틸페로센은 노란색으로 다이아세틸페로센은 붉은색으로 보일 것이다].

3 안전 관리

수용액은 물로 묽힌 후 싱크대에 버린다.

페로센의 아세틸화 반응

실험 일자 .... 학과 ....

학번 .... 이름 ....

1. 실험 목적

2. 반응식

3. 반응물과 생성물

반응물과 생성물	몰질량 (g/mol)	사용한 부피(mL) 및 질량(g)	몰수 (mmol)	몰비	mp 혹은 bp(°C)	밀도 (g/mL)
페로센						
아세트산 무수물						
85% 인산						
아세틸페로센(생성물)						

한계 시약:

이론적 수득량:

4. 실험 방법 및 관찰

5. 실험 결과

녹는점:

실제 수득량:

수득 백분율:

TLC 분석:

6. 결론 및 토의

7. 질문

(1) 페로센의 Cp 고리가 방향성인 이유를 설명하시오.

(2) 아세트산 무수물과 인산의 반응에서 아실륨 이온이 생기는 반응의 메커니즘을 그리시오.

(3) 페로센에서 아세틸페로센이 생기는 반응의 메커니즘을 그리시오.

(4) 페로센의 아실화 반응은 벤젠보다 약 60배 빠르다. 그 이유는 무엇인가?

(5) 아세틸페로센이 친전자체와 반응할 때 아세틸기가 없는 고리에서 치환이 일어난다. 그 이유는 무엇인가?

(6) 반응 마무리 1에서 얼음물을 넣는 이유는 무엇인가?

(7) 반응 마무리에서 얻은 고체에는 반응물인 페로센, 아세틸페로센, 다이아세틸페로센이 들어 있을 수 있다. 이 세 물질을 R_f 값이 증가하는 순서로 나열하시오.

산화-환원 반응 5

실험 5-1 다이페닐메탄올의 산화 반응: 벤조페논의 합성

실험 목적: Cr(VI)을 산화제로 이용하여 알코올을 케톤으로 산화시키는 반응을 수행하고 탄소 원자의 산화 상태를 이해한다.

미리 공부하기: 알코올의 산화 반응에 쓰이는 시약, Cr(VI)에 의한 알코올의 산화 반응의 메커니즘.

1 들어가기

알코올의 산화 반응은 유기합성에서 중요한 FGI(functional group interconversion, 작용기 상호변환)중의 하나이다. 산화제로서 PCC(pyridinium chlorochromate), PDC(pyridinium dichromate) 같은 Cr(VI) 계열의 산화제, Ru(VIII) 혹은 Ru(VII) 계열의 산화제, 다이메틸 설폭사이드-염화 옥살릴-트라이메틸 아민[스원(Swern) 산화], 데스-마틴(Dess-Martin) 과아이오디네인 등의 여러 가지의 산화제가 사용된다. 아래의 표 5.1에 알코올의 산화에 쓰이는 대표적 산화제를 정리하였다.

표 5.1 알코올의 대표적 산화제.

산화제	1차 알코올 → 알데하이드	1차 알코올 → 카복실산	2차 알코올 → 케톤
존스 시약	일어나는 경우도 있음	가능	가능
$K_2Cr_2O_7$, 묽은 황산	불가능	가능	가능
RuO_4(촉매량의 $RuCl_3$와 화학양론적 $NaIO_4$로부터 즉석에서 만듦)	불가능	가능	가능
PCC, PDC	가능	불가능 혹은 가능	가능
스원 산화	가능	불가능	가능
데스-마틴 시약	가능	불가능	가능
촉매량의 Pr_4N^+ RuO_4^-(TPAP), 양론적 NMO	가능	불가능	가능
촉매량의 TEMPO, 양론적 NaOCl	가능	불가능	가능

이번 실험에서는 Cr(VI)을 사용하는 산화제 중에서 **존스**(Jones) **시약**을 사용하는 산화 반응을 시도하려고 한다.

산화 크로뮴(VI)을 사용하는 산화는 산을 필요로 한다. 존스 시약은 산화 크로뮴(VI)과 황산을 2:3의 몰 비로 섞은 용액으로서 산이 반응에 필요한 양만큼만 들어 있다. 따라서 반응 조건이 거의 중성이므로 다음 예에서처럼 산에 예민한 기(아세탈 기)가 있어도 사용할 수 있는 점이 장점이다.

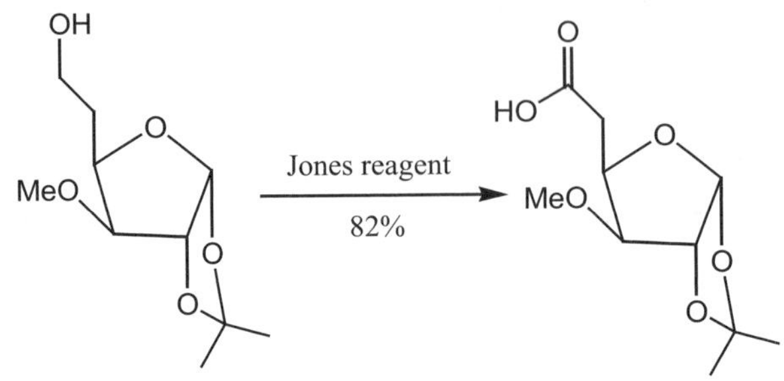

존스 산화 반응은 용매로서 아세톤을 흔히 사용하며 반응이 진행됨에 따라 Cr(VI)의 오렌지색이 사라지면서 초록색의 Cr(III)의 침전이 생기므로 반응의 진행 여부를 색깔 변화로 확인할 수 있다.

1차 알코올은 흔히 존스 산화 반응에서 카복실산으로 변환된다.

$$3\ RCH_2OH + 4\ CrO_3 + 6\ H_2SO_4 \rightarrow 3\ RCOOH + 2\ Cr_2(SO_4)_3 + 9\ H_2O$$

2차 알코올은 다음과 같이 케톤으로 산화된다.

$$3\ R_2CHOH + 2\ CrO_3 + 3\ H_2SO_4 \rightarrow 3\ R_2C{=}O + Cr_2(SO_4)_3 + 6\ H_2O$$

Cr(VI) 산화 반응의 첫 단계는 알코올이 크로뮴산(chromic acid)과 반응하여 크로뮴산 에스터가 생기는 것이다. 에스터의 생성 반응에서처럼 이 반응도 산 촉매화 반응이다. 이 에스터가 물 같은 염기와 E2 반응을 하면 크로뮴(IV)와 알데하이드가 얻어진다.

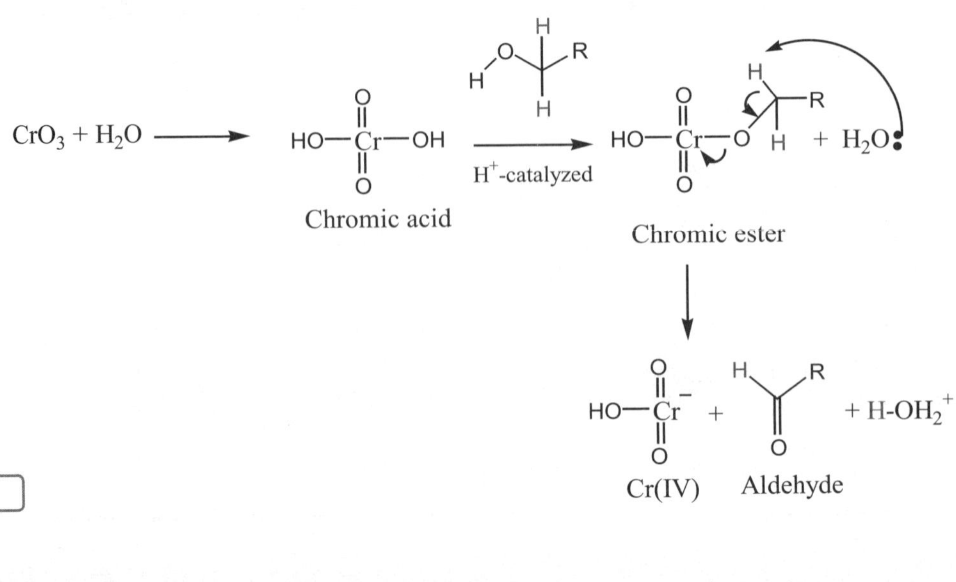

존스 산화 반응은 물에서 일어나기 때문에 알데하이드는 물이 첨가되어 생기는 수화물(hydrate)과 평형을 이룬다. 이 수화물이 다시 크로뮴산과 반응하면 최종적으로 카복실산이 생긴다.

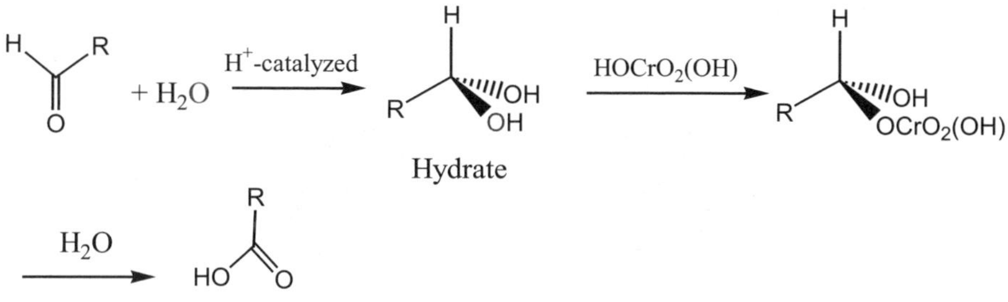

Hydrate

Carboxylic acid

Cr(IV)는 복잡한 과정을 거쳐 녹색의 Cr(III) 염으로 변한다. 이번 실험에서는 2차 알코올인 다이페닐메탄올을 존스 시약으로 산화시켜 케톤인 벤조페논을 얻는 실험을 하고자 한다.

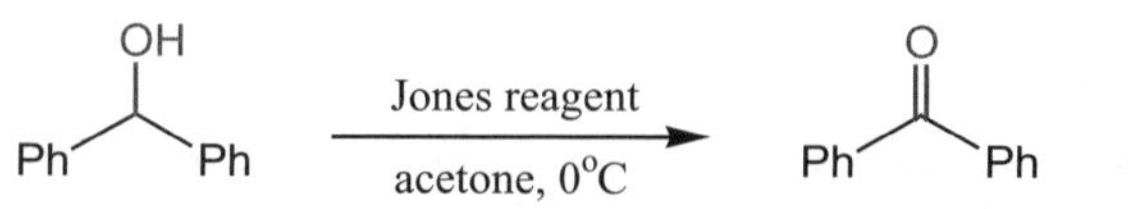

Benzhydrol
mw 184.24
mp 65~67 °C

Benzophenone
mw 182.22
mp 48~49 °C

산화 반응이라고 해서 반드시 생성물에 산소를 추가로 가하는 것은 아니다. 무기 화학에서는 산화-환원 반응을 산화수의 개념을 이용하여 정의한다. 즉, 한 원자의 산화수가 증가하면 산화되었고 감소하면 환원되었다고 말한다. 이번 실험에서는 Cr(VI)이 Cr(III)으로 변하기 때문에 크로뮴 자신은 환원된 셈이다. 대신 알코올을 산화시켰다. 하지만 유기 화학에서는 산화수를 이용하는 것이 좀 불편하다. 예로서 메테인과 에테인의 탄소의 산화수는 각각 −4, −3이다. 그렇다고 에테인이 메테인보다 더 많이 산화되었다고 생각하지는 않는다. 따라서 유기 반응에서는 산화수 대신에 **산화 상태**(oxidation state)라는 개념을 이용하는 것이 편리하다. 산화 상태를 정하는 방법 중의 하나는 다음과 같다.

1. 산화 상태를 결정할 탄소 원자를 정한다.

2. 다음 값을 이용하여 이 탄소 원자에 붙어 있는 원자에 값을 매긴다.
   수소: +1
   할로젠, 질소, 산소 및 황: −1
   탄소: 0

즉, 탄소보다 더 전기음성인 원자는 −1, 더 전기양성인 원자에는 +1의 값을 매긴다.

3. 원자들의 값을 합한다. 만약 헤테로원자가 탄소 원자와 다중 결합을 이룬다면, 결합의 수만큼을 곱한다.
4. 탄소 원자의 산화 상태는 이 값의 음수이다. 단, 그 탄소는 양 혹은 음 전하가 없는 경우에 한한다.

예를 들어 알켄에 브로민이 첨가되는 반응과 알케인의 염소화 반응을 보자.

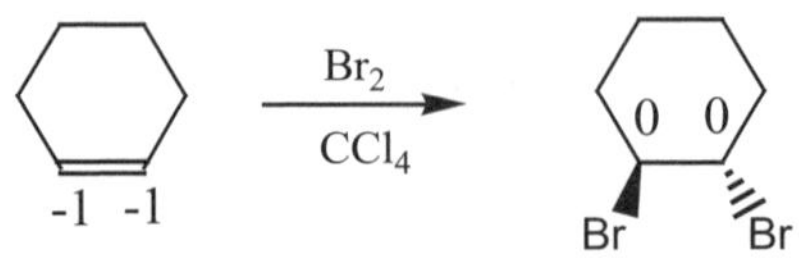

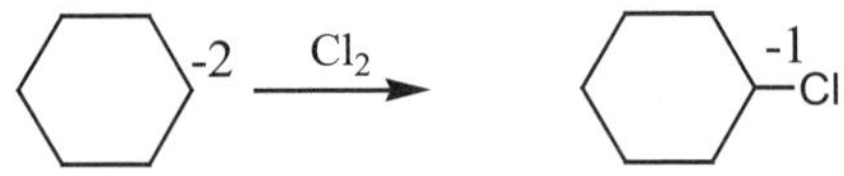

두 경우 탄소의 산화 상태가 증가하므로 두 화합물은 산화되었다고 말할 수 있다.

2 실험 방법

실험 시간 2시간

시약 존스 시약[200 mL의 물에 115 mL의 진한 황산을 조심스럽게 가한 후 실온으로 식히고 134 g(1.34 mol)의 산화 크로뮴(VI)을 가한 다음 전체 용액을 500 mL로 묽힌다. 이 용액의 농도는 2.67 M이다]. 다이페닐메탄올 370 mg.

존스 시약은 피부에 심한 화상과 눈에 손상을 일으키며 알러지성 피부 반응을 일으킬 수 있다.

기구 50-mL 삼각 플라스크, 50-mL 일구 둥근바닥 플라스크.

▶ 반응

1. 50-mL 삼각 플라스크에서 370 mg의 다이페닐메탄올을 20 mL의 아세톤에 녹이고 얼음물에서 식힌다.
2. 차가운 용액에 존스 시약을(필요한 양을 계산할 것) 천천히 파스퇴르 피펫을 이용하여 넣는다.
3. Cr(VI)의 오렌지색이 20분간 지속될 때까지 넣는다. 넣은 양을 기록한다.
4. TLC로 반응의 종결을 확인한다. 헥세인 : 에틸 아세테이트 = 5 : 1, 확인: UV, I_2.

▶ **반응 마무리와 생성물 분리**

1. 과량의 Cr(VI)을 분해 시키기 위하여 몇 방울의 2-프로판올을 넣는다.
2. 50-mL 일구 둥근바닥 플라스크에 용액을 따라 붓고, 초록색 염을 10 mL 정도의 아세톤으로 씻는다.
3. 아세톤 용액을 농축하고 잔여물에 10 mL의 에틸 아세테이트와 1 mL의 포화 $NaHCO_3$ 용액을 넣고 잘 흔들어 준다.
4. 파스퇴르 피펫을 이용하여 물층을 제거한다.
5. 무수 황산 소듐을 넣어 말리고 에틸 아세테이트 용액을 다른 50-mL 일구 둥근바닥 플라스크(미리 무게를 단)에 따라 붓고 농축한다.

▶ **분석**

1. 수율을 재고, 녹는점을 측정한다.

3 안전 관리

초록색 고체는 크로뮴 3가 이온의 염이다. 크로뮴 이온은 중금속이므로 이 고체는 폐중금속용통에 버려야 한다.

LABORATORY EXPERIMENTS FOR
ORGANIC CHEMISTRY

다이페닐메탄올의 산화 반응: 벤조페논의 합성

5-1

실험 일자 .... 학과 ....

학번 .... 이름 ....

1. 실험 목적

....

2. 반응식

....

3. 반응물과 생성물

반응물과 생성물	몰질량 (g/mol)	사용한 부피(mL) 및 질량(g)	몰수 (mmol)	몰비	mp 혹은 bp(°C)	밀도 (g/mL)
다이페닐메탄올						
존스 시약						
벤조페논(생성물)						

한계 시약: ....

....

이론적 수득량: ....

....

4. 실험 방법 및 관찰

5. 실험 결과

녹는점:

실제 수득량:

수득 백분율:

6. 결론 및 토의

7. 질문

(1) 크로뮴산에 의한 2차 알코올의 산화 반응의 메커니즘을 그리시오.

(2) 반응 마무리에서 포화 $NaHCO_3$ 용액을 넣는 이유는 무엇인가?

(3) 다음 반응이 산화, 중화 혹은 아무 것도 아닌 반응인지를 밝히고 환원되었거나 산화된 산소가 있으면 그 산화 상태를 구하시오.

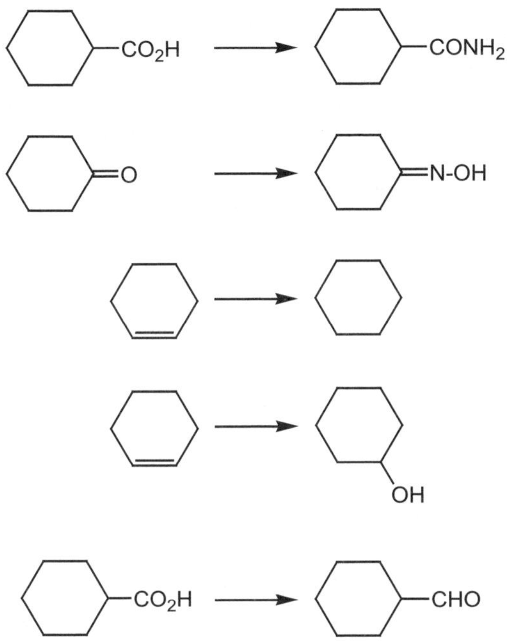

실험 5-2 4-*tert*-뷰틸사이클로헥산온의 환원 반응

실험 목적: 4-*tert*-뷰틸사이클로헥산온의 환원 반응의 입체선택성을 이해한다.

미리 공부하기: 카보닐 기의 환원 시약, 수소화붕소 소듐과 수소화 알루미늄 리튬의 반응성의 차이, 메르바인-폰도르프-베를레 환원, 4-*tert*-뷰틸사이클로헥산온의 입체선택적 첨가 반응.

1 들어가기

카보닐 화합물을 알코올로 환원시키는 일은 유기 화학에서 매우 중요한 변환이다. 이 변환에는 두 당량의 수소 원자를 카보닐 기에 넣어야 하는데 여기에는 세 가지 방법이 있다. 첫 번째 방법은 **수소 분자** H_2를 가하는 것이다. 이 반응은 반드시 **금속 촉매**(Pd, Pt, Ni)가 필요하며 이러한 비균일 반응은 촉매 표면에서 일어난다(왜 반드시 금속 촉매가 필요할까?). 이 반응은 마치 수소 원자 두 개가 첨가하는 것으로 간주할 수 있다.

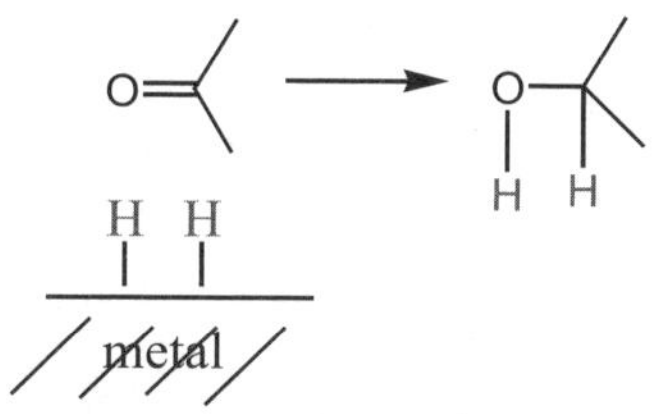

다른 방법은 **용해 금속 환원**(dissolving metal reduction)이라는 방법이다. 이 방법에서는 소듐이나 리튬 같은 알칼리 금속과 2-프로판올 같은 알코올이나 암모니아를 이용한다. 알칼리 금속은 두 개의 전자를 그리고 알코올이나 암모니아는 두 개의 양성자를 제공하는 역할을 한다. 결국 이 반응에서는 H_2를 2 e^- + 2 H^+로 간주하는 셈이다.

$$2\,Na \longrightarrow 2\,Na^+ + 2\,e^-$$

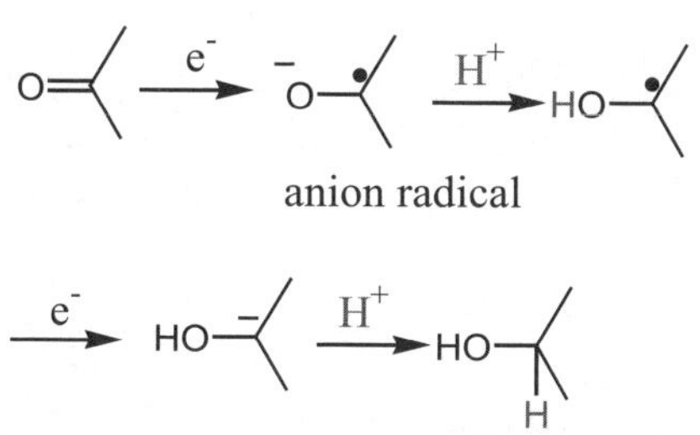

마지막 방법에서는 흔히 $NaBH_4$, $LiAlH_4$ 같은 **착금속 수소화물**(complex metal hydride)을 이용한다(이 반응은 H_2를 H^-와 H^+로 간주하는 셈이다). 금속 수소화물이라고 해도 수소화 소듐(NaH) 같은 수소화물은 친핵성이 아니기 때문에(대신 센염기) 카보닐 기에 첨가하지 않는다.

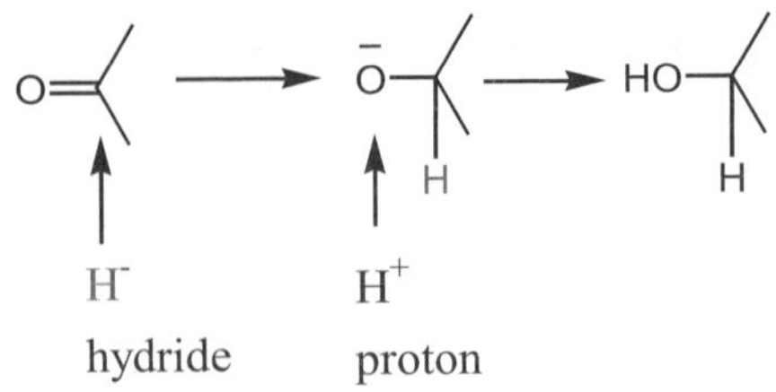

많은 착금속 수소화물이 알려져 있으나 가장 잘 알려진 두 종류는 수소화 알루미늄 리튬과 수소화 붕소 소듐이다(표 5.2A). **수소화 알루미늄 리튬**(lithium aluminium hydride, $LiAlH_4$, LAH)은 매우 강력한 환원제로서 카보닐 화합물을 비롯하여, 에스터, 나이트릴과도 반응한다. $LiAlH_4$은 물, 알코올과 격렬하게 반응하기 때문에 무수 조건이 필요하며 용매로서 다이에틸 에터, THF 같은 에터 계열의 용매가 쓰인다. 반면에 **수소화 붕소 소듐**(sodium borohydride, $NaBH_4$)은 환원력이 약한 환원제로서 에스터는 환원시키지 못한다. $NaBH_4$를 사용 시 물, 알코올 용매에서 사용하며 에터 계열의 용매에서는 반응이 일어나지 않는다. 아래는 $NaBH_4$ 환원에서 알코올의 역할을 보여주는 그림이다. 양성자성 용매인 알코올은 그 수소 원자가 카보닐 기의 산소 원자와 수소 결합을 하여($LiAlH_4$의 경우 Li 이온이 비슷한 역할을 한다) 카보닐 탄소 원자의 친전자성을 증가시킨다.

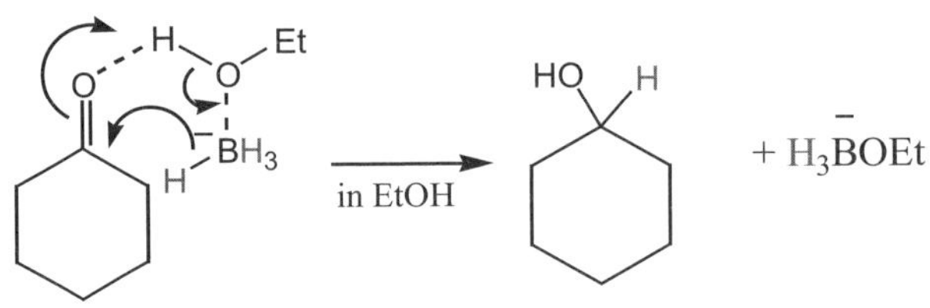

표 5.2A $NaBH_4$와 $LiAlH_4$의 반응성 비교.

	$NaBH_4$	$LiAlH_4$
모양	흰색의 고체	회색 빛의 고체
사용하는 용매	양성자성 용매(물, 에탄올, 메탄올, 2-프로판올)	THF, 다이에틸 에터(물 같은 양성자성 용매와는 격렬하게 반응. 화재 위험. 무수 용매 사용해야 함)
반응하는 작용기	알데하이드, 케톤	알데하이드, 케톤, 카복실산, 카복실산 유도체 등
반응 마무리	과량의 시약은 묽은 황산으로 분해	과량의 시약은 산을 넣어 분해시킬 수 있으나 많은 양이 필요하고 현탁액이 생길 수도 있음. 각 실험실마다 고유한 비법이 전해 내려옴. 예: 황산 소듐 수화물, 주석산 포타슘 소듐 수화물(Rochelle 염)을 가하거나 1) $LiAlH_4$ 1 g 당 물 1 mL를 가하고, 2) 10% NaOH 용액 2 mL를 가하고, 3) 물 3 mL를 가한 후 생기는 고체를 여과하여 제거.

이번 실험에서는 4-*tert*-뷰틸사이클로헥산온(4-*tert*-butylcyclohexanone)을 $NaBH_4$ 혹은 아이소프로폭시화 알루미늄/2-프로판올로 환원하여 적도 방향(equatorial) 알코올과 축방향(axial) 알코올의 혼합물을 얻고 이 비를 ^{1}H-NMR로 측정하여 이 반응의 입체선택성을 결정하고자 한다. 몇 가지 환원제를 사용하였을 때의 알려진 입체선택성을 표 5.2B에 수록하였다.

표 5.2B 4-*tert*-뷰틸사이클로헥산온 환원의 입체선택성.

환원제	적도 방향 알코올 : 축방향 알코올
Lithium tri-*sec*-butylborohydride, THF, 상온	9 : 91
아이소프로폭시화 알루미늄, 2-프로판올, 환류	75 : 25
$NaBH_4$, MeOH, 환류	83 : 17
$LiAlH_4$, 에터, 상온	90 : 10

Lithium tri-*sec*-butylborohydride은 L-Selectride라는 상표로 판매되고 있는 환원제로서 매우 입체적으로 덩치가 큰 환원제이다. 이 환원제를 사용하면 수소화 이온(hydride)이 입체 장애를 덜 받는 방향인 적도 방향으로부터 카보닐 기에 접근하여 축방향 알코올을 준다. 반면에 $NaBH_4$ 같이 입체적으로 작은 시약을 사용하면 더 안정한 적도 방향 알코올을 준다. 위에 언급한 하이드라이드는 **비가역적** 환원을 일으키는 환원제이다. 반면에 **메르바인-폰도르프-베를레**(Meerwein-Pondorff-Verley, MPV) **환원**이라고 부르는, 2-프로판올과 아이소프로폭시화 알루미늄(aluminum isopropoxide)을 사용하는 환원은 **가역적** 환원으로서 평형 상태에서 열역학적으로 더 안정한 알코올, 이 경우에는 적도 방향 알코올이 주로 얻어진다[비슷하게 2-프로판올 대신에 아세톤을 사용하는 산화 반응을 **오페나우어**(Oppenauer) **산화**라고 한다].

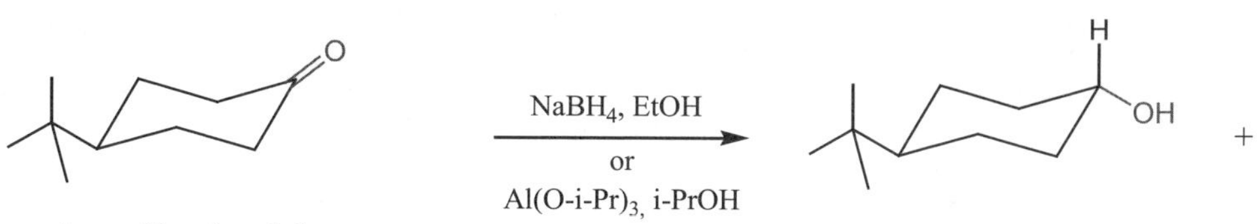

4-*tert*-Butylcyclohexanone
mw 154.25
mp 47~50 °C

equatorial alcohol
mw 156.27

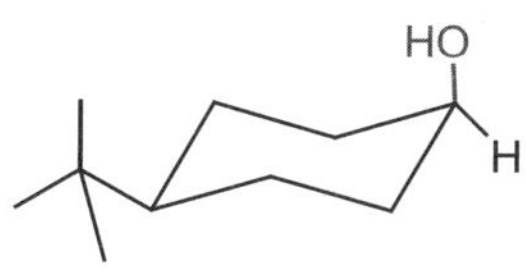

axial alcohol
mw 156.27

두 알코올은 ^{1}H-NMR 스펙트럼에서 쉽게 구별된다. 축방향 수소는 적도 방향의 수소보다 더 높은 장에서 나타난다(왜 그럴까?). 또한 축방향 수소는 인접 탄소의 수소와 짝지음을 하는데 이 경우 **짝지음 상수**(coupling constant) ^{3}J는 **카플러스**(Karplus)**식**에 의하여 예측할 수 있다. 아래 식에서 θ는 이면각(dihedral angle)이다:

카플러스 식(단위: Hz)

$^3J_{H—C—C—H} = 10\cos^2\theta$ for $0 \leq \theta \leq 90°$

$^3J_{H—C—C—H} = 12\cos^2\theta$ for $90 \leq \theta \leq 180°$

이 식을 그림으로 나타내면 다음과 같다.

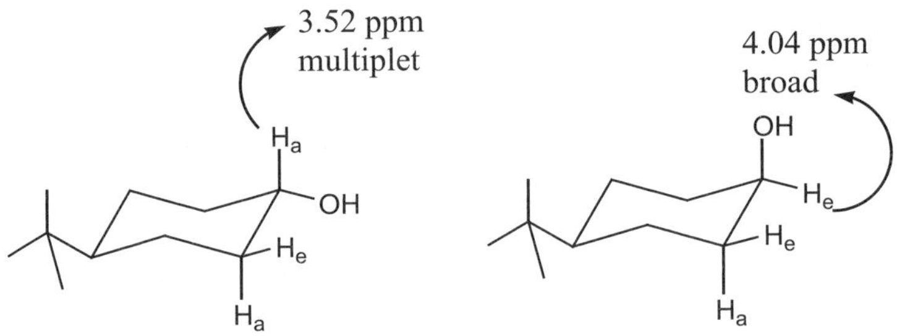

위 구조에서 짝지음 상수를 계산하여 보면, 다음과 같다.

짝지음하는 수소	이면각(예측)	J in Hz(계산치)
H_a-C-C-H_a	180	12
H_a-C-C-H_a	60	2.5

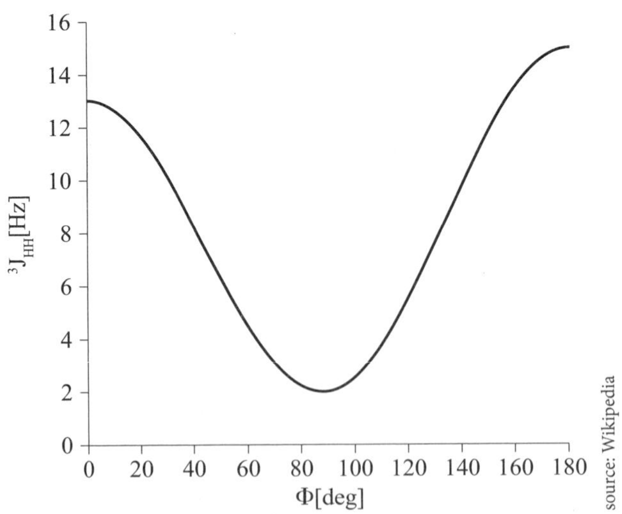

그림 5.2A 카플러스 그림.

축방향 알코올의 경우 카비놀(carbinol) 수소 원자는 적도 방향이므로 두 인접 수소와의 이면각이 60도이며 J 값이 작다. 실제 스펙트럼을 보면(http://sdbs.db.aist.go.jp/) 이 수소는 4.0 ppm 근처에서 폭이 넓은 단일선처럼 나타난다(OH 기는 수소 결합에 참여하므로 OH 신호만이 아니라 인접 CH의 수소 원자도 폭이 넓게 나타나는 경우가 많다). 반면에 적도 방향 알코올은 카비놀 수소가 3.5 ppm 근처에서 다중선으로 나타난다.

2 실험 방법

✲ $NaBH_4$ 환원

실험 시간 4시간

시약 4-*tert*-뷰틸사이클로헥산온 310 mg, $NaBH_4$ 30 mg.

⚠ 4-*tert*-뷰틸사이클로헥산온은 피부에 자극을 준다.

⚠ ⚠ ⚠ 수소화 붕소 소듐은 물과 접촉 시 자연 발화성 인화성 가스를 발생시킨다. 피부에 접촉되면 유독하며 피부에 심한 화상과 눈에 손상을 일으킨다. 보호장갑과 보안경을 착용할 것.

기구 25-mL 삼각 플라스크, 50-mL 일구 둥근바닥 플라스크.

▶ 반응

1. 25-mL 삼각 플라스크에서 310 mg의 4-*tert*-뷰틸사이클로헥산온을 5 mL의 메탄올에 녹이고 얼음물에서 식힌다.
2. 30 mg의 $NaBH_4$를 재빨리 무게를 단 후($NaBH_4$은 매우 쉽게 습기를 흡수한다) 즉시 한 번에 메탄올 용액에 넣는다.
3. 실온에서 20분간 잘 저어준다.
4. TLC로 반응의 종결을 확인한다. 용매; 헥세인 : 에틸 아세테이트 = 5 : 1, 발색, 포스포몰리브드 산(phosphomolybdic acid).

▶ 반응 마무리와 생성물 분리

1. 1 mL의 3 M 황산을 가하여 반응을 종결시킨다.
2. 반응액을 농축한 후, 여기에 20 mL의 에틸 아세테이트를 가하고 2 mL의 소금물을 넣는다.
3. 잘 저어준 후, 파스퇴르 피펫을 이용하여 물층을 제거하고 유기층에 무수 황산 소듐을 넣어 말린다.
4. 에틸 아세테이트 용액을 다른 50-mL 일구 둥근바닥 플라스크(미리 무게를 단)에 따라 붓고 농축한다.

▶ **분석**

1. 수율을 구한다.
2. TLC로 생성물을 분석한다(점은 몇 개인가? 더 극성인 점의 크기가 작은가 아니면 더 큰가?).
3. 두 알코올의 비를 ^{1}H-NMR로 결정한다.

✲ MPV 환원

실험 시간 4시간

시약 4-*tert*-뷰틸사이클로헥산온 200 mg, 아이소프로폭시화 알루미늄 2 g, 2-프로판올 8.0 mL, 아세톤 0.80 mL.

⚠ 4-*tert*-뷰틸사이클로헥산온은 피부에 자극을 준다.

⚠ 아이소프로폭시화 알루미늄은 인화성 고체이다.

기구 25-mL 둥근바닥 플라스크, 냉각기, 염화 칼슘 관.

▶ **반응**

1. 25-mL 둥근바닥 플라스크에 200 mg의 4-*tert*-뷰틸사이클로헥산온, 2 g의 아이소프로폭시화 알루미늄, 8.0 mL의 2-프로판올과 0.80 mL의 아세톤을 넣고 자석 젓개 막대를 집어 넣은 후 염화 칼슘 관이 장착된 냉각기를 설치하고 한 시간 동안 환류한다.

▶ **반응 마무리와 생성물 분리**

1. 실온으로 식힌 후 반응 혼합물을 분별 깔때기로 옮긴 후 10 mL의 물을 가하고 20 mL의 에터로 두 번 추출한다.
2. 합친 에터 용액을 20 mL의 물로 두 번 씻어준다.
3. 에터 용액을 무수 황산 마그네슘으로 말리고, 여과, 농축한다.

▶ **분석**

1. 수율을 구한다.
2. TLC로 생성물을 분석한다(점은 몇 개인가? 더 극성인 점의 크기가 작은가 아니면 더 큰가?).
3. 두 알코올의 비를 ^{1}H-NMR로 결정한다.

③ 안전 관리

여과액에 남아 있을지도 모르는 수소화 붕소염을 없애기 위하여 0.5 M 황산을 가한 후 싱크대에 버린다.

실험보고서

4-*tert*-뷰틸사이클로헥산온의 환원 반응

5-2

LABORATORY EXPERIMENTS FOR **ORGANIC CHEMISTRY**

실험 일자 .... 학과 ....

학번 .... 이름 ....

1. 실험 목적

2. 반응식

$NaBH_4$ 환원

MPV 환원

3. 반응물과 생성물

$NaBH_4$ 환원

반응물과 생성물	몰질량 (g/mol)	사용한 부피(mL) 및 질량(g)	몰수 (mmol)	몰비	mp 혹은 bp(℃)	밀도 (g/mL)
4-*tert*-뷰틸사이클로헥산온						
$NaBH_4$						
4-*tert*-뷰틸사이클로헥산올 (생성물)						

한계 시약:

이론적 수득량:

MPV 환원

반응물과 생성물	몰질량 (g/mol)	사용한 부피(mL) 및 질량(g)	몰수 (mmol)	몰비	mp 혹은 bp(℃)	밀도 (g/mL)
4-*tert*-뷰틸사이클로헥산온						
아이소프로폭시화 알루미늄						
2-프로판올						
4-*tert*-뷰틸사이클로헥산올 (생성물)						

한계 시약:

이론적 수득량:

4. 실험 방법 및 관찰

5. 실험 결과

$NaBH_4$ 환원

실제 수득량:

수득 백분율:

TLC 분석:

MPV 환원

실제 수득량:

수득 백분율:

TLC 분석:

6. 결론 및 토의

7. 질문

(1) 4-*tert*-뷰틸사이클로헥산온의 가장 안정한 의자 형태를 그리고 왜 이 형태가 다른 형태에 비하여 더 안정하지 설명하시오.

(2) 4-*tert*-뷰틸사이클로헥산온의 윗면과 아래 면에서 친핵체가 접근하였을 때 생기는 생성물의 의자 형태를 각각 그리시오.

(3) 수소화 붕소 소듐에 의한 케톤의 환원 메커니즘을 설명하시오. 용매로서 양성자성 용매가 필요한 이유는 무엇인가?

(4) $NaBH_4$에는 몇 당량의 하이드라이드가 들어 있는가?

(5) 이번 실험에서 사용한 $NaBH_4$와 케톤의 몰 비를 구하시오. 왜 이론치보다 더 많은 양의 $NaBH_4$를 사용하는 것이 필요할까?

(6) 실험 A의 반응 마무리 1에서 황산을 가하면 무슨 기체가 나오는가?

(7) 실험 B의 반응 마무리 2에서 합친 에터 용액을 20 mL의 물로 두 번 씻어주는 이유는 무엇이라고 생각하는가?

(8) 에스터는 보통 $NaBH_4$와 반응하지 않으나 $LiAlH_4$와는 반응하여 알코올로 변한다. $LiAlH_4$가 $NaBH_4$보다 반응성이 더 큰 이유를 제안하시오.

(9) *cis*-와 *trans*-4-*tert*-뷰틸사이클로헥산올의 안정한 의자 형태를 그리시오. 이 두 이성질체 중에서 어느 것이 더 안정한가? 그 이유는?

(10) 이번 실험에서는 4-*tert*-뷰틸사이클로헥산온을 이용하여 실험하였다. 이 실험을 4-메틸사이클로헥산온으로 하지 않은 이유는 무엇인가?

(11) 반응 혼합물을 TLC로 분석하면 두 점이 나오는 것을 볼 수 있다. 축방향과 적도 방향 알코올 중에서 어느 것의 R_f 값이 더 큰가? 그 이유를 설명하시오.

(12) MPV 환원의 메커니즘을 그리시오.

▶ 참고 문헌

- Novak, M. et al. *Chem. Educator* **2009**, *14*, 232–235.
- Hudlický, M. *Reductions in Organic Chemistry*, 2nd ed.; ACS Monograph 188; American Chemical Society: Washington, DC, 1996.

실험 5-3 벤조페논의 광환원 반응: 벤조피나콜의 합성

실험 목적: 벤조페논의 2-프로판올 용액에 빛을 쪼여 벤조피나콜이라는 생성물을 얻고자 한다.

미리 공부하기: 인광, 형광, 스핀 다중도.

1 들어가기

빛은 화학 시약이 할 수 없는 반응을 수행할 수 있다. 식물의 엽록체에서 일어나는 광합성이 한 예이다. 고전적인 광화학 반응의 예는 2-프로판올의 존재 하에서 자외선이 벤조페논(benzophenone, **1**)을 **광환원**(photoreduction)시키는 반응이며 이 과정에서 2-프로판올에 녹지 않는 벤조피나콜(benzopinacol, **2**)이 크고 두꺼운 프리즘 형태의 결정으로 얻어진다.

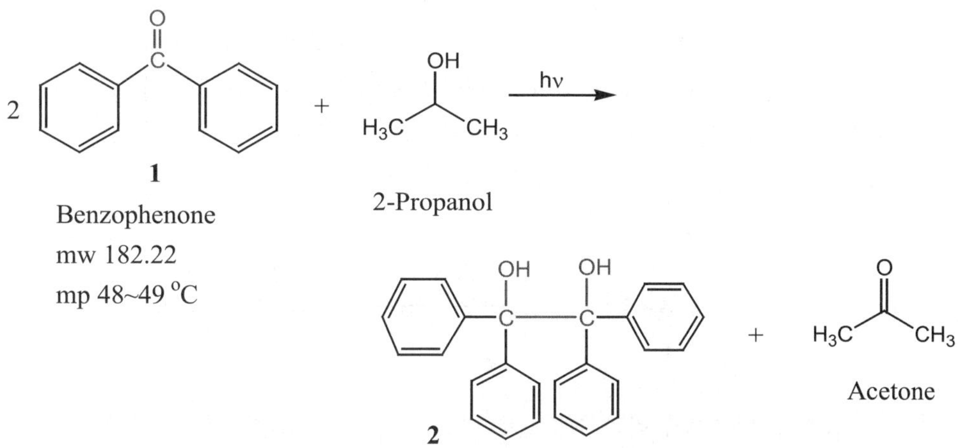

Benzophenone
mw 182.22
mp 48~49 °C

2-Propanol

Benzopinacol
mw 366.46
mp 188~9 °C

Acetone

벤조페논(**1**)이 벤조피나콜(**2**)로 광화학적으로 환원되고 이합체를 만드는 반응의 메커니즘은 다음과 같다. 여기에서 Ph은 페닐 기이다.

첫 단계는 **1**이 낮은 에너지의 자외선(345 nm, 햇빛을 사용하여도 됨)을 흡수하여 들뜬 분자 **3**이 생기는 과정이다. 이 과정을 n-π^* 전이라고 부르는데, 산소의 두 비공유(n) 전자 중에서 한 전자가 카보닐 결합의 반결합성 π^*로 들뜨기 때문이다. 이러한 전이 과정에서는 양자역학적으로 전자의 스핀 상태가 유지되어야 한다. 따라서 산소의 두 비공유 전자가 짝을 이루고 있듯이(스핀이 서로 반대) 들뜬 상태의 전자들도 스핀이 서로 반대이어야 한다. 이러한 첫 번째 들뜬 상태 **3**의 **스핀 다중도**(spin multiplicity)($2S + 1$)가 1이기 때문에 이 상태를 **단일항 상태**(singlet) S_1이라고 부른다(아래 첨자 1은 첫 번째 들뜬 상태를 의미함). 반면에 들뜨기 전의 상태도 단일항이므로 바닥 상태 S_0라고 부른다.

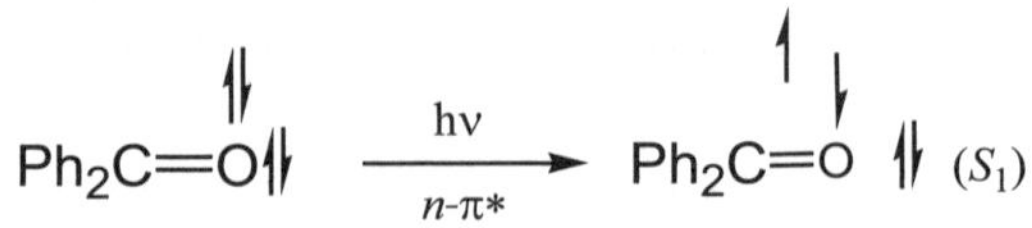

1 **3**

들뜬 단일항 상태 S_1은 흡수한 빛을 재방출하면서 바닥 상태 S_0로 되돌아 갈 수 있으며 이러한 과정을 **형광**(fluorescence)이라고 부른다. 또한 들뜬 전자의 스핀이 바뀌면서 전자의 스핀이 짝을 이루지 않으면서 들뜬 삼중항 상태(triplet) T_1의 구조 **4**로도 빨리 변할 수 있으며 이러한 과정을 **계간 교차**(intersystem crossing)라고 부른다. 여기에서 삼중항은 스핀 다중도 $2S + 1$가 3임을 의미한다.

훈트 규칙에 의하면 두 스핀이 평행한 삼중항 상태는 스핀이 반대인 단일항보다 열역학적으로 더 안정하다고 말할 수 있으나 계간 교차는 양자역학적으로 금지된 전이이다. 하지만 두 상태의 에너지가 비슷하면(10 kcal/mol 이내) 계간 교차는 형광보다 더 빠르게 일어난다. 벤조페논의 경우 계간 교차의 속도상수는 10^{10} s^{-1}이며 이는 S_1의 수명이 10^{-10} s임을 나타낸다. 한편 형광의 속도상수는 10^6 s^{-1}이므로 계간 교차는 형광보다 만 배 정도 빠르다.

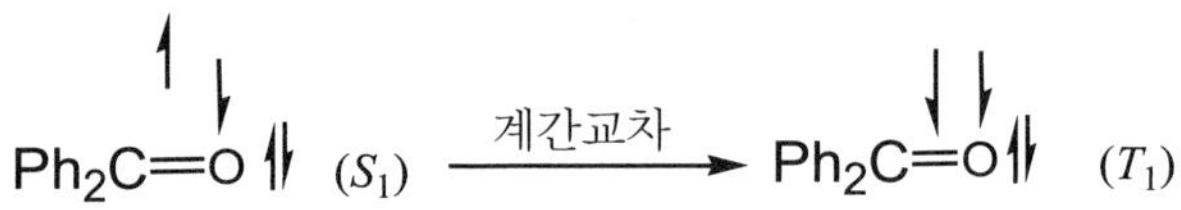

3 **4**

삼중항 상태 **4**가 바닥상태 S_0로 가기 위해서는 스핀이 바뀌어야 하는데 이는 금지된 과정이다. 따라서 삼중항은 수명이 길다. 전이 $T_1 \rightarrow S_0$가 금지된 과정이더라도 삼중항 상태는 결국에는 비복사 붕괴(혹은 전이)라는 과정에 의하여 여분의 에너지를 열로 방출하면서 바닥상태로 되돌아간다. 또 다른 방법은 인광(phosphorescence)이라고 부르는 과정을 거치는 것이다. 이 과정에서는 들뜬 삼중항 상태가 빛을 방출하면서 바닥 상태로 되돌아 간다. 이 과정은 양자역학적으로 금지되어 있지만 들뜬 상태의 에너지를 방출할 만한 다른 방법이 없는 경우 일어난다. 벤조페논의 경우 비복사 붕괴(속도상수 10^5 s^{-1})는 인광(속도상수 10^2 s^{-1})보다 더 빠르게 일어난다.

이번 실험의 경우 벤조페논의 들뜬 삼중항은 2-프로판올에서 수소를 빼낼 수 있을 정도로 수명이 길며 이러한 일이 일어나면 자유 라디칼인 다이페닐하이드록시메틸(diphenylhydroxymethyl)(**5**)과 **6**이 생긴다.

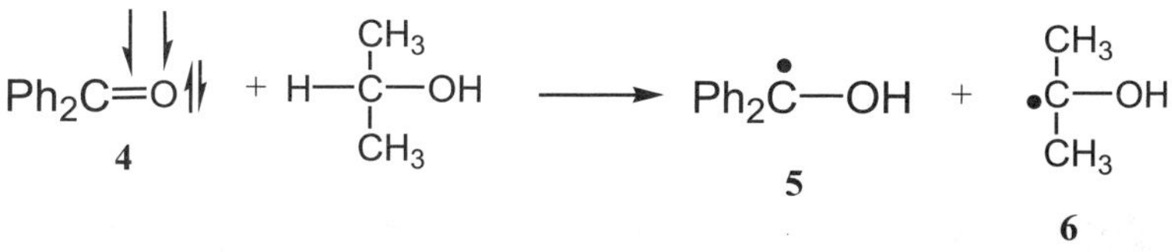

라디칼 **6**이 벤조페논에 수소 원자를 주면 아세톤이 생기면서 라디칼 **5**가 또 생긴다. 이 반응이 가능한 이유는 라디칼 **6**보다 라디칼 **5**에서 홀전자가 더 많이 비편재화되어 있기 때문에 라디칼 **5**가 더 안정하기 때문이다. 다음에 라디칼 **5**가 서로 만나면 생성물 **2**가 생기게 된다.

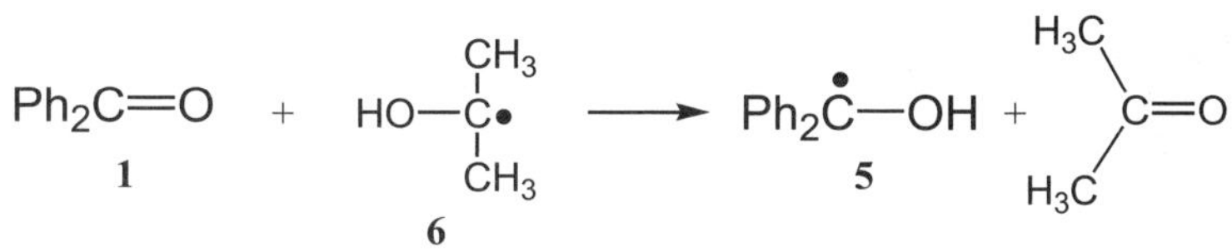

벤조페논의 광화학은 에너지와 반응속도 상수가 포함된 다음과 같은 그림으로 요약할 수 있다. 여기에서 E는 들뜸(excitation), F는 형광, ISC는 계간 교차, P는 인광, R은 비복사 붕괴, C는 화학 반응을 나타낸다.

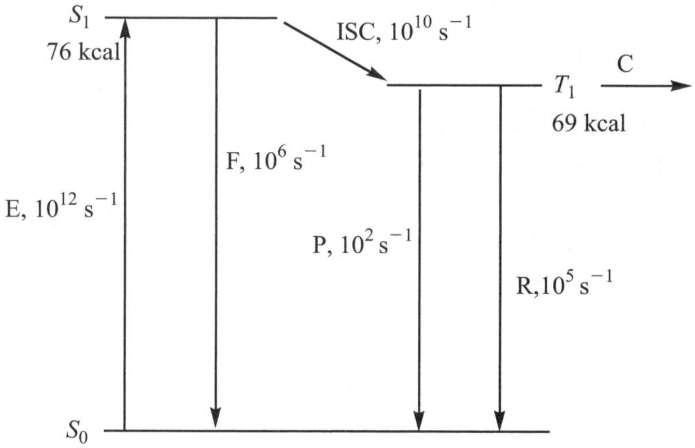

많은 광화학 반응은 파이렉스 유리를 통과하는 파장보다 더 단파장의 자외선을 필요로 하기 때문에 수정(quartz) 기구를 사용하여 행하여야 한다. 그러나 벤조페논의 경우에는 n-π^* 단일항 상태로 들뜨기 위하여는 대략 350 nm의 자외선이 필요하며 이러한 파장의 빛은 파이렉스 유리를 쉽게 통과한다. 따라서, 벤조페논을 파이렉스 플라스크에 넣을 때 일어나는 유일한 전자 전이는 350 nm에서 일어나는 n-π^* 전이임을 쉽게 알 수 있다.

2 실험 방법

실험 시간 1시간(전 실험 후반부에 실시한 후 다음 시간에 마무리 작업을 수행)

시약 벤조페논 2 g, 2-프로판올 50 mL, 아세트산 한 방울.

◈◈◈ 벤조페논은 피부에 자극을 일으키며 암을 일으킬 것으로 의심되는 물질이다.

기구 18 × 150-mm 시험관, 고무마개, 250-mL 비커, 가열판

▶ 반응

1. 18 × 150-mm 시험관에 2 g의 벤조페논과 8 mL의 2-프로판올을 가하고 이 시험관을 더운 물에 담구어 고체를 녹인다. 여기에 한 방울의 아세트산을 가한다(*주의*: 한 방울 이상의 아세트산을 가하지 않도록 한다. 아세트산을 가하는 이유는 소량의 알칼리를 제거하기 위해서이며, 알칼리가 있으면 피나콜 생성물이 벤조페논과 다이페닐메탄올로 분해한다).
2. 시험관 위에까지 2-프로판올을 더 가하여 공기가 반응 중에 들어가지 않도록 한다. 이 플라스크를 고무 마개로 잘 막고 뒤집은 상태로 비커에 놓아두고 햇빛에 직접 쪼인다. 3~4시간 후에 벤조피나콜의 결정이 생기기 시작하며 7일 후에는 시험관에 벤조피나콜의 결정이 채워지게 된다.

▶ 반응 마무리 및 생성물 분리

1. 반응 용액을 얼음물에서 식히고 여과지로 여과한다.
2. 모아진 결정을 소량(5 mL)의 2-프로판올로 씻어주고 공기 중에서 말린다.

▶ 분석

1. 무게를 측정하여 수율을 구한다.
2. 녹는점을 측정한다. 녹는점 188~190°C(벤조피나콜은 녹는점 근처에서 분해하기 때문에 녹는점은 가열속도에 따라 다르다. 앞에 나와 있는 온도는 천천히 가열하였을 때 얻어진 온도이다).
3. 실험 8-2에서 생성물을 사용하니 잘 보관할 것.

3 안전 관리

2-프로판올 여과액은 물로 묽힌 후 싱크대에 버린다.

벤조페논의 광환원 반응: 벤조피나콜의 합성

5-3

실험 일자 .... 학과 ....

학번 .... 이름 ....

1. 실험 목적

....

....

....

....

2. 반응식

....

....

....

....

3. 반응물과 생성물

반응물과 생성물	몰질량 (g/mol)	사용한 부피(mL) 및 질량(g)	몰수 (mmol)	몰비	mp 혹은 bp(℃)	밀도 (g/mL)
벤조페논						
2-프로판올						
벤조피나콜(생성물)						

한계 시약: ....

....

이론적 수득량: ....

....

4. 실험 방법 및 관찰

5. 실험 결과

녹는점:

실제 수득량:

수득 백분율:

6. 결론 및 토의

7. 질문

(1) 단일항 상태와 심중항 상태는 무엇을 의미하며 어떻게 구하는가?

(2) 형광과 인광의 차이점은 무엇인가?

(3) 구조 **5**의 다른 공명 구조를 그리시오.

(4) 알칼리가 존재할 때 피나콜 생성물이 벤조페논과 다이페닐메탄올로 분해하는 반응의 메커니즘을 굽은 화살표로 그리시오.

(5) 2-프로판올 대신에 에탄올이나 *tert*-뷰틸 알코올을 사용하였다면 원하는 생성물이 생기겠는가?

(6) 다음 반응의 메커니즘을 굽은 화살표로 나타내시오.

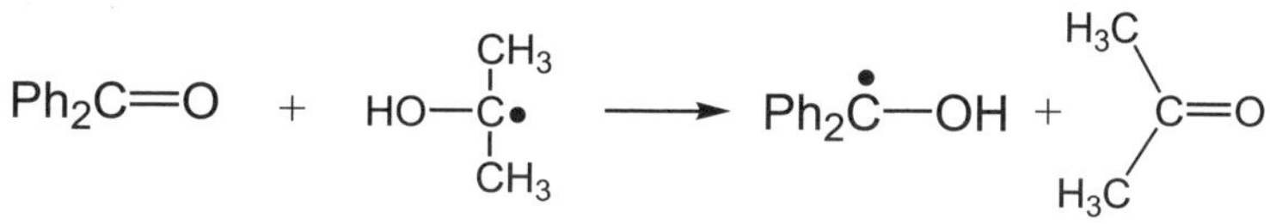

실험 5-4 벤즈알데하이드의 카니자로 (Cannizzaro) 반응

실험 목적: 벤즈알데하이드가 염기 존재 하에서 벤질 알코올과 벤조산으로 변하는 반응을 수행하고 이 반응의 메커니즘을 이해한다.

미리 공부하기: 카보닐 화합물의 첨가 반응

1 들어가기

α-수소가 없는 알데하이드를 센염기로 처리하면 산화-환원 반응이 일어나서 알코올과 카복실산이 얻어진다. 이러한 반응은 **카니자로**(Cannizzaro) 반응으로 알려져 있다.

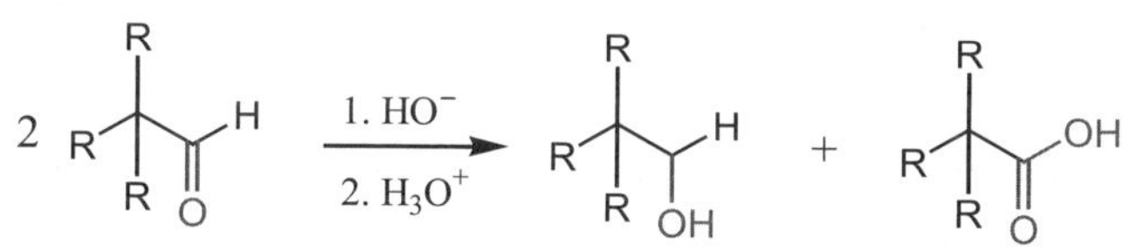

제안된 메커니즘에 따르면 첫 단계는 수산화 이온이 카보닐 기를 공격하여 사면체 중간체 A가 생기는 반응이다.

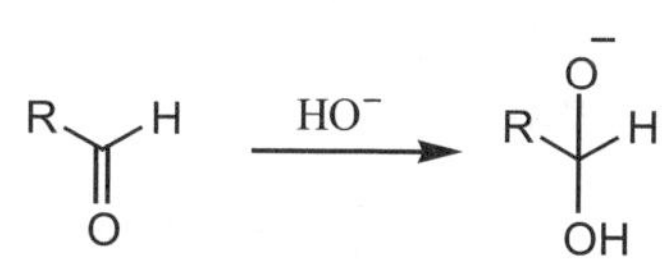

A

중간체 A가 수소화 이온을 다른 알데하이드의 카보닐 기에 주면 자신은 카복실산으로 변하면서 알콕사이드 B가 생긴다(반응식 1).

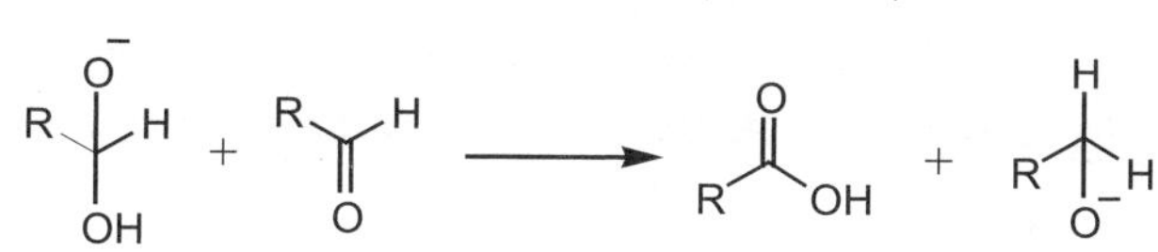

A **B**

마지막으로 카복실산이 염기와 반응하면 카복실산 이온이 생기고 알콕시 음이온(alkoxide) B는 물과 반응하여 알코올을 준다.

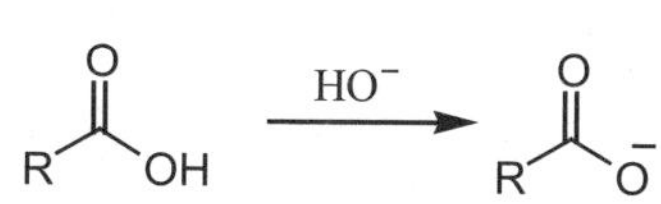

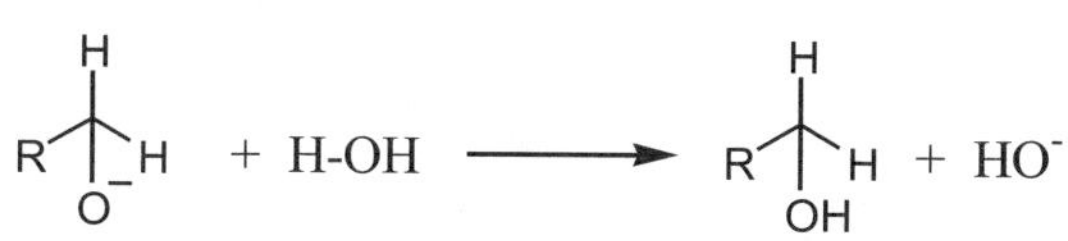

B

반응 마무리 단계에서 산을 가하면 카복실산과 알코올이 얻어지게 된다. 생화학 반응 중에서 카니자로 반응과 비슷한 반응은 nicotinamide adenine dinucleotide(NADH)가 수행하는 반응이다. NADH는 알코올 탈수소효소의 **보조효소**(coenzyme)로서 카보닐 기를 다음과 같이 환원한다. 여기에서 R은 탄수화물의 한 부분이다. 이 때 카보닐 기의 한 면(face)에만 수소가 전달되는 입체 선택성이 흔히 관찰된다.

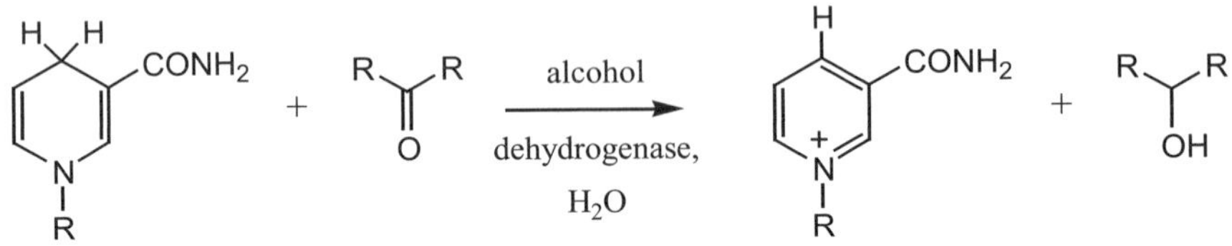

NADH　　　　NAD$^+$

이 반응의 역반응도 가능하며 NAD$^+$는 알코올을 산화시키는 산화제의 역할을 수행한다.

방향족 알데하이드, 폼알데하이드 및 α-삼치환 아세트알데하이드는 모두 카니자로 반응을 수행한다. 이번 실험에서는 벤즈알데하이드의 카니자로 반응을 수행하고자 한다.

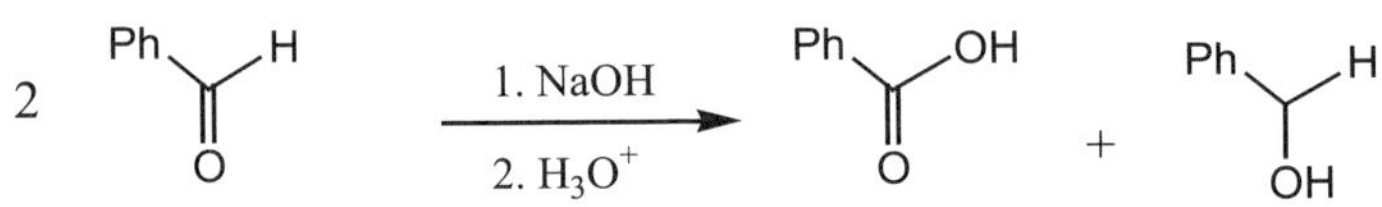

Benzaldehyde	Benzoic acid	Benzyl alcohol
mw 106.1	mw122.12	mw108.1
bp 180~183 °C	mp 122~123 °C	bp 90~92 °C/10 torr
d 1.047		

2 실험 방법

실험 시간 4시간

시약 벤즈알데하이드 1.0 g, KOH 5.0 g.

벤즈알데하이드는 피부에 자극을 일으키며 알러지성 피부 반응을 일으킬 수 있다.

기구 25-mL 일구 둥근바닥 플라스크, 삼각 플라스크, 분별 깔때기, 냉각기, 가열판.

▶ 반응

1. 삼각 플라스크에서 5.0 g의 KOH를 5 mL의 증류수에 녹인다(*주의:*

발열. KOH 용액은 매우 센염기이므로 피부에 닿지 않도록 주의하여야 한다. 만약 닿은 경우에는 물로 즉시 씻어 준 후 1% 아세트산으로 씻어준다. 장갑을 착용할 것).

2. 자석 젓개 막대가 들어 있는 둥근바닥 플라스크에 1.0 g의 벤즈알데하이드를 가하고 3 mL의 메탄올로 녹인다.
3. 파스퇴르 피펫을 이용하여 1.5 mL의 50% KOH 용액을 가한다. 이때 갈아 맞춘 유리 연결기에 염기가 닿지 않도록 주의한다. 그렇지 않으면 유리 연결기가 굳어 버린다.
4. 75°C로 온도를 맞춘 물중탕에서 1시간 반 가량 환류한다.

▶ **반응 마무리 및 생성물 분리**

1. 반응 용기를 식힌 후 20 mL의 물을 가하고 분별 깔때기에 옮긴다.
2. 반응 혼합물을 5 mL의 이염화메테인으로 세 번 추출하고 유기 추출액을 모은다(*주의*: 물층은 절대 버리지 말 것)
3. 모은 유기 추출액을 5 mL의 포화 소금물로 세 번 씻고 무수 황산 소듐으로 말린다.
4. 10분 후에 무게를 단 둥근바닥 플라스크로 유기 용액을 따라 옮긴다. 황산 소듐은 1 mL의 이염화메테인으로 씻어준다.
5. 회전 증발기에서 용매를 제거한다.
6. 단계 2에서 나온 물층에 3 mL의 진한 염산을 천천히 가하여 산성화시킨다(pH 종이로 체크, pH는 3 정도이어야 함).
7. 얻어진 고체를 진공 여과하고 10 mL의 물로 씻어준 후 공기 중에서 말린다.

▶ **분석**

1. 단계 5에서 얻어진 알코올과 단계 7에서 얻어진 카복실산의 무게를 구하고 수율을 계산한다.
2. 단계 7에서 얻어진 카복실산의 녹는점을 측정한다.

3 안전 관리

소금물과 단계 7의 여과액은 싱크대에 버린다. 이염화메테인 용매는 할로젠용 폐기물통에 버린다.

LABORATORY EXPERIMENTS FOR
ORGANIC CHEMISTRY

벤즈알데하이드의 카니자로(Cannizzaro) 반응

5-4

LABORATORY EXPERIMENTS FOR **ORGANIC CHEMISTRY**

실험 일자 .... 학과 ....

학번 .... 이름 ....

1. 실험 목적

2. 반응식

3. 반응물과 생성물

반응물과 생성물	몰질량 (g/mol)	사용한 부피(mL) 및 질량(g)	몰수 (mmol)	몰비	mp 혹은 bp(°C)	밀도 (g/mL)
벤즈알데하이드						
수산화 소듐						
벤조산(생성물)						
벤질 알코올(생성물)						

한계 시약:

이론적 수득량:

4. 실험 방법 및 관찰

5. 실험 결과

벤조산의 녹는점:

실제 수득량:

수득 백분율:

6. 결론 및 토의

7. 질문

(1) 카니자로 반응의 메커니즘을 굽은 화살표를 이용하여 그리시오.

(2) 벤즈알데하이드와 벤조산의 카보닐 기의 탄소 및 벤질 알코올의 대응하는 탄소의 산화 상태를 구하시오(실험 5-1 참조).

(3) 생성물 분리 단계 2에서 물층과 이염화메테인 층에 녹아 있는 생성물의 구조를 각각 그리시오.

(4) 생성물 분리 단계 3에서 무수 황산 소듐으로 건조하기 전에 포화 소금물로 이염화메테인 추출액을 씻어 주는 이유는 무엇인가?

(5) 반응식1의 반응 메커니즘을 굽은 화살표로 나타내시오.

(6) 카니자로 반응을 D_2O 용액에서 수행하였을 때 벤질 알코올의 벤질 탄소에 중수소가 도입되지는 않는다. 이 사실이 반응 메커니즘에 부합됨을 보이시오.

(7) NADH의 반응을 굽은 화살표로 나타내시오.

(8) 카니자로 반응에서 진한 농도의 염기를 사용하는 이유는 무엇일까?
(*힌트*: 중간체 **A**에 무슨 일이 생기는지를 고려함)

(9) 어떠한 유기 화학 책에는 다음과 같은 알돌 반응이 소개되어 있다.

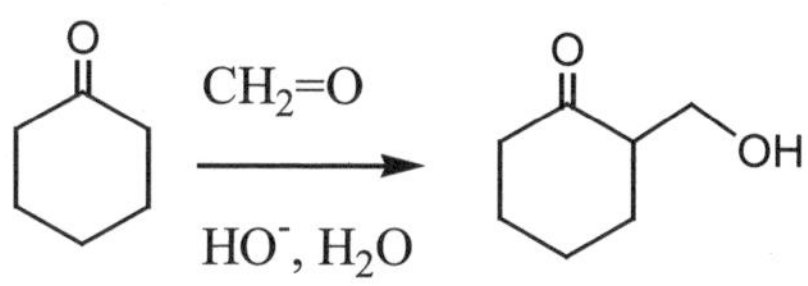

만약 과량의 폼알데하이드를 사용하고 또한 염기의 농도가 진하다면 위와 같은 반응이 일어날 것인가? 어떠한 생성물이 생길 지를 예측하시오.

실험 5-5 나이트로벤젠의 환원: 아세트아닐라이드의 합성

실험 목적: 나이트로벤젠을 주석으로 환원하여 아닐린을 얻고 증기 증류법으로 분리한 후 아닐린을 아세트아닐라이드로 변환시킨다.

미리 공부하기: 나이트로기의 환원에 쓰이는 시약, 아마이드의 합성법, 증기 증류의 원리.

1 들어가기

아닐린(*p*-nitroaniline)은 염료 및 의약품의 제조에 널리 쓰이는 중요한 유기 물질이다. 세계에서 가장 큰 화학 회사인 독일의 BASF의 이름에서 A는 아닐린을 나타낸다. 아닐린의 한 가지 유도체인 아세트아닐라이드(acetanilide)는 최초의 합성 항생제인 설파닐아마이드(sulfanilamide)의 합성에 이용되고 있다. 벤젠 고리에 아미노 기를 직접 도입하는 것은 불가능하기 때문에 벤젠에서 아닐린을 한 단계로 합성할 수는 없다. 대신, 나이트로벤젠은 벤젠의 나이트로화 반응을 통하여 쉽게 구할 수 있으므로 나이트로 기를 적절한 환원제로 환원하면 원하는 아닐린을 얻을 수 있다.

나이트로 기는 수소를 이용하는 촉매[Pt, Pd, 라니 니켈(Raney nickel)] 환원 혹은 환원제를 이용하는 환원에 의하여 쉽게 아미노 기로 환원된다. 환원제로서는 산의 존재 하에서 금속(철, 아연 혹은 주석)을 사용한다. 이번 실험에서는 주석이 사용하기 쉽기 때문에, 주석을 사용하기로 한다. 환원하여 얻은 아닐린은 아세트산 무수물과 반응시켜 고체인 아세트아닐라이드로 변환시킨다.

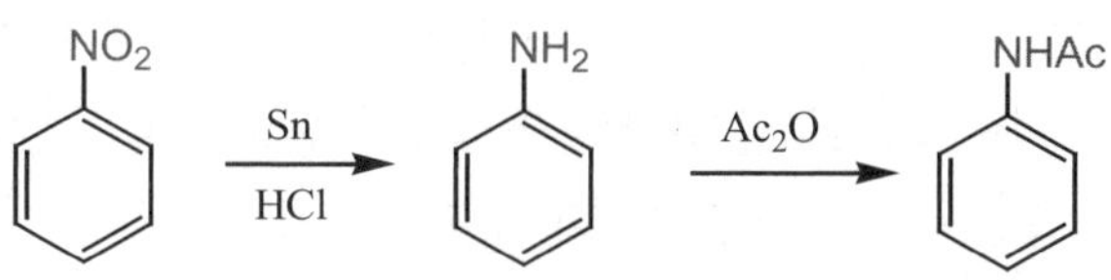

Nitrobenzene	Aniline	Acetanilide
mw 123.11	mw 93.13	mw 135.17
bp 210~212 °C	bp 183~184 °C	mp 113~115 °C
d 1.196	d 1.021	

주석이 염산에서 완전히 환원력을 발휘하여 염화 주석(IV)으로 변한다면, 1 몰의 나이트로벤젠을 환원하는데 1.5 몰의 주석이 필요할 것이다.

$$C_6H_5\text{-}NO_2 + 3\ Sn + 7\ HCl \rightarrow [C_6H_5\text{-}NH_3]^+Cl^- + 3\ SnCl_2 + 2\ H_2O$$

$$C_6H_5\text{-}NO_2 + 3\ SnCl_2 + 7\ HCl \rightarrow [C_6H_5\text{-}NH_3]^+Cl^- + 3\ SnCl_4 + 2\ H_2O$$

그러나 실제로는 이렇게 환원이 일어나지 않기 때문에 2 몰의 주석을 사용한다. 반응 조건이 산성이므로 아민은 $(R\text{-}NH_3)_2SnCl_4$ 혹은 $(R\text{-}NH_3)_2SnCl_6$ 염으로 얻어지고 유리 아민(amine)을 얻기 위해서는 염기인 NaOH로 중화하여야 한다.

나이트로벤젠의 주석 환원은 나이트로소벤젠(nitrosobenzene, Ph-N=O)과 페닐하이드록실아민(phenylhydroxylamine, PhNHOH)의 두 가지 중간체를 거친다.

$$C_6H_5\text{-}NO_2 \rightarrow C_6H_5\text{-}N{=}O \rightarrow C_6H_5\text{-}NHOH \rightarrow C_6H_5\text{-}NH_2$$

주석은 전자를 제공하는 역할(환원제)을 하며 염산은 양성자를 제공하는 역할을 한다. 주석 환원 반응의 메커니즘은 다음과 같이 그릴 수 있다.

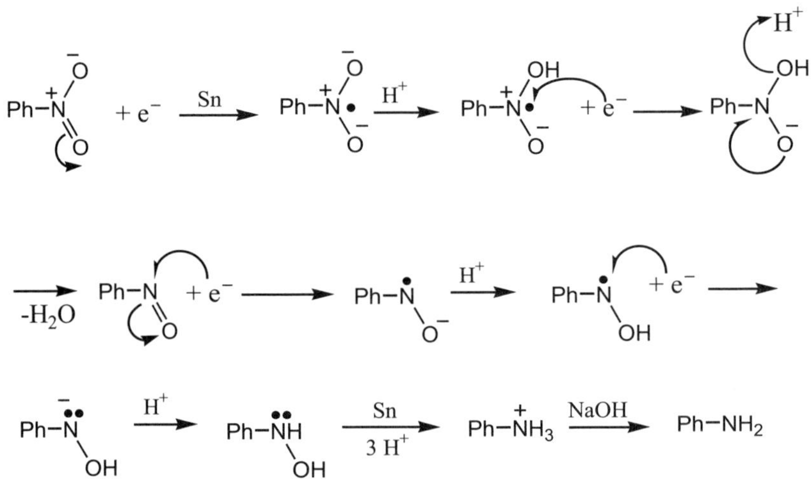

강한 환원제를 산성 조건에서 사용하면 환원이 완전히 일어나 아민이 얻어진다. 아연과 염화 암모늄을 이용하는 좀 약한 환원제를 사용하면 환원이 하이드록실아민 단계에서 멈춘다. 센산인 염산의 농도가 진한 경우에는 페닐하이드록실아민의 자리옮김 반응이 일어나 *p*-클로로아닐린이 얻어진다. 이러한 이유 때문에 산을 **조금씩** 반응액에 첨가하여야 한다. 아연과 NaOH를 이용하는 염기성 환원제의 경우에는 아조벤젠(azobenzene)인 PhN=NPh이 얻어진다. 아닐린은 수용액에서 **증기 증류**(steam distillation)를 이용하여 분리한다.

증기 증류는 물에 잘 녹지 않는 유기물과 물(증기)의 혼합물을 증류하는 것을 의미한다. 이 혼합물은 100°C이하에서 끓는데, 그 이유는 서로 섞이지 않는 혼합용액은 서로 섞이는 이상용액처럼 행동하지 않기 때문이다. 섞이지 않는 혼합용액에서 전체 증기압은 각 성분의 증기압의 합이다. 따라서, 증기 증류에서는 $P_{total} = P_A + P_B$이다.

따라서 그 혼합물은 각 성분의 끓는점보다 낮은 온도에서 끓게 되고 증기 증류에서 한 성분은 항상 물이므로, 그 혼합물은 100°C보다 낮은 온도에서 끓는다. 증기 증류 후에는 물과 아닐린의 혼합물을 얻게 되고, 이 두 성분은 서로 섞이지 않기 때문에 아닐린을 물에서 분리할 수 있다. 그러나 다음 단계 반응인 아세틸화 반응이 물에서 일어나기 때문에 구태여 아닐린을 물에서 분리할 필요는 없다.

2 실험 방법

실험 시간 4시간

✻ 단계 1 : 나이트로벤젠의 환원

시약 나이트로벤젠 5.2 mL, 주석 가루 13.1 g, 진한 염산, 50% NaOH(조교 제조, 플라스틱 용기에서 보관).

나이트로벤젠은 눈에 심한 자극을 일으키며 증기를 흡입하면 유독하다.

아닐린은 피부에 묻거나 증기를 들이마시면 유독하다.

기구 250-mL 일구 둥근바닥 플라스크, 냉각기.

▶ 반응

1. 5.2 mL의 나이트로벤젠과 13.1 g의 주석 가루를 250-mL 둥근바닥 플라스크에 가한 후, 자석 젓개 막대를 하나 넣는다.
2. 냉각기를 달고 냉각기 위쪽으로부터 30 mL의 진한 염산을 한 번에 2 mL씩 가하고 가할 때 마다 플라스크가 뜨거운지 관찰한다. 너무 뜨거우면 찬물에 담근다.
3. 반응이 진정된 후에 다음 염산을 넣는다.
4. 상온에서 10분 간 저어준 후에, 다시 20분 간 물중탕에서 가열한다.
5. 이 단계에서 나이트로벤젠이 남아 있는지를 확인한다. 반응액 몇 방울을 물에 떨어뜨려본다. 반응이 완결되었다면, 용액이 맑을 것이다. 그렇지 않다면 나이트로벤젠의 방울이 존재할 것이다. 반응이 미완이면, 약간의 주석과 염산을 더 가하여 반응을 종결시킨다.

▶ 반응 마무리

1. 반응이 완결되면, 찬물에서 식힌 후 18 mL의 50% NaOH을 조심스럽게 냉각기의 위로부터 가한다(이 반응은 격렬한 발열 반응이다). 다 가한 후에 반응액이 염기성인지 확인한다.

▶ 생성물 분리

1. 반응액을 40 mL의 물로 묽히고, 증기 증류한다.
2. 증류액을 100-mL 눈금 실린더에 모은다. 처음 20 mL의 증류액은 흐릴 것이다. 증류액이 맑아지면 4 mL를 더 모으고 증류를 멈춘다.
3. 삼각 플라스크로 증류액을 옮기고 포일로 막아 잘 보관한다.

✲ 단계 2: 아세트아닐라이드의 합성

시약 진한 염산, 아세트산 소듐 삼수화물 4.5 g, 아세트산 무수물 3.5 mL.

▶ **반응**

1. 증류액을 최종 부피가 65 mL가 될 때까지 물로 묽힌다.
2. 2.5 mL의 진한 염산을 가하여 균일 혼합물을 얻는다.
3. 4.5 g의 아세트산 소듐 삼수화물을 10 mL의 물에 녹인다.
4. 아닐린/염산의 용액을 50°C로 데우고, 여기에 3.5 mL의 아세트산 무수물을 가한다.
5. 잘 저은 상태에서 아세트산 소듐 용액을 한번에 넣는다.

▶ **반응 마무리 및 생성물 분리**

1. 얼음물에서 식히고 흰 색의 고체가 생기기 시작할 때까지 잘 저어준다.
2. 여과지를 이용하여 진공 여과하고 생성물을 차가운 물로 씻어주고 공기 중에서 말린다.
3. 생성물인 아세트아닐라이드가 약간 색을 띠면 최소한의 뜨거운 물에서 재결정한다.

▶ **분석**

1. 생성물의 무게를 달고 수율을 구한다.
2. 녹는점을 측정한다.

3 안전 관리

수용액은 물로 묽힌 후 싱크대에 버린다.

나이트로벤젠의 환원: 아세트아닐라이드의 합성

실험 일자 .... 학과 ....

학번 .... 이름 ....

1. 실험 목적

2. 반응식

3. 반응물과 생성물

단계 1: 나이트로벤젠의 환원

반응물과 생성물	몰질량 (g/mol)	사용한 부피(mL) 및 질량(g)	몰수 (mmol)	몰비	mp 혹은 bp(°C)	밀도 (g/mL)
나이트로벤젠						
주석 가루						
진한 염산						

한계 시약:

이론적 수득량:

단계 2: 아세트아닐라이드의 합성

반응물과 생성물	몰질량 (g/mol)	사용한 부피(mL) 및 질량(g)	몰수 (mmol)	몰비	mp 혹은 bp(°C)	밀도 (g/mL)
아세트산 무수물						
아세트아닐라이드(생성물)						

한계 시약:

이론적 수득량:

4. 실험 방법 및 관찰

5. 실험 결과

아세트아닐라이드의 녹는점:

실제 수득량:

수득 백분율:

6. 결론 및 토의

7. 질문

(1) 페닐하이드록실아민이 주석과 산에 의하여 아닐린으로 환원되는 반응의 메커니즘을 쓰시오.

(2) *p*-나이트로톨루엔에서 2,4-다이나이트로벤조산을 얻는 방법을 제안하시오.

카보닐 기의 화학 6

실험 6-1 그리냐르(Grignard) 반응: 트라이페닐메탄올의 합성

실험 목적: 그리냐르 시약과 에스터와의 반응을 실시함으로써 친핵성 아실 치환 반응과 친핵성 첨가 반응을 이해한다.

미리 공부하기: 에스터의 친핵성 아실 치환 반응, 카보닐 화합물의 친핵성 첨가 반응.

1 들어가기

그리냐르(Grignard) **시약** RMgX은 다음 식에서처럼 할라이드 RX와 Mg를 다이에틸 에터 혹은 THF에서 반응시켜 얻는다. R은 1차, 2차, 3차 알킬 기, 아릴(aryl) 기 및 바이닐(vinyl) 기일 수 있다. X는 할로젠 원자이며 반응성의 순서는 I > Br > Cl이다. 이 반응을 통하여 R 기의 탄소 원자는 친전자체에서 **친핵체**로 변신하게 된다.

$$\overset{\delta+\ \delta-}{\text{R-X}} + \text{Mg} \xrightarrow[\text{ether}]{} \underset{\text{Grignard reagent}}{\overset{\delta-\ \delta+}{\text{R-Mg-X}}}$$

그리냐르 시약은 흔히 에터 계열의 용매에서 Mg의 비균일 혼합 용액에 천천히 RX를 가하여 만든다. 반응은 금속의 표면에서 일어나며 약간의 유도 기간이 필요하다. 하지만 일단 반응이 시작되면 용액이 흐려지면서 발열 반응이므로 에터가 끓기 시작한다. 따라서 반응 용기에는 냉각기를 장착하여야 한다.

마그네슘의 표면에는 산화 마그네슘의 얇은 막이 있으므로 쉽게 할라이드와 반응하지 않는다. 산화 층을 분해하려면 초음파나 아이오딘 결정 몇 개를 넣고 가열하여 아이오딘 증기가 고체 Mg와 잘 접촉하도록 저어주어야 한다. 혹은 1,2-다이아이오도메테인을 몇 방울 가하기도 한다.

RX와 Mg 사이의 반응은 다음과 같이 **일전자 이동**(single electron transfer)으로 시작된다.

$$\text{R–X} + \text{Mg} \rightarrow \text{R–X}^{\bullet-} + \text{Mg}^{\bullet+}$$
$$\text{R–X}^{\bullet-} \rightarrow \text{R}^{\bullet} + \text{X}^{-}$$

$$R^{\bullet} + Mg^{\bullet +} \rightarrow RMg^{+}$$

$$RMg^{+} + X^{-} \rightarrow RMgX$$

그리냐르 시약과 카보닐 기 사이의 반응은 다음과 같이 여섯-고리 전이 상태를 거쳐 일어난다.

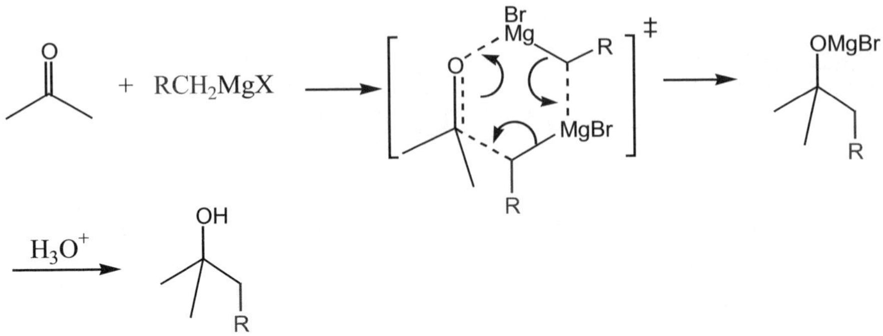

그리냐르 시약에 입체 장애가 큰 기가 있을 경우에는 친핵성 첨가 반응 대신 환원 반응이 일어날 수도 있다.

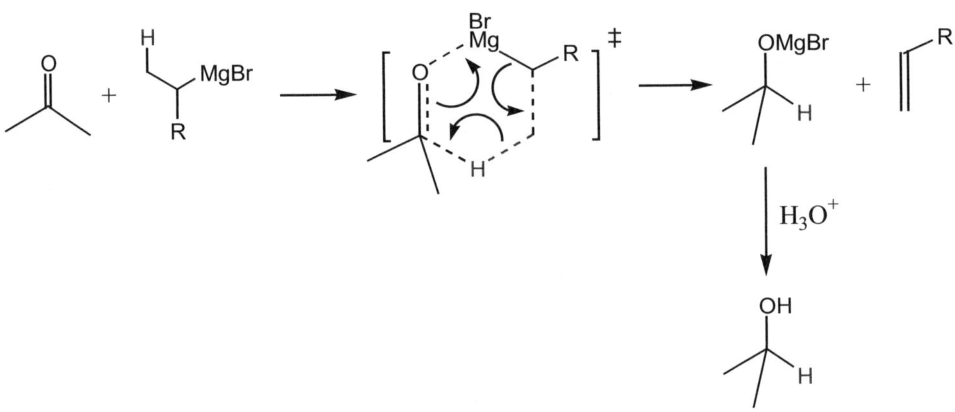

그리냐르 시약은 대기 중의 산소, 수증기, 이산화탄소와 반응하기 때문에 그리냐르 시약의 제조 및 그리냐르 시약을 사용하는 반응은 질소 대기 하에서 하여야 하며 용매, 실험 기구 및 반응물도 건조하여야 한다. 이번 실험에서는 그리냐르 시약을 직접 제조하지 않고, 시약 회사에서 파는 3.0 M PhMgBr의 에터 용액을 사용한다.

그리냐르 시약은 카보닐 화합물과 1:1의 몰 비로 반응하여 알코올을 만든다. 에스터와는 2 당량의 그리냐르 시약이 반응하여 3차 알코올이 얻어진다.

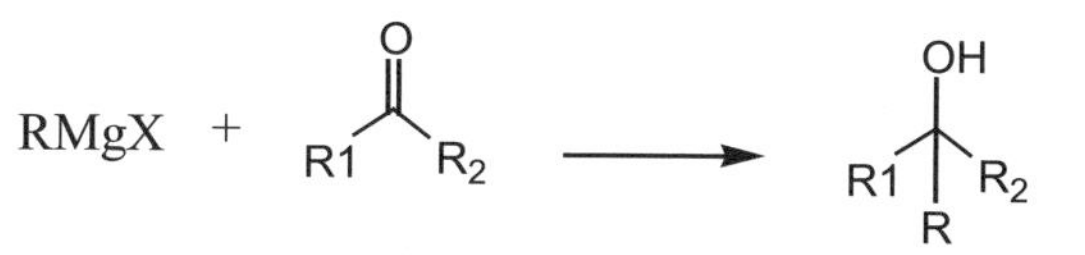

alcohol

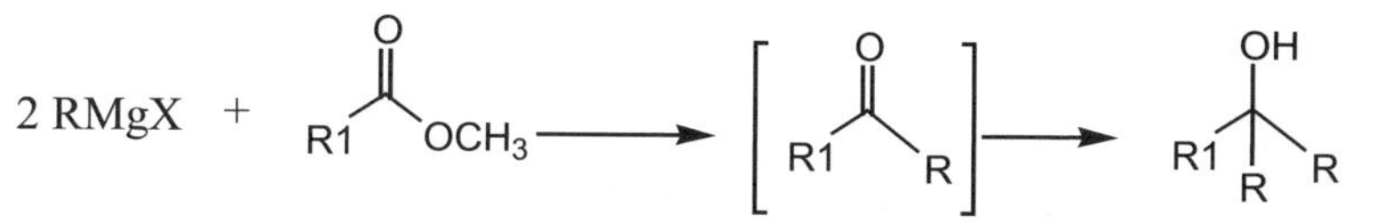

ketone   tertiary alcohol

이번 실험에서는 브로민화 페닐마그네슘(phenylmagnesium bromide, PhMgBr)을 메틸 벤조에이트에 반응시켜 3차 알코올인 트라이페닐메탄올(triphenylmethanol)을 합성하고자 한다.

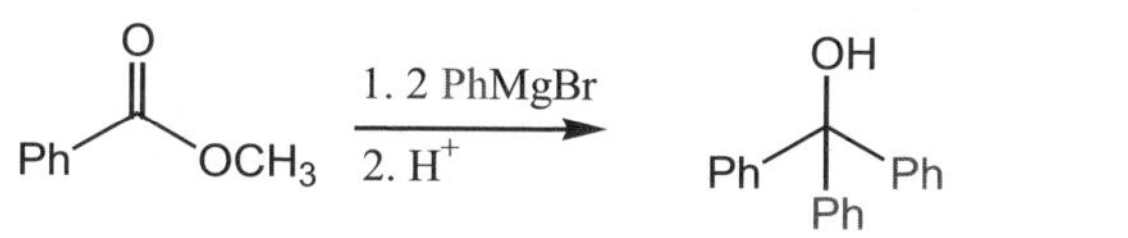

Methyl benzoate
mw 136.15
bp 198~199 °C
d 1.094

Triphenylmethanol
mw 260.34
mp 163 °C

2 실험 방법

실험 시간 4시간

시약 메틸 벤조에이트 0.5 mL, 3 M PhMgBr의 에터 용액 3 mL, 무수 다이에틸 에터 10 mL, 무수가 아닌 시약용 에터 10 mL, 사이클로헥세인 10 mL, 3 M 황산, 1 M 황산.

메틸 벤조에이트는 삼키면 위험하며 눈에 심한 자극을 일으킨다. 보안경을 착용한다.

진한 황산은 피부에 심한 화상과 눈에 손상을 일으키므로 보호장갑 및 보안경을 착용한다.

사이클로헥세인은 고인화성 액체 및 증기로서 피부에 자극을 주며 눈에 심한 자극을 일으킨다. 흡입하면 졸음 또는 현기증을 일으킬 수 있다.

다이에틸 에터는 인화성 액체 및 증기로서 눈에 심한 자극을 일으킨다. 흡입하면 졸음 또는 현기증을 일으킬 수 있다.

◈ ◈ ◈ 브로민화 페닐마그네슘 용액은 고인화성 액체 및 증기로서 물과 접촉 시 자연 발화성 인화성 기체를 발생시킨다.

기구 50-mL 이구 둥근바닥 바닥 플라스크, 100-mL 분별 깔때기, 염화 칼슘관, 고무마개(septum), 5-mL 및 10-mL 플라스틱 주사기, 자석 교반기.

▶ **반응**

1. 잘 건조한 50-mL 이구 둥근바닥 바닥 플라스크에 0.5 mL의 메틸 벤조에이트를 가하고 염화 칼슘 관과 고무마개를 달고 여기에 10 mL의 무수 에터를 주사기를 이용하여 넣는다. **얼음물에 담그고** 잘 젓는다.
2. 위의 용액에 3 mL의 PhMgBr 용액을 주사기를 이용하여 한 방울씩 넣는다(*주의*: 발열 반응)

   (*주의*: 다 쓴 주사기는 즉시 에터로 몇 번 씻어 주어 바늘 안에 남아 있는 그리냐르 시약을 제거하여야 한다. 공기 중에 방치하면 구멍이 막혀 재사용이 불가능해 질 수 있다.)
3. 다 가한 후 상온에서 10분 동안 더 젓는다.

▶ **반응의 확인**

1. 염화 칼슘관을 잠시 열어 파스퇴르 피펫으로 몇 방울 분량의 반응액을 취해 작은 유리 병에 옮긴다.
2. 여기에 1 mL의 1 M 황산을 가하여 산성화한 후, 1 mL의 에틸 아세테이트를 가하고 잘 흔든다.
3. 유기층을 TLC로 분석하여 반응의 종결을 확인한다. 용매; 헥세인 : 에틸 아세테이트 = 5 : 1, 확인; UV, I_2.
4. 만약, 반응물이 남아 있다면, 0.5~1 mL의 PhMgBr을 더 가하고 상온에서 10분 동안 더 저어준 후 반응의 종료 여부를 TLC로 다시 체크한다.

▶ **반응 마무리**

1. 무수가 아닌 보통의 에터 10 mL를 가하고 얼음물에서 식힌다.
2. 10 mL의 3 M 황산 용액을 파스퇴르 피펫을 이용하여 잘 저어주면서 반응 용액에 **천천히** 가한다.
3. 고체가 모두 녹을 때까지 젓는다.
4. 물층이 산성임을 pH 종이로 확인한다.
5. 전체 용액을 분별 깔때기에 옮기고 잘 흔들어 준 후, 기체를 내보낸다.

6. 물층을 버리고 유기층을 5 mL의 3 M 황산 용액으로 한번, 5 mL의 포화 $NaHCO_3$ 용액(**기체를 내보낼 것**!)으로 두 번, 5 mL의 소금물로 한 번 씻는다(이 순서로).

▶ 생성물 분리

1. 에터 층을 비커에 모으고 무수 황산 소듐으로 말린다.
2. 다른 비커에 따라 붓고, 에터를 날려 보낸다.
3. 생기는 고체를 다시 10 mL의 사이클로헥세인에 녹이고 끓인다.
4. 결정이 생길 때까지 열을 가하여 천천히 용매를 날린다.
5. 결정이 생기면 실온에서 결정이 자라기를 기다린다.
6. 마지막으로 얼음물에서 식히고, 결정을 여과하여 모은다.

▶ 분석

1. 무게를 측정하여 수율을 계산한다.
2. 녹는점을 측정한다.

3 안전 관리

수용액은 물로 묽힌 후 싱크대에 버린다. 유기 용매(사이클로헥세인)은 비할로젠용 폐기물통에 버린다.

LABORATORY EXPERIMENTS FOR
ORGANIC CHEMISTRY

실험보고서

그리냐르(Grignard) 반응: 트라이페닐메탄올의 합성

6-1

LABORATORY EXPERIMENTS FOR **ORGANIC CHEMISTRY**

실험 일자 .... 학과 ....

학번 .... 이름 ....

1. 실험 목적

....

....

....

....

2. 반응식

....

....

....

....

3. 반응물과 생성물

반응물과 생성물	몰질량 (g/mol)	사용한 부피(mL) 및 질량(g)	몰수 (mmol)	몰비	mp 혹은 bp(°C)	밀도 (g/mL)
메틸 벤조에이트						
3 M PhMgBr의 에터 용액						
트라이페닐메탄올(생성물)						

한계 시약:

....

이론적 수득량:

....

4. 실험 방법 및 관찰

5. 실험 결과

반응의 확인 시 TLC:

녹는점:

실제 수득량:

수득 백분율:

6. 결론 및 토의

7. 질문

(1) 그리냐르 시약을 만드는 방법은 무엇인가? 용매로서 에터나 THF가 쓰이는 이유는 무엇인가?

(2) 왜 **무수** 에터(혹은 THF)를 그리냐르 반응 시 용매로서 사용하여야 하는가?

(3) 메틸 벤조에이트와 PhMgBr 사이의 반응 후, 반응액을 산으로 산성화하는 이유는 무엇인가?

(4) 다음 화합물들의 카보닐 탄소에 그리냐르 시약이 반응할 때, 그 반응성의 순서를 쓰시오(반응성이 큰 화합물을 먼저). 또한 그렇게 정한 이유를 설명하시오. 메틸 벤조에이트, 벤즈알데하이드, 벤조페논.

(5) 과량의 RMgBr과 메틸 벤조에이트, 벤조산, 벤즈알데하이드, 벤조페논, 벤조나이트릴(benzonitrile), 옥시레인(oxirane), 이산화탄소가 각각 반응한 다음 산으로 반응을 마무리하였을 때 얻어지는 생성물의 구조를 쓰시오.

(6) RMgBr에서 RCH_2OH, R_2CHOH, R_3COH을 합성하려고 한다. 각각의 반응에 대한 식을 쓰시오.

(7) 메틸 벤조에이트에 1 당량의 그리냐르 시약을 가하여 벤조페논을 얻을 수 있을까? 질문 (4)와 관련 있음.

실험 6-2 아세토페논의 할로폼 반응: 벤조산의 합성

실험 목적: 할로폼 반응을 이용하여 메틸 케톤에서 카복실산을 합성하고 이 반응의 메커니즘을 이해한다.

미리 공부하기: 카보닐 화합물의 α-치환 반응, 할로폼 반응.

1 들어가기

α-수소가 있는 알데하이드 혹은 케톤에 염기성 조건에서 할로젠을 가하면, α-탄소의 할로젠화 반응이 일어난다. 아세트알데하이드 혹은 메틸 케톤의 경우에는 메틸 기의 3개의 모든 수소가 할로젠 원자로 치환되며, 결국에는 과량의 염기와 반응하여 **할로폼**(haloform) CHX_3과 카복실산 음이온이 생긴다.

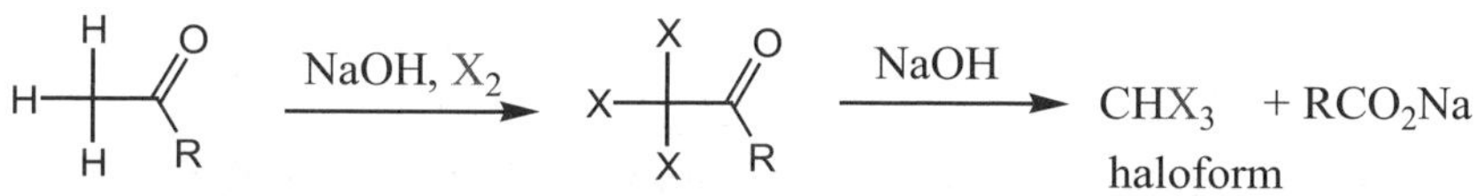

methyl ketone or
acetaldehyde

할로젠으로서 아이오딘(I_2)을 사용하면 녹지 않는 노란색의 고체인 아이오도폼(iodoform) CHI_3이 생긴다. 따라서 아이오딘의 적갈색이 사라지고 또한 아이오도폼의 노란색 고체가 생기면 메틸 케톤의 존재를 확인할 수 있다.

아이오도폼의 생성은 메틸 케톤 이외에 아이오도폼 생성 조건에서 메틸 케톤으로 산화되는 메틸 카비놀(carbinol) CH_3-CHOH-R의 경우에도 관찰할 수 있다. 1차 알코올 중에서는 에탄올 CH_3CH_2-OH만이 아이오도폼을 생성한다.

이번 실험에서는 할로젠으로서 염소를 사용하여 메틸 케톤인 아세토페논(acetophenone)에서 카복실산인 벤조산(benzoic acid)을 합성하고자 한다. 염소 시약으로서는 가정용 클로락스(Clorox)를 사용한다. 클로락스에는 약 5%의 하이포아염소산 소듐(sodium hypochlorite, NaOCl)이 들어 있으며 이 성분이 NaOH와 Cl_2의 역할을 한다.

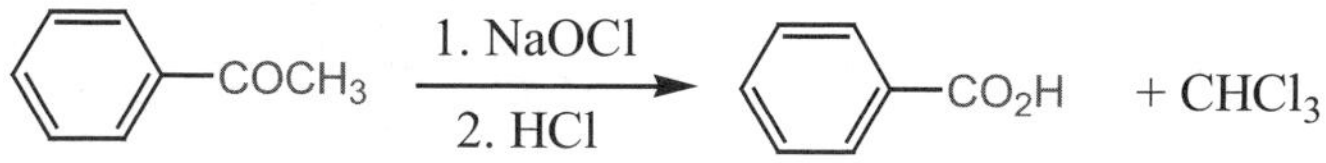

Acetophenone	Benzoic acid
mw 120.15	mw 122.12
mp 19~20°C	mp 121~123°C
bp 202 °C	
d 1.030	

2 실험 방법

실험 시간 2시간

시약 아세토페논 1.0 g, 5% 클로락스 40 mL, 아세톤. 액체나 증기는 자극성이므로 피부와 호흡기와의 접촉을 피한다.

아세토페논은 삼키면 위험하며 눈에 심한 손상을 일으킨다.

클로락스는 피부에 심한 화상과 눈에 손상을 일으킨다. 보호장갑과 보안경을 착용한다.

기구 125-mL 삼각 플라스크.

▶ 반응

1. 125-mL 삼각 플라스크에 40 mL의 5% 클로락스와 1.0 g의 아세토페논을 가하고 잘 저어준다.
2. 10분 동안 60~65°C의 물중탕에서 가열한다.

▶ 반응 마무리

1. 과량의 클로락스를 분해하기 위하여 몇 방울의 아세톤을 가한다.
2. 약간의 활성탄을 가한 후 용액을 끓이고 여과지로 여과한다.
3. 뜨거운 여과액에 5 mL의 진한 염산을 가하고 잘 저어준 후 얼음물에서 식힌다.

▶ 생성물 분리

1. 생성된 고체를 여과하고 약간의 찬물로 씻는다.
2. 공기 중에서 건조한다.

▶ 분석

1. 수율을 계산하고 녹는점을 측정한다.

3 안전 관리

여과액은 물로 묽힌 후 싱크대에 버린다.

아세토페논의 할로폼 반응: 벤조산의 합성

6-2

실험 일자 .... 학과 ....

학번 .... 이름 ....

1. 실험 목적

....

....

....

....

2. 반응식

....

....

....

....

3. 반응물과 생성물

반응물과 생성물	몰질량 (g/mol)	사용한 부피(mL) 및 질량(g)	몰수 (mmol)	몰비	mp 혹은 bp(˚C)	밀도 (g/mL)
아세토페논						
5% 클로락스						
벤조산(생성물)						

한계 시약: ....

....

이론적 수득량: ....

....

4. 실험 방법 및 관찰

5. 실험 결과

녹는점:

실제 수득량:

수득 백분율:

6. 결론 및 토의

7. 질문

(1) 산성 조건(흔히 아세트산을 용매로 사용)에서는 아세토페논의 α-수소가 하나만 할로젠으로 치환되나 염기성 조건에서는 모두 치환되는 이유를 설명하시오.

(2) 할로폼 반응의 메커니즘을 굽은 화살표를 이용하여 그리시오

(3) 다음 알코올 중에서 아이오도폼 반응을 하는 것은?

아이소뷰틸 알코올, 2-프로판올, 2,2-다이메틸-1-프로판올, 2-헥산올, 메탄올

실험 6-3 비티히(Wittig) 반응: *trans*-9-(2-페닐에텐일)안트라센의 합성

실험 목적: 비티히 반응을 이용한 알켄의 합성을 수행한다.

미리 공부하기: 비티히 반응의 메커니즘.

1 들어가기

비티히(Wittig) **반응**은 카보닐 화합물을 알켄으로 변환시키는 유용한 반응이다. 비티히 반응은 알데하이드나 케톤 같은 카보닐 화합물과 **인 일라이드** [phosphosrus ylide (ylid)] 사이의 반응이다. 이 때 일라이드의 탄소는 친핵체, 카보닐 탄소는 친전자체의 역할을 한다. 아래에 벤즈알데하이드의 비티히 반응의 메커니즘이 나와 있다. 일라이드는 포스포늄 염에 적당한 염기를 가하면 얻을 수 있다. 인 원자는 3주기 원소이므로 d 오비탈을 사용하여 인과 탄소 사이에 이중 결합이 있는, 포스포레인(phosphorane)이라고 부르는 일렌(ylene) 공명 구조를 가질 수 있다.

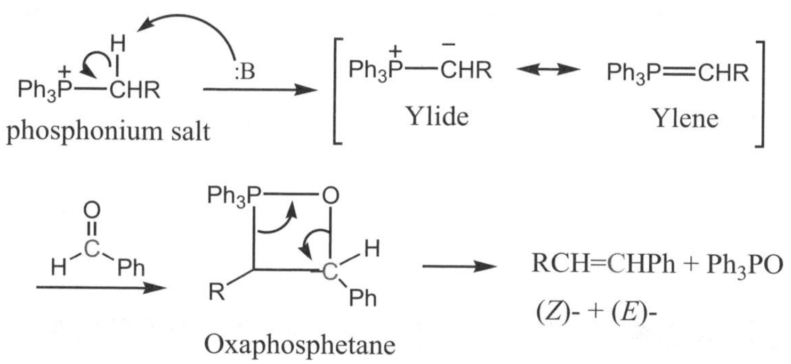

인 일라이드를 비티히 시약이라고 부르는데, 흔히 안정성의 정도에 따라 3가지로 나눌 수 있다(표 6.3).

표 6.3 비티히 시약의 분류 및 입체화학.[1]

비티히 시약	구조	$Ph_3P^+-CH_2R\ X^-$에 가하는 염기	반응하는 카보닐 화합물	입체화학
비안정화된 일라이드	Ph_3PCHR(R = 알킬)	RLi, NaH, *tert*-BuOK	알데하이드, 케톤	(*Z*)-알켄
준안정화된 일라이드	Ph_3PCHR(R = 페닐, 바이닐)	RLi, 50% NaOH	알데하이드	(*E*)-알켄
안정화된 일라이드	Ph_3PCHCO_2R, $Ph_3PCHCOR$	NaOH	알데하이드	(*E*)-알켄

[1]비티히 시약의 입체화학에 대한 최신 정보는 다음 논문에서 찾아볼 수 있다. Byrne, P. A.; Gilheany, D. G. "The modern interpretation of the Wittig reaction mechanism", *Chem. Soc. Rev.*, 2013, **42**, 6670.

이번 실험에서는 9-안트랄데하이드(9-anthraldehyde)와 염화 벤질(benzyl chloride)로부터 알켄 화합물인 *trans*-9-(2-페닐에텐일)안트라센(*trans*-9-(2-phenylethenyl)anthracene)의 합성을 시도하고자 한다. 이번 실험에 사용할 일라이드는 불안정하기 때문에 카보닐 화합물의 존재 하에서 염화 벤질트라이페닐포스포늄(benzyltriphenylphosphonium chloride)에 염기를 가하여 얻는다. 보통, 염기로서 알킬리튬 같은 센염기를 사용하기도 하지만, 이번 실험에서는 50% NaOH를 대신 사용한다(포스포늄 염이 **상전이 촉매**의 역할을 하기 때문에 *n*-BuLi 같은 센염기 대신에 50% NaOH를 쓸 수 있다). 부산물인 산화 트라이페닐포스핀(triphenylphosphine oxide)은 2-프로판올에 잘 녹기 때문에 재결정 용매로서 2-프로판올을 이용하면 제거할 수 있다.

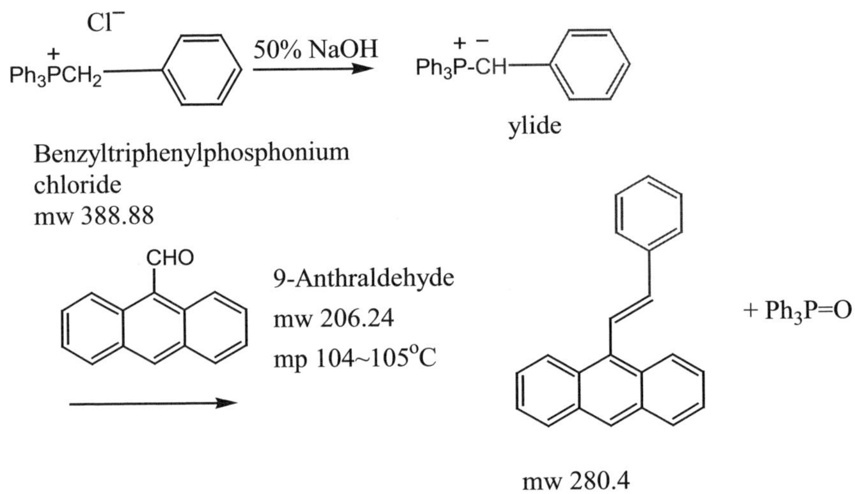

2 실험 방법

실험 시간 4시간

시약 염화 벤질트라이페닐포스포늄 0.97 g, 9-안트랄데하이드 0.57 g, 2-프로판올 15 mL, 50% NaOH(NaOH가 물에 녹는 과정은 심한 발열 과정이다. 조심할 것. 조교 제조. 플라스틱 통에 넣어 보관).

염화 벤질트라이페닐포스포늄은 삼키면 치명적이다. 취급 후 피부를 충분히 씻을 것.

안트랄데하이드는 GHS에 따른 위험 물질이 아님.

2-프로판올은 고인화성 액체 및 증기로서 눈에 심한 자극을 일으키며 호흡기에 자극을 일으킬 수 있다.

수산화 소듐은 피부에 심한 화상과 눈에 손상을 일으킨다. 보호장갑과 보안경을 착용한다.

기구 10-mL 둥근바닥 플라스크, 50-mL 분별 깔때기.

▶ **반응**

1. 10-mL 둥근바닥 플라스크에 0.97 g의 염화 벤질트라이페닐포스포늄, 0.57 g의 9-안트랄데하이드, 3 mL의 CH_2Cl_2를 넣고, 젓기 막대를 넣는다.
2. **빠른 속도로** 격렬하게 저어 주면서, 파스퇴르 피펫을 이용하여 1.3 mL의 50% NaOH 용액을 한 방울씩 가한다.

▶ **반응 마무리**

1. 30분간 더 저어주고 50-mL 분별 깔때기에 옮긴다. 10 mL의 물과 10 mL의 CH_2Cl_2로 둥근바닥 플라스크를 씻고 씻은 용액을 분별 깔때기에 붓는다.
2. 잘 흔들어준 후, 유기층을 모으고, 물층을 5 mL의 CH_2Cl_2로 추출하고 추출액을 유기층과 합한다.
3. 유기층을 무수 염화 칼슘으로 말리고, 용액을 50-mL 삼각 플라스크에 옮기고 용매를 날린다.

▶ **생성물 분리**

1. 잔여물을 15 mL의 2-프로판올에서 결정화하여 정제한다.

▶ **분석**

1. 무게를 달고, 수율을 계산한다
2. 녹는점을 측정한다.
3. 약간의 생성물을 에탄올에 녹이고 자외선 전등 밑에서 관찰한다.

3 안전 관리

산화 트라이페닐포스핀은 고체 폐기물통에 버린다. 이번 반응의 생성물은 다음 반응에 사용되므로 버리지 말고 작은 병에 넣어 보관한다.

LABORATORY EXPERIMENTS FOR
ORGANIC CHEMISTRY

비티히(Wittig) 반응: *trans*-9-(2-페닐에텐일)안트라센의 합성

6-3

실험 일자 .... 학과 ....

학번 .... 이름 ....

1. 실험 목적

....

....

....

....

2. 반응식

....

....

....

....

3. 반응물과 생성물

반응물과 생성물	몰질량 (g/mol)	사용한 부피(mL) 및 질량(g)	몰수 (mmol)	몰비	mp 혹은 bp(°C)	밀도 (g/mL)
9-안트랄데하이드						
염화 벤질트라이페닐포스포늄						
50% NaOH 용액						
trans-9-(2-페닐에텐일)안트라센(생성물)						

한계 시약: ....

....

이론적 수득량: ....

....

4. 실험 방법 및 관찰

5. 실험 결과

녹는점:

실제 수득량:

수득 백분율:

6. 결론 및 토의

7. 질문

(1) 이번 실험에서 사용하는 염화 벤질트라이페닐포스포늄을 만드는 방법을 제안하시오.

(2) 왜 비티히 반응에서 사용하는 알데하이드에는 카복실산 같은 불순물이 들어있지 않아야 할까?

(3) 무슨 구조를 일라이드(ylide 혹은 ylid)라고 부르는가?

(4) 옥사포스페테인(oxaphosphetane) 중간체가 분해하는데 기여하는 원동력은 무엇일까?

(5) 일라이드가 알데하이드나 케톤과는 쉽게 반응하나 에스터와는 거의 반응하지 이유는 무엇인가?

(6) **호너-와드워스-에먼스**(Horner-Wadworth-Emmons, HWE) **반응**은 비티히 반응처럼 알켄의 합성에 자주 이용된다. 비티히 반응에 비하여 이 반응이 가지고 있는 장점은 무엇일까? (*힌트*: 생성물의 구조를 고려할 것).

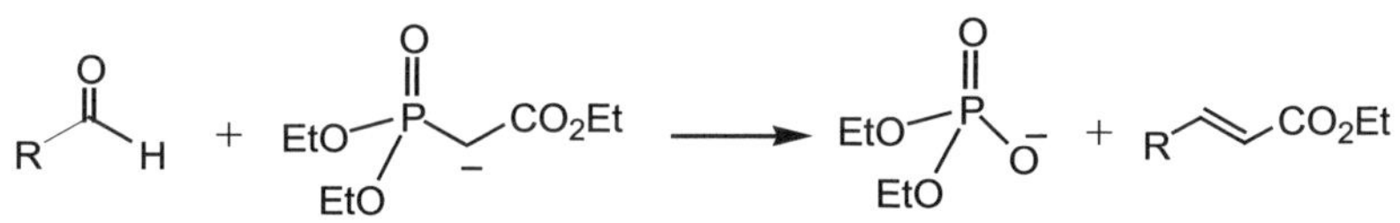

실험 6-4 벤조인 축합 반응

실험 목적: 사이안화 이온-촉매화로 일어나는 벤즈알데하이드의 벤조인 축합을 수행하고 반응 메커니즘을 이해한다.

미리 공부하기: 카보닐 화합물의 친핵성 첨가 반응, 벤조인 축합.

1 들어가기

벤즈알데하이드(benzaldehyde) 두 분자가 서로 반응하여 새로운 탄소-탄소 결합을 형성하는 반응을 **벤조인 축합**(benzoin condensation)이라고 부른다. 이 반응은 구조가 상당히 다른 촉매인 사이안화 이온 CN^-이나 싸이아민(thiamine)으로 촉매화되지만 그 메커니즘은 사뭇 비슷하다.

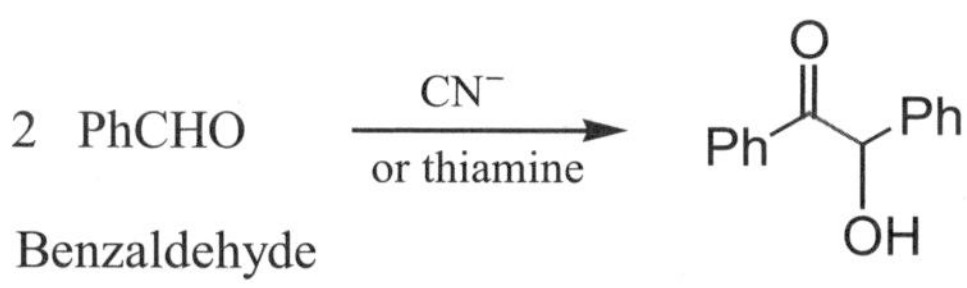

Benzaldehyde
mw 106.1
bp 179 °C
d 1.05

Benzoin
mw 212.2
mp 135 °C

먼저 사이안화 이온-촉매화 반응을 보자. 친핵성도가 꽤 큰 사이안화 이온이 카보닐 기를 공격하면 사면체 중간체 **A**를 거쳐 안정한 사이아노하이드린(cyanohydrin)인 만델로나이트릴(mandelonitrile) **B**가 생성된다. 염기가 **B**에서 양성자를 제거하면 공명안정화 음이온 **C**가 생긴다.

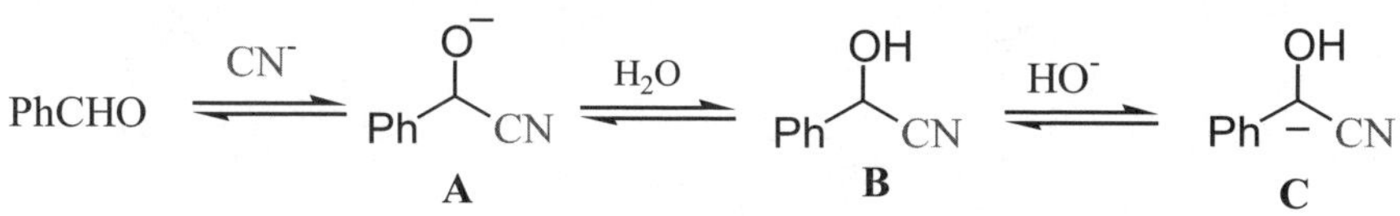

Mandelonitrile
bp 170°C

탄소음이온 **C**가 다른 벤즈알데하이드를 공격하면 사면체 중간체 **D**가 생기고 양성자 이동 단계를 거친 후 사이안화 이온이 이탈기로서 떨어지면 벤조인(benzoin)이 얻어진다. 사이안화 이온이 촉매 역할을 하는 이유는 이 이온이 좋은 친핵체이면서도 동시에 좋은 이탈기이기 때문이다. 또한 CN기가 음이온 **C**의 음전하를 비편재화시킬 수도 있기 때문이다.

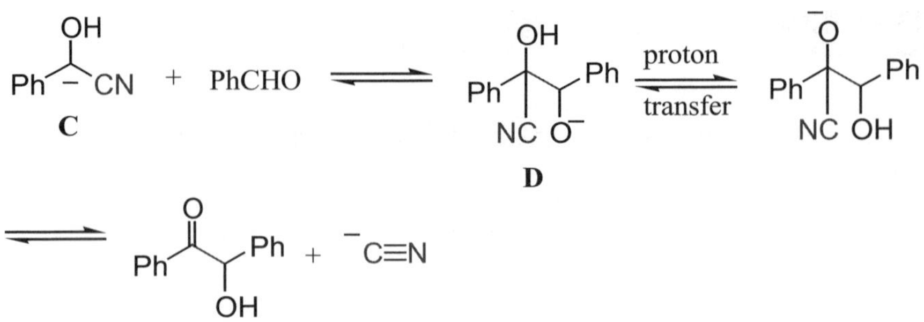

사이안화 이온은 독성 물질이지만 싸이아민 염산염이 바로 비타민 B_1으로서 이것이 부족하면 각기병에 걸리게 된다.

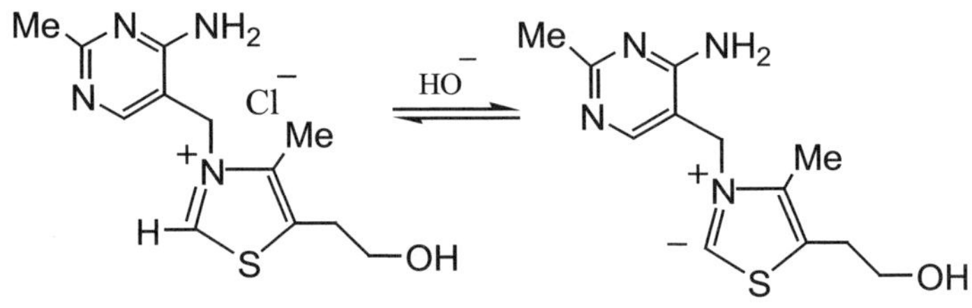

Thiamine hydrochloride　　　Thiamine

사이안화 이온처럼 싸이아민은 벤조인 축합반응에 필요한 세 가지 특징을 골고루 갖추고 있다. 하지만 싸이아민-촉매화 반응은 훨씬 느리다.

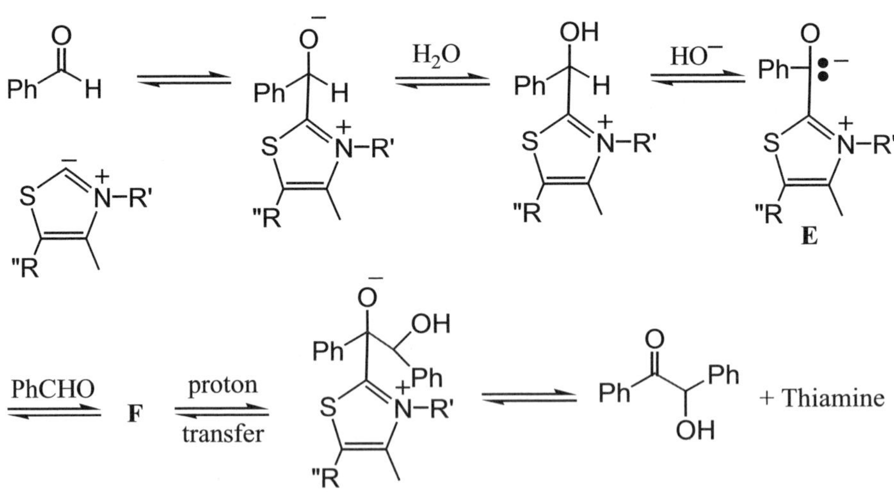

2 실험 방법

실험 시간 2시간

시약 사이안화 포타슘 15 mg, 벤즈알데하이드 0.15 mL(160 mg, 색이 노량거나 병 뚜껑에 벤조산의 결정이 보이면, 같은 부피의 5% 탄산 소듐 용액으로 이산화탄소가 더 이상 나오지 않을 때까지 씻어준 후 위층을 염화 칼슘으로 건조 후 사용한다. 증류할 필요는 없다. 조교 준비), 95% 에탄올 0.30 mL.

사이안화 포타슘은 삼키거나 피부(특히 상처난)에 묻으면 치명적이며 눈에 심한 자극을 일으킨다. 보호장갑과 보안경을 착용할 것.

벤즈알데하이드는 삼키거나 피부와 접촉하면 유해하며 알러지성 피부 반응을 일으킬 수 있다.

기구 시험관, 가열판, 1-mL 일회용 플라스틱 주사기.

▶ **반응**

1. 시험관에 15 mg의 KCN을 넣고 0.15 mL의 물로 녹인 후 0.30 mL의 95% 에탄올을 가한다.
2. 주사기로 0.15 mL의 벤즈알데하이드를 가하고 비등석을 넣은 후 물중탕에서 30분간 가열한다.

▶ **반응 마무리**

1. 시험관을 식힌 후 얼음물에 담근다.
2. 몇 분 안에 결정이 생기지 않으면 젓개 막대로 시험관 벽을 문질러서 결정화를 유도한다.
3. 결정이 생기면 파스퇴르 피펫으로 용매를 제거하고(싱크대에 버리지 말 것. 아래 안전 관리를 참조할 것) 차가운 상태에서 결정을 1 mL의 95% 에탄올과 물의 1:1 혼합 용액으로 씻어준다.
4. 결정을 여과하고 건조시킨다.

▶ **분석**

1. 무게를 재어 수율을 구한다.
2. 녹는점을 잰다.

3 안전 관리

수용성 여과액에 10 mL의 1% NaOH 용액을 가하고 여기에 10 mL의 가정용 표백제를 넣어 사이안화 이온을 산화시킨다. 사이안화 이온의 존재 여부는 황산 철(II)을 가하여 알 수 있다. 사이안화 이온이 있으면 프러시안 블루(Prussian Blue, $NaFe[Fe(CN)_6]$)가 생긴다. 없다는 것을 확인한 후 싱크대에 버린다.

LABORATORY EXPERIMENTS FOR
ORGANIC CHEMISTRY

실험보고서

벤조인 축합 반응

6-4

LABORATORY EXPERIMENTS FOR **ORGANIC CHEMISTRY**

실험 일자 .... 학과 ....

학번 .... 이름 ....

1. 실험 목적

2. 반응식

3. 반응물과 생성물

반응물과 생성물	몰질량 (g/mol)	사용한 부피(mL) 및 질량(g)	몰수 (mmol)	몰비	mp 혹은 bp(°C)	밀도 (g/mL)
벤즈알데하이드						
KCN						
벤조인(생성물)						

한계 시약:

이론적 수득량:

4. 실험 방법 및 관찰

5. 실험 결과

녹는점:

실제 수득량:

수득 백분율:

6. 결론 및 토의

7. 질문

(1) 사이안화 이온-촉매화로 일어나는 벤조인 축합 반응의 메커니즘을 그리시오.

(2) 4-나이트로벤즈알데하이드와 4-다이메틸아미노벤즈알데하이드는 각각 자기끼리는 벤조인 축합을 하지 않는다. 합당한 이유를 제안하시오.

(3) 탄소음이온 **C**의 공명 구조를 가능한 많이 그리시오.

(4) 탄소음이온 **E**의 공명 구조를 가능한 많이 그리시오.

(5) 중간체 **F**의 구조를 그리시오.

실험 6-5 알돌 반응: 다이벤질리덴아세톤의 합성

실험 목적: 알돌 축합 반응을 이용하여 α,β-불포화 카보닐 화합물을 합성한다.

미리 공부하기: 알돌 반응.

1 들어가기

알돌(aldol) 반응은 두 카보닐 화합물이 염기(혹은 산) 촉매 존재 하에서 서로 반응하여 β-하이드록시카보닐 화합물, 즉 알돌 화합물이 얻어지는 반응이며 새로운 탄소-탄소 결합을 만들 수 있다는 점에서 유기 합성에서 아주 유용한 반응이다. **알돌 축합**(aldol condensation) 반응에서는 알돌 생성물에서 물 분자가 빠지면서 α,β-불포화 카보닐 화합물이 얻어지며 흔히 높은 온도(~80°C)에서 일어난다.

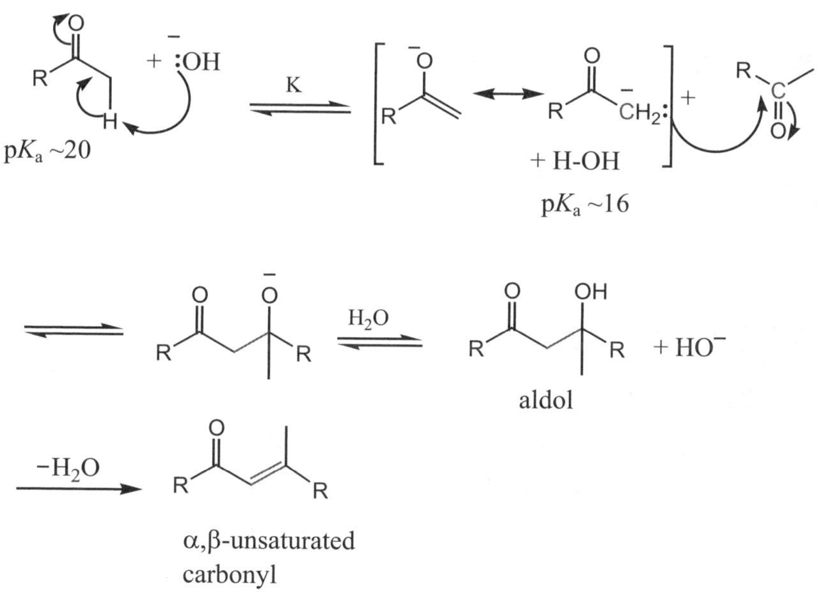

메틸 케톤 같은 카보닐 화합물은 HO^-에 의하여 약간의 엔올 음이온(enolate)으로 변한다. 이 엔올 음이온이 친핵체로 작용하여 카보닐 탄소와 반응하면 알돌 생성물이 얻어진다. 이 때 알돌 생성물이 축합 반응으로 α,β-불포화 카보닐 화합물이 될 지는 반응 조건과 카보닐 화합물의 구조에 의하여 결정된다. 카보닐 화합물이 지방족이고 반응 온도가 낮으면(~0°C) 알돌이 얻어지나 반응 온도가 높으면(~80°C) 쉽게 탈수가 일어나 안정한 불포화 화합물이 얻어진다. 반면에 카보닐 화합물이 방향족이면 반응 온도가 낮아도(상온) 축합 생성물이 얻어진다.

이번 실험에서는 서로 다른 카보닐 화합물인 벤즈알데하이드와 아세톤의 **교차 알돌 축합**(crossed aldol condensation) 반응을 이용하여 다이벤질리덴아세톤(dibenzylideneacetone, dibenzalacetone, 1,5-diphenylpenta-1,4-dien-3-one)을 합성하고자 한다. 이 화합물은 알켄의 입체화학이 모두 (*E*)-인 노란색의 결정이며 선크림의 한 성분이다. 유기금속 화학에서는 금속의 리간드로 사용된다. 그 한 예는 tris(dibenzylideneacetone)dipalladium(0)[흔히 $Pd_2(dba)_3$으로 약칭]이다.

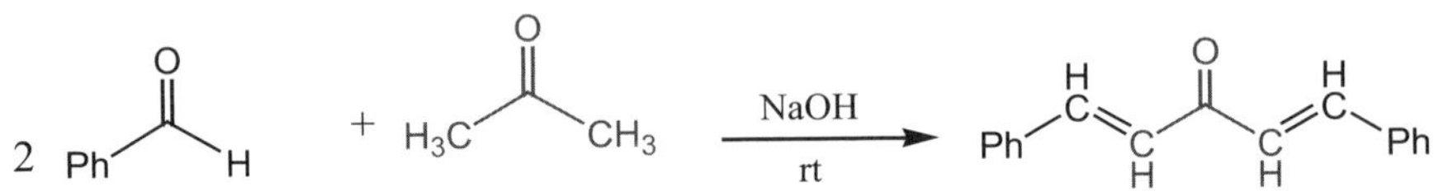

Benzaldehyde	Acetone	Dibenzalacetone
mw 106.13	mw 58.08	mw 234.30
bp 178 °C	bp 56 °C	mp 110~111 °C
d 1.04	d 0.790	

2 실험 방법

실험 시간 4시간

시약 벤즈알데하이드 5.3 g, 아세톤.

벤즈알데하이드는 피부에 자극을 일으키며 알러지성 피부 반응을 일으킬 수 있다.

기구 250-mL 삼각 플라스크.

▶ 반응

1. 250-mL 삼각 플라스크에서 50 mL의 물에 5 g의 NaOH를 녹이고 여기에 40 mL의 에탄올을 가한다.
2. 5.3 g의 벤즈알데하이드와 이론적 양의 아세톤을 섞은 후 파스퇴르 피펫을 이용하여 이 용액의 절반을 위의 용액에 25°C 이하에서 넣는다.
3. 15분 후에 나머지 절반의 용액을 넣고 약간의 에탄올로 씻어 넣는다.
4. 30분간 잘 저어 준다.

▶ 반응 마무리 및 생성물 분리

1. 뷔후너 깔때기로 여과하여 고체를 모은다.
2. 100 mL의 물로 세 번 고체를 씻어 NaOH를 제거한다.
3. 감압 여과 시 가능한 많이 물을 제거하고 약 15 mL의 에탄올에서 재결정한다.

▶ **분석**

1. 공기 중에서 말리고 수율을 계산한다.
2. 녹는점을 잰다.

❸ 안전 관리

여과액은 물로 묽힌 후 싱크대에 버린다.

LABORATORY EXPERIMENTS FOR
ORGANIC CHEMISTRY

알돌 반응: 다이벤질리덴아세톤의 합성

6-5

실험 일자 .... 학과 ....

학번 .... 이름 ....

1. 실험 목적

....

2. 반응식

....

3. 반응물과 생성물

반응물과 생성물	몰질량 (g/mol)	사용한 부피(mL) 및 질량(g)	몰수 (mmol)	몰비	mp 혹은 bp(°C)	밀도 (g/mL)
벤즈알데하이드						
아세톤						
다이벤질리덴아세톤(생성물)						

한계 시약: ....

이론적 수득량: ....

4. 실험 방법 및 관찰

5. 실험 결과

녹는점:

실제 수득량:

수득 백분율:

6. 결론 및 토의

7. 질문

(1) 아세톤과 수산화 이온 사이의 평형 상수를 구하시오.

(2) 알돌 생성물이 α, β-불포화 카보닐 화합물로 변환되는 반응의 메커니즘을 그리시오. 이러한 메커니즘을 흔히 부르는 용어는 무엇인가?

(3) 알돌 반응은 산 촉매 존재 하에서도 일어난다. 이 경우의 반응 메커니즘을 그리시오.

(4) 이번 실험에서 사용할 아세톤의 질량을 구하시오.

(5) 왜 이 반응에서는 두 반응물의 비가 화학량론을 따라야 하는가? 아세톤을 과량으로 사용하면 무슨 화합물이 얻어질 수 있는가?

(6) 이 반응에서 생길 수 있는 부생성물은 무엇인가?

(7) 사실, 다이벤질리덴아세톤에는 세 가지의 이성질체가 있다. 하나는 110~110°C에서 녹고, λ_{max} 330 nm, ε 34,300이고 다른 하나는 60°C에서 녹으며 λ_{max} 295 nm, ε 20,000이고 세 번째는 액체이며 λ_{max} 287 nm, ε 11,000이다. 여러분이 합성한 것이 순수한 한 가지의 이성질체인지를 어떻게 알 수 있겠는가?

(8) s-*cis*와 s-*trans* 이성질 현상은 무시하고 다이벤질리덴아세톤의 세 가지 기하 이성질체의 구조를 그리시오.

실험 6-6 알돌 축합과 딜스-알더(Diels-Alder) 반응을 이용한 벤젠 유도체의 합성

실험 목적: 알돌 축합 반응과 딜스-알더 반응을 이용하여 벤젠 유도체인 다이메틸 3,4,5,6-테트라페닐프탈레이트를 합성한다.

미리 공부하기: 알돌 반응, 딜스-알더 반응.

1 들어가기

이번 실험에서는 두 단계 반응으로 벤젠의 유도체인 다이메틸 3,4,5,6-테트라페닐프탈레이트를 합성하고자 한다. 단계 1에서는 1,3-다이페닐-2-프로판온과 벤질의 교차 알돌 축합 반응으로 테트라페닐사이클로펜타다이엔온을 얻는다.

✲ 단계 1:

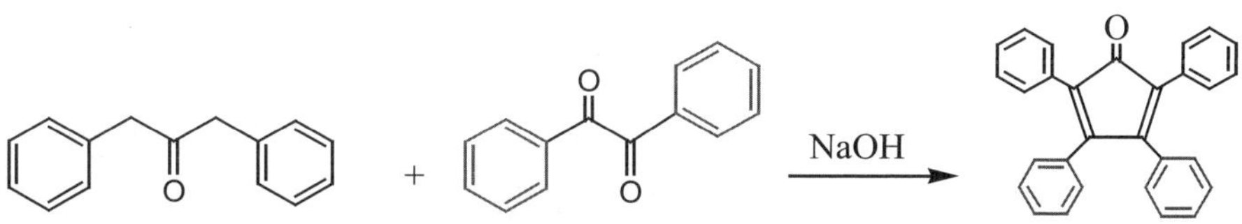

1,3-Diphenyl-2-propanone
mw 210.3
mp 70~72 °C

Benzil
mw 210.2
mp 94~96 °C

Tetraphenylcyclopentadienone
mw 384.5
mp 217~220 °C

단계 2에서는 테트라페닐사이클로펜타다이엔온이 다이메틸 아세틸렌다이카복실레이트와 딜스-알더 반응을 수행하여 불안정한 다리걸친 두고리 중간체를 형성한다. 이 중간체는 곧 일산화 탄소를 잃고 다이메틸 3,4,5,6-테트라페닐프탈레이트로 변한다. 일산화 탄소가 떨어지는 반응은 실험 8.1에서 3-설폴렌(3-sulfolene)(뷰타다이엔 설폰)이 이산화 황을 잃고 1,3-뷰타다이엔으로 변환하는 반응(집게 반응)과 흡사하다.

✲ 단계 2:

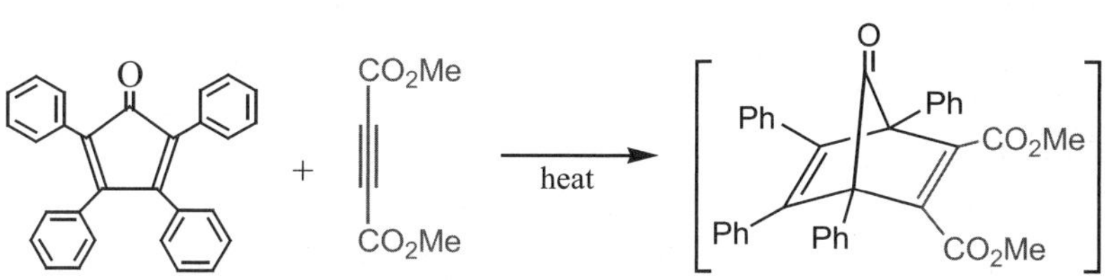

Dimethyl acetylenedicarboxylate
mw 142.1
bp 95~98 °C/19 torr
d 1.156

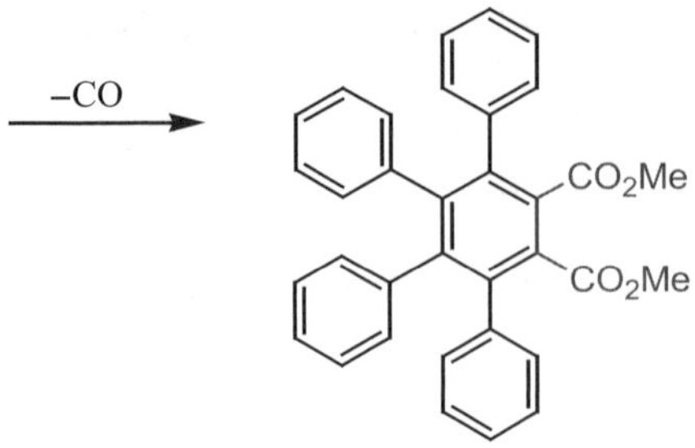

Dimethyl 3,4,5,6-tetraphenylphthalate
mw 498.6
mp 258 °C

2 실험 방법

실험 시간 4시간

✲ 단계 1 : 테트라페닐사이클로펜타다이엔온의 합성

시약 1,3-다이페닐-2-프로판온 0.75 g, 벤질 0.75 g, 포화 KOH-에탄올 용액 1.2 mL.

⚠ 벤질은 피부에 자극을 일으킨다.

⚠ ⚠ 수산화 포타슘은 피부에 심한 화상과 눈에 손상을 일으킨다. 반드시 보안경과 보호 장갑을 착용할 것.

기구 25-mL 일구 둥근바닥 바닥 플라스크, 냉각기, 열판-자석 교반기.

▶ **반응**

1. 25-mL 일구 둥근바닥 바닥 플라스크에 0.75 g의 1,3-다이페닐-2-프로판온, 0.75 g의 벤질과 6 mL의 무수 에탄올을 가한 후 냉각기를 설치하고 물중탕(85°C)에서 고체가 녹을 때까지 가열한다. 파스퇴르 피펫으로 1.2 mL의 에탄올성 KOH 용액을 냉각기의 위로부터 가한다.
2. 85°C의 물중탕에서 15분 동안 가열한다.

▶ **반응 마무리**

1. 15분 후에 혼합물을 실온으로 식히고 다시 얼음물에서 5분 동안 식힌다.

▶ **생성물 분리**

1. 고체로 생성되는 생성물을 진공 여과하고 결정을 얼음물에 식힌 2 mL의 95% 에탄올로 세 번 씻어주고 몇 분간 건조시킨다.
2. 마지막으로 오븐에서 30분간 건조한다.
3. 생성물은 진한 자주색의 결정이다.

▶ **분석**

1. 무게를 측정하여 수율을 계산한다.
2. 녹는점을 측정한다.

✻ 단계 2: 다이메틸 3,4,5,6-테트라페닐프탈레이트 합성

시약 단계 1에서 얻은 건조된 테트라페닐사이클로펜타다이엔온 0.50 g, 다이메틸 아세틸렌다이카복실레이트 0.25 mL, 1,2-이염화벤젠(끓는점 179°C) 3 mL.

다이메틸 아세틸렌다이카복실레이트는 피부에 심한 화상과 눈에 손상을 일으킨다. 눈에 증기가 접촉되면 눈물을 나오게 한다. 후드에서 사용하고 피부 및 눈과의 접촉을 피한다.

1,2-이염화벤젠은 피부와 눈에 자극을 준다.

기구 18 × 150-mm 시험관, 모래 중탕, 열판-자석 교반기.

▶ **반응**

1. 18 × 150-mm 시험관에 0.50 g의 건조된 테트라페닐사이클로펜타다이엔온, 0.25 mL의 다이메틸 아세틸렌다이카복실레이트와 3 mL의 1,2-이염화벤젠을 차례로 넣는다.
2. 180~185°C의 모래 중탕에서 5~10분 동안 가열한다(환류하여 올라오는 증기가 용액에서 2~3 cm 위로 올라오도록 온도를 조절한다).
3. 반응 중에 일어나는 색의 변화를 관찰한다.

▶ **반응 마무리**

1. 용액을 80~100°C로 식히고 4 mL의 에탄올을 넣는다.

▶ **생성물 분리**

1. 고체가 생기면 실온으로 식힌 후 다시 얼음물에서 식힌다.
2. 고체를 진공 여과하여 모은 후 차가운 메탄올 몇 방울로 노란색을 제거한다.
3. 생성물은 흰색의 결정이다.

▶ **분석**

1. 무게를 측정하여 수율을 계산한다.

3 안전 관리

여과액은 비할로젠용 폐기물통에 버린다.

LABORATORY EXPERIMENTS FOR

ORGANIC CHEMISTRY

알돌 축합과 딜스-알더(Diels-Alder) 반응을 이용한 벤젠 유도체의 합성

6-6

실험 일자 .... 학과 ....

학번 .... 이름 ....

1. 실험 목적

2. 반응식

3. 반응물과 생성물

단계 1 : 테트라페닐사이클로펜타다이엔온의 합성

반응물과 생성물	몰질량 (g/mol)	사용한 부피(mL) 및 질량(g)	몰수 (mmol)	몰비	mp 혹은 bp(°C)	밀도 (g/mL)
1,3-다이페닐-2-프로판온						
벤질						
테트라페닐사이클로펜타다이엔온(생성물)						

한계 시약:

이론적 수득량:

단계 2: 다이메틸 3,4,5,6-테트라페닐프탈레이트 합성

반응물과 생성물	몰질량 (g/mol)	사용한 부피(mL) 및 질량(g)	몰수 (mmol)	몰비	mp 혹은 bp(°C)	밀도 (g/mL)
테트라페닐사이클로펜타다이엔온						
다이메틸 아세틸렌다이카복실레이트						
다이메틸 3,4,5,6-테트라페닐프탈레이트(생성물)						

한계 시약:

이론적 수득량:

4. 실험 방법 및 관찰

5. 실험 결과

단계 1: 테트라페닐사이클로펜타다이엔온의 합성

녹는점:

실제 수득량:

수득 백분율:

단계 2: 다이메틸 3,4,5,6-테트라페닐프탈레이트 합성

실제 수득량:

수득 백분율:

6. 결론 및 토의

7. 질문

(1) 1,3-다이페닐-2-프로판온(다이벤질케톤, 1,3-다이페닐아세톤)과 벤질이 테트라페닐사이클로펜타다이엔온으로 변하는 반응(단계 1)의 메커니즘을 그리시오.

(2) 테트라페닐사이클로펜타다이엔온이 다이메틸 아세틸렌다이카복실레이트와 반응하여 다이메틸 3,4,5,6-테트라페닐프탈레이트를 주는 반응의 메커니즘을 그리시오.

(3) 단계 1의 반응에서 생길 수 있는 부생성물의 구조를 그리시오.

(4) 다이메틸 3,4,5,6-테트라페닐프탈레이트의 녹는점이 상당히 높은 이유는 무엇인가?

(5) 용매로서 아세톤이나 THF 같은 용매 대신에 이염화벤젠을 사용하는 이유는 무엇인가?

실험 6-7 퍼킨(Perkin) 반응: α-페닐신남산의 합성

실험 목적: 퍼킨(Perkin) 반응을 이용하여 α,β-불포화 카복실산 유도체를 합성한다.

미리 공부하기: 알돌 축합 반응.

1 들어가기

α,β-불포화 카복실산과 그 유도체는 자연에 널리 분포하는 화합물이다. 이들 화합물의 합성에 널리 쓰이는 반응 중의 하나가 1868년에 영국의 퍼킨(Perkin)이 보고한 **퍼킨 반응**이다. 퍼킨은 벤즈알데하이드를 아세트산 무수물과 염기 NaOAc의 존재 하에서 가열하여 신남산(cinnamic acid)을 합성하였다.

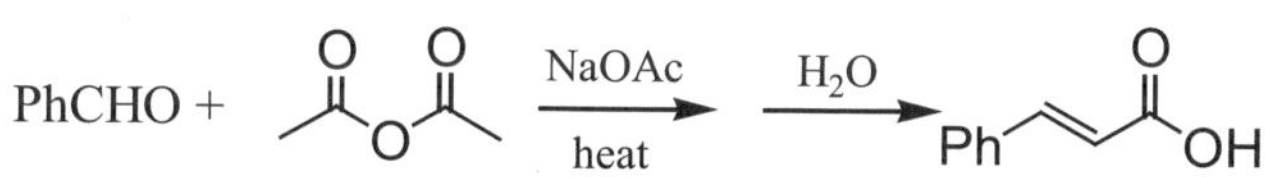

이번 실험에서는 벤즈알데하이드를 페닐아세트산과 반응시켜 α-페닐신남산을 합성하고자 한다. 염기로서는 트라이메틸아민을 사용한다.

세 가지 성분이 존재할 때 페닐아세트산이 트라이메틸아민과 반응하여 카복실산 음이온이 생길 수도 있고 아세트산 무수물과 반응하여 혼합 무수물 **A**가 생길 수도 있다.

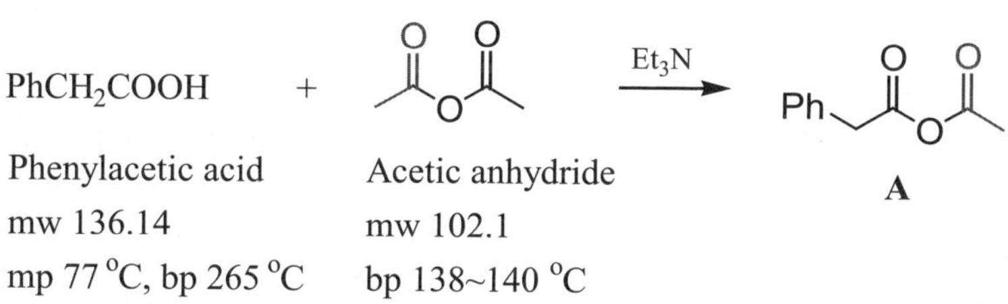

무수물 **A**에서 염기인 Et_3N이 양성자를 제거하면 탄소음이온 **B**가 생기고 **B**는 알데하이드와 알돌 반응을 하여 **C**를 거쳐 카복실산 음이온 **D**로 변한다. **D**가 과량의 아세트산 무수물과 반응하면 **E**가 생기고 염기가 아세트산을 제거하면 **F**가 얻어진다.

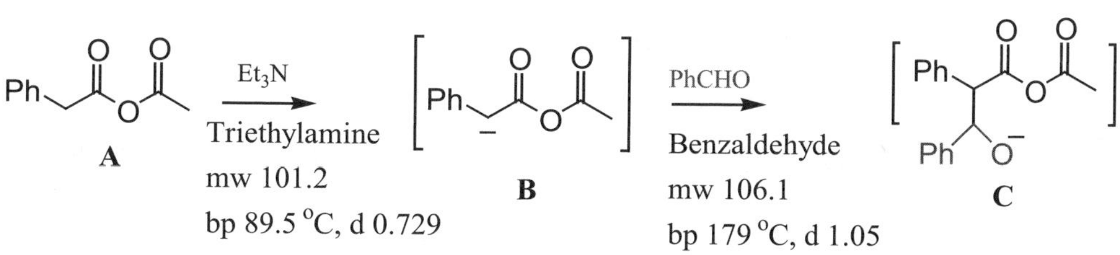

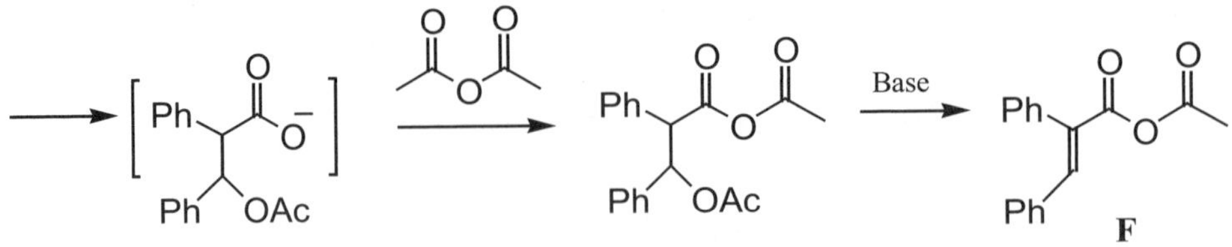

D E F

+ (*Z*)-isomer

마지막으로 **F**를 염산으로 가수분해하면 원하는 생성물이 (*E*)-와 (*Z*)-이성질체의 혼합물로서 얻어진다.

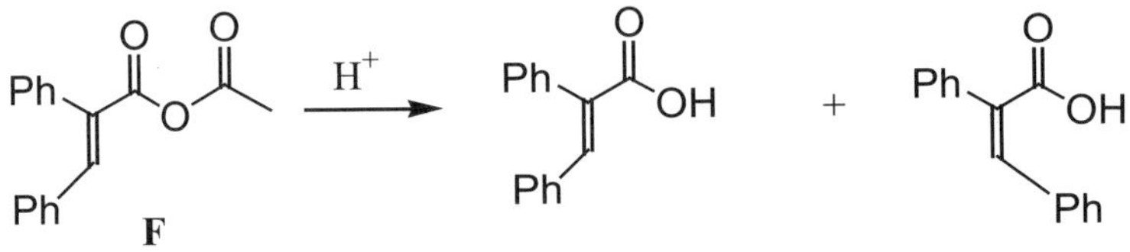

F

+ (*Z*)-isomer

(*E*)-α–Phenylcinnamic acid
mw 224.3
mp 174 °C, pK_a 6.1

(*Z*)-α–Phenylcinnamic acid
mp 138 °C, pK_a 4.8

반응의 마무리 과정에서는 반응 혼합물을 유기 용매(*tert*-뷰틸 메틸 에터)로 추출한 후 산을 다시 알칼리로 추출한다. 알칼리 추출액을 아세트산(pK_a 4.76)으로 중화하면 덜 산성인(*E*)-산만이 침전으로 얻어진다. (*Z*)-산을 얻으려면 염산을 가하면 된다.

(*E*)-와 (*Z*)-산 중에서 더 안정하고 녹는점이 더 높은 (*E*)-산이 주생성물이다. 아마도 (*Z*)-산에서 카복실산 기와 페닐 기 사이의 입체 장애가 (*E*)-산에서의 페닐 기 사이의 장애보다 더 큰 것으로 추측된다. 이러한 점은 (*E*)-산의 피셔 에스터화 반응(에탄올, 산 촉매)은 일어나지만, (*Z*)-산은 그렇지 못하다는 사실에서도 알 수 있다.

2 실험 방법

실험 시간 4시간

시약 페닐아세트산 2.5 g, 벤즈알데하이드(갓 증류된) 3.0 mL, 트라이메틸아민 2.0 mL, 아세트산 무수물 2.0 mL, *tert*-뷰틸 메틸 에터, 석유 에터(bp 30~60°C).

페닐아세트산은 눈에 심한 손상을 일으키며 태아 또는 생식 능력에 손상을 일으킬 것으로 의심되는 물질이다.

벤즈알데하이드는 피부에 자극을 일으키며 알러지성 피부 반응을 일으킬 수 있다.

트라이에틸아민이 피부에 접촉되면 유독하며 피부에 심한 화상과 눈에 손상을 일으킨다.

아세트산 무수물은 피부에 심한 화상과 눈에 손상을 일으킨다.

tert-뷰틸 메틸 에터는 고인화성 액체이다.

석유 에터는 고인화성 액체 및 증기로서 삼켜서 기도로 유입되면 치명적일 수 있다.

기구 25-mL 일구 둥근바닥 플라스크, 냉각기, 가열판.

▶ 반응

1. 25-mL 일구 둥근바닥 플라스크에 2.5 g의 페닐아세트산, 3.0 mL의 벤즈알데하이드, 2.0 mL의 트라이메틸아민, 2.0 mL의 아세트산 무수물을 넣고 물로 식힌 냉각기를 장착한 후 30분 가량 잘 저어주면서 환류한다.

▶ 반응 마무리

1. 반응액을 식히고 4 mL의 진한 염산를 가하고 잘 저어준다.

▶ 생성물 분리

1. 20 mL의 *tert*-뷰틸 메틸 에터를 가하고 고체가 녹을 때까지 데워준 후 분별 깔때기에 옮긴다.
2. 유기 용매을 20 mL의 물로 두 번 씻어준 후 25 mL의 물과 5 mL의 3 M NaOH의 혼합 용액으로 추출한다. 추출을 두 번 더 한 후에 수용액 층은 싱크대에 버린다.
3. 합친 알칼리성 추출액을 5 mL의 아세트산을 가하여 pH 6까지 산성화한다.
4. 생기는 침전인 (*E*)-산을 모은다.

▶ 재결정

1. 0.3 g의 (*E*)-산을 8 mL의 *tert*-뷰틸 메틸 에터에 녹인 후 8 mL의 석유 에터를 가한다.
2. 끓을 때까지 잠깐 가열한 후 식힌다.
3. 바늘 모양의 결정을 모으고 녹는점을 잰다.

▶ (*Z*)-산

1. (*E*)-산이 침전되고 남은 여과액에 5 mL의 진한 염산을 가하면 뿌연 현탁액이 생긴다. 이를 한 시간 가량 방치하면 결정이 생긴다.

③ 안전 관리

에터 용액과 결정화 과정에서 나온 모액은 비할로젠용 폐기물통에 버린다.

퍼킨(Perkin) 반응: α-페닐신남산의 합성

실험 일자 ……………………………… 학과 ………………………………

학번 ……………………………… 이름 ………………………………

1. 실험 목적

……………………………………………………………………

……………………………………………………………………

……………………………………………………………………

……………………………………………………………………

2. 반응식

……………………………………………………………………

……………………………………………………………………

……………………………………………………………………

……………………………………………………………………

3. 반응물과 생성물

반응물과 생성물	몰질량 (g/mol)	사용한 부피(mL) 및 질량(g)	몰수 (mmol)	몰비	mp 혹은 bp(°C)	밀도 (g/mL)
페닐아세트산						
벤즈알데하이드						
트라이메틸아민						
아세트산 무수물						
α-페닐신남산(생성물)						

한계 시약: ……………………………………………………………………

……………………………………………………………………

이론적 수득량: ……………………………………………………………………

……………………………………………………………………

4. 실험 방법 및 관찰

5. 실험 결과

녹는점:

실제 수득량:

수득 백분율:

6. 결론 및 토의

7. 질문

(1-1) 벤즈알데하이드와 말론산 다이에틸, 과량의 아세톤 그리고 아세트알데하이드의 알돌 축합 반응에서 얻어지는 생성물의 구조를 그리시오.

(1-2) 이들 생성물에서 신남산(cinnamic acid)를 얻을 수 있는 방법을 제안하시오.

(2) 반응에 참여하는 네 가지 시약의 몰비를 구하시오.

(3) 구조 **A**에는 산성 양성자가 두 군데 있다. 트라이메틸아민이 페닐 기 옆의 양성자를 위치선택적으로 제거하는 이유를 설명하시오.

(4) 구조 **C**가 구조 **D**로 변하는 과정의 반응 메커니즘을 그리시오. 또한 이 반응이 일어나는 이유를 쓰시오.

(5) 퍼킨 축합 반응에서는 α-수소가 없는 알데하이드 혹은 케톤만 사용할 수 있는 이유를 설명하시오.

실험 6-8 한치(Hantszch) 피리딘 합성

실험 목적: 한치(Hantszch) 반응을 이용하여 1,4-다이하이드로피리딘 화합물을 합성한다.

미리 공부하기: 클라이젠 축합 반응.

1 들어가기

현재 알려진 약 9천만 개 가량의 물질 중에서(정확한 수는 www.cas.org에 접속하여 알 수 있다), 유기 화합물은 약 8천만 개 가량이라고 짐작되며 이 중에서 70-80% 정도가 헤테로고리 화합물일 것이라고 추측된다. 헤테로고리 화합물은 고리에 헤테로원자(산소, 황, 질소, 인 등)가 하나 이상 들어 있는 화합물이다. 헤테로고리 화합물은 생리 효과가 다양하므로 의약화학은 헤테로고리 화합물의 화학이라고 말해도 과장이 아닐 것이다(특히 **헤테로방향족 화합물**(heteroaromatic compound)의 합성법에는 수많은 이름 반응(name reaction)이 있다).

헤테로고리 화합물 중에서 아마도 가장 중요한 구조가 피리딘일 것이다. 피리딘은 육각형 골격에 질소 원자가 하나 있는 헤테로방향족 화합물이다.

이번 실험에서는 1882년에 보고된 **한치**(Hantszch) **피리딘 합성법**을 이용하여 **1,4-다이하이드로피리딘**(1,4-dihydropyridine)을 합성하고자 한다. 알데하이드로서는 벤즈알데하이드를 사용한다. 이 반응에 참여하는 분자는 **네성분**(four-component)으로서 암모니아, 알데하이드 및 아세토아세테이트이다. 1,4-다이하이드로피리딘을 적당한 산화제[질산, 퀴논, Ce(IV)]로 산화시키면 피리딘 유도체가 생긴다.

R=Ph, Benzaldehyde
mw 106.1, bp 179 °C, d 1.05

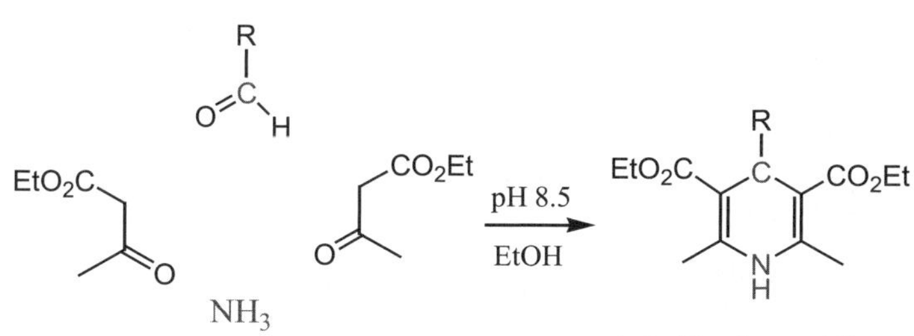

1,4-dihydropyridine

Ethyl aceto-acetate
mw 130.1
bp 181 °C
d 1.02

Ammonia water
mw 17.0
d ~0.90
28~29%

R=Ph
mw 329.4
mp 156~158 °C

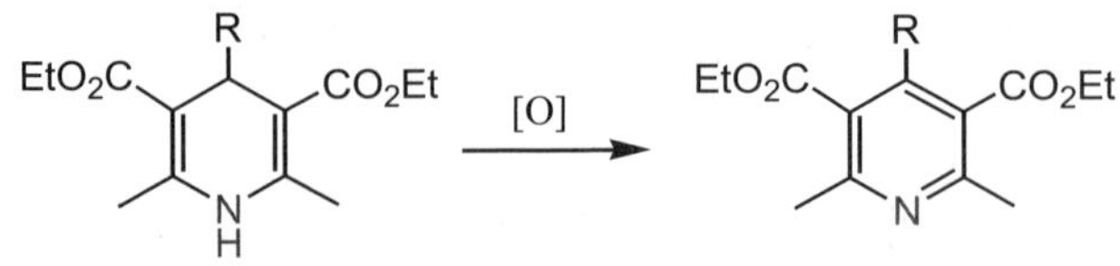

한치 피리딘 합성 반응은 수행하기가 상당히 간단하다. 네 성분을 에탄올에 녹이고 가열만 하면 생성물이 흰 색의 고체로 침전된다.

이 반응의 제안된 메커니즘은 다음과 같다. 첫 단계는 알데하이드와 케토 에스터와의 알돌 반응이다.

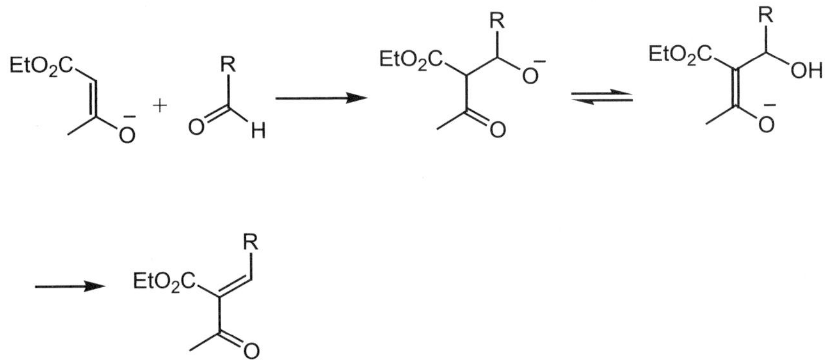

A

화합물 **A**는 매우 좋은 **마이클**(Michael) **수용체**이다. 그러므로 다음 단계는 케토 에스터의 음이온이 마이클 첨가를 하는 단계일 것이다. 이 단계에서 나오는 생성물 **B**의 케톤 중의 하나가 암모니아와 반응한 후 생기는 이민(imine) 혹은 엔아민(enamine)이 다른 케톤과 고리화 반응을 수행하면 최종 생성물이 생길 것이다.

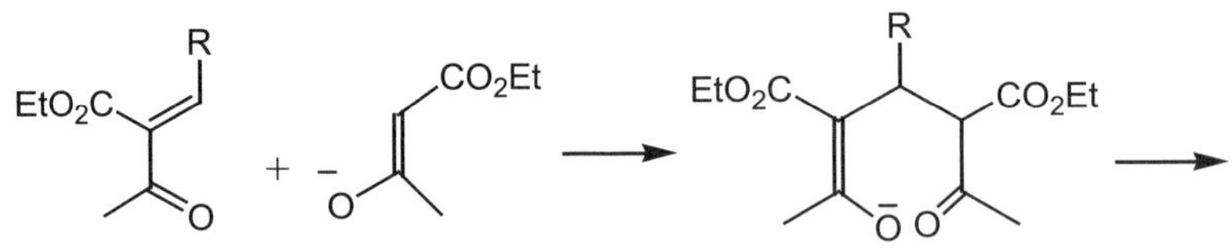

A

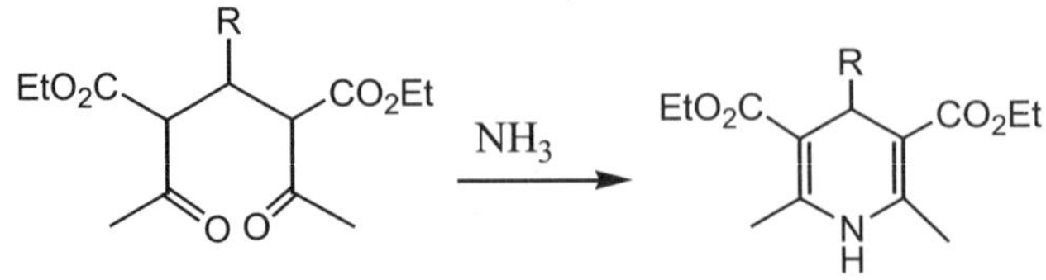

B

1,4-다이하이드로피리딘을 **다이클로로다이사이아노퀴논**(dichlorodicyano-quinone, DDQ) 같은 적당한 산화제로 처리하면 방향족 화합물인 피리딘이 얻

어진다. 이 반응은 실험 5-4에서 소개한 NADH가 수행하는 반응과 매우 유사하다.

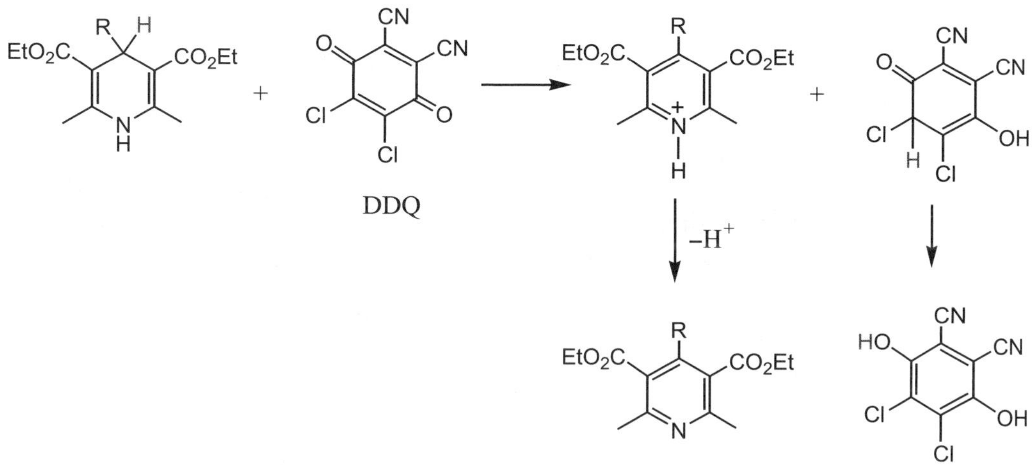

1970대에 1,4-다이하이드로피리딘의 유도체는 **칼슘 통로 차단제**(calcium channel blocker)로서의 생리 효과가 있음이 발견되었다. 칼슘 통로 차단제는 혈관을 확장시키기 때문에 혈압이 감소하게 된다. 따라서 이러한 부류의 화합물은 현재 중요한 **고혈압 치료제**로서 처방된다. 한 가지 예는 미국의 Pfizer가 개발한 암로디핀(amLodipine, 상품명 Norvasc®)으로서 2009년도 통계에 의하면 전 세계적으로 약 10억 달러의 판매액을 기록하였다.

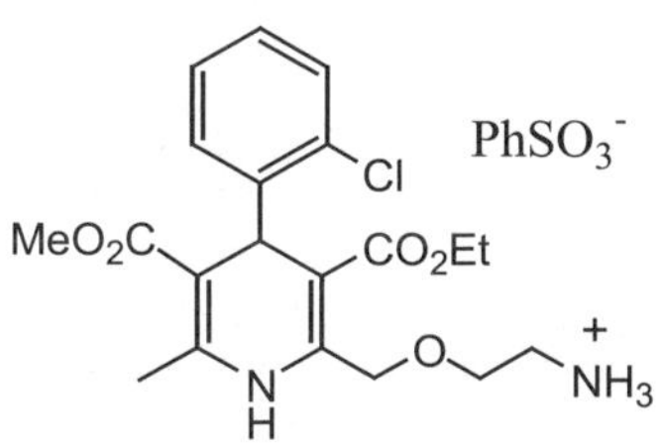

Amlopidine

2 실험 방법

실험 시간 4시간

시약 벤즈알데하이드 1.06 g, 에틸 아세토아세테이트 2.6 mL, 진한 암모니아 수 2.0 mL, 95% 에탄올 20 mL.

벤즈알데하이드는 피부에 자극을 일으키며 알러지성 피부 반응을 일으킬 수 있다

암모니아 용액은 피부에 접촉되면 유독하며 피부에 심한 화상과 눈에 손상을 일으킨다.

기구 50-mL 둥근바닥 플라스크, 가열판, 냉각기.

▶ **반응**

1. 1.06 g의 벤즈알데하이드, 2.6 mL의 에틸 아세토아세테이트와 2.0 mL의 진한 암모니아 수를 50-mL 둥근바닥 플라스크에 넣고 20 mL의 95% 에탄올을 가하여 녹인다.
2. 3시간 동안 환류한다.

▶ **반응 마무리**

1. 실온으로 식힌 후 생기는 고체를 진공 여과한다.
2. 에탄올에서 재결정한 후 수율을 구한다.
3. 녹는점을 측정한다.

3 안전 관리

여과액은 비할로젠용 폐기물통에 버린다.

한치(Hantszch) 피리딘 합성

실험 일자 .... **학과** ....

학번 .... **이름** ....

1. 실험 목적

....

....

....

....

2. 반응식

....

....

....

....

3. 반응물과 생성물

반응물과 생성물	몰질량 (g/mol)	사용한 부피(mL) 및 질량(g)	몰수 (mmol)	몰비	mp 혹은 bp(˚C)	밀도 (g/mL)
벤즈알데하이드						
에틸 아세토아세테이트						
진한 암모니아 수						
1,4-다이하이드로피리딘 (생성물)						

한계 시약: ....

....

이론적 수득량: ....

....

4. 실험 방법 및 관찰

5. 실험 결과

녹는점:

실제 수득량:

수득 백분율:

6. 결론 및 토의

7. 질문

(1) 생성물 **A**가 생기는 단계의 메커니즘을 굽은 화살표로 나타내시오.

(2) 화합물 **A**에서 화합물 **B**가 생기는 단계의 메커니즘을 굽은 화살표로 나타내시오.

(3) 화합물 **B**가 암모니아와 반응하는 단계의 메커니즘을 굽은 화살표로 나타내시오. 이 때 반응은 엔아민을 거쳐 일어난다고 가정한다.

(4) 1,4-다이하이드로피리딘과 DDQ와의 반응을 굽은 화살표로 나타내시오. 또한 이 반응이 잘 일어나는 이유를 제안하시오.

(5) 다른 메커니즘은 아세토아세테이트가 암모니아와 반응하여 생긴 엔아민 중간체가 화합물 **A**와 반응하여 생성물을 주는 것이다. 이 메커니즘을 굽은 화살표로 나타내시오.

▶ 참고 문헌

- Li, J.-J., Ed. *Name Reactions in Heterocyclic Chemistry*; Wiley: New York, 2005.

카복실산 및 유도체의 화학 7

실험 7-1 *p*-아미노벤조산의 에스터화 반응: 벤조카인의 합성

실험 목적: 산 촉매에 의한 카복실산의 에스터 반응을 실시한다.
미리 공부하기: 피셔 에스터화 반응, 르샤틀리에 원리.

1 들어가기

카복실산과 알코올에서 에스터를 얻는 반응의 하나는 황산 같은 무기산에 의하여 촉매화되는 **피셔**(Fischer) **에스터화 반응**이다. 이 반응은 가역적이기 때문에 카복실산에서 높은 수율로 에스터를 얻기 위해서는 특별한 방법이 필요하다. 즉, 한 가지 반응물을 과량으로 사용하거나 생성물 중의 하나를 제거하는 것이다[**르샤틀리에**(Le Chatelier) **원리**]. 알코올 성분이 값이 싸고 휘발성이면, 알코올을 용매로 사용하거나 생성물인 물을 **불변끓음 증류**(azeotropic distillation)에 의하여, 혹은 분자체(molecular sieve) 같은 탈수제를 사용하여 제거하여 평형을 에스터가 더 많이 생기는 방향으로 치우치게 할 수 있다.

피셔 에스터화 반응은 종종 비효율적이기 때문에 산 염화물(acid chloride) 혹은 산 무수물과 알코올과의 반응이 더 일반적으로 사용된다. 이번 실험에서는 *p*-아미노벤조산(*p*-aminobenzoic acid)과 에탄올과의 반응에서 에틸 *p*-아미노벤조에이트(ethyl *p*-aminobenzoate)를 합성하려고 한다. 이 화합물은 벤조카인(benzocaine)이라고도 하며 벤조카인은 예전에 널리 사용된 적이 있었던 국소마취제이다(치과에서 충치를 치료할 때 등).

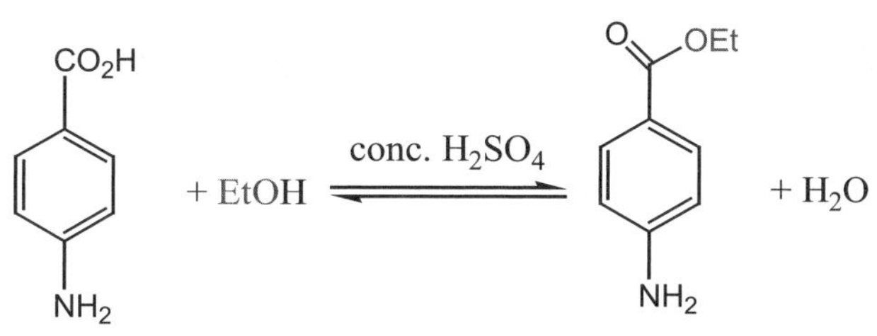

p-Aminobenzoic acid
mw 137.14
mp 187~189 °C

Ethyl *p*-aminobenzoate
mw 169.19
mp 88~90 °C

2 실험 방법

실험 시간 4시간

시약 *p*-아미노벤조산(*p*-aminobenzoic acid) 1.0 g, 무수 에탄올 15 mL, 진한 황산 2 mL.

⟨!⟩ *p*-아미노벤조산은 알러지성 피부 반응을 일으킬 수 있고 눈에 심한 자극을 일으킨다.

진한 황산은 피부에 심한 화상과 눈에 손상을 일으키므로 보호장갑 및 보안경을 착용한다. 진한 황산은 피부에 심한 화상과 눈에 손상을 일으키므로 보호장갑 및 보안경을 착용한다.

기구 25-mL 둥근바닥 플라스크.

▶ 반응

1. 1.0 g의 *p*-아미노벤조산과 10 mL의 무수 에탄올을 둥근바닥 플라스크에 넣고 고체가 모두 녹을 때까지 저어준다.
2. 1 mL의 진한 황산을 파스퇴르 피펫을 이용하여 한 방울씩 넣는다.
3. 냉각기를 장치하고 30분간 환류한다.
4. 아직까지 고체가 남아 있다면 가열을 멈추고 2~3분간 식힌다. 무수 에탄올 3 mL과 진한 황산 0.5 mL을 더 넣고 계속 환류한다.
5. 고체가 다 녹은 후부터 30분간 더 환류한다.

▶ 반응 마무리

1. 반응액을 실온으로 식히고 30 mL의 물이 담긴 비커에 붓는다.
2. 10% Na_2CO_3 용액을 천천히 넣어 pH를 8로 맞춘다.

▶ 생성물 분리

1. 벤조카인 생성물을 여과하여 모으고 10 mL의 찬물로 비커를 씻어준다.

▶ 정제

1. 정제되지 않은 생성물을 50-mL 삼각 플라스크에 옮기고 20 mL의 물을 가한다.
2. 저어주면서 60°C까지 가열한다
3. 고체를 녹일 정도의 메탄올(5~10 mL)을 넣는다. 필요 이상의 메탄올을 더 가하지 말 것.
4. 고체가 다 녹으면, 실온으로 식히고, 다시 얼음물에서 10~15분간 식힌다.

5. 결정을 여과하여 모으고, 5~10 mL의 찬물로 씻는다.
6. 공기 중에서 건조한다.

▶ **분석**

1. 생성물의 무게를 재어 수율을 구한다.
2. 녹는점을 측정한다.

3 안전 관리

물층은 물로 묽힌 후 싱크대에 버리고 메탄올 여과액은 비할로젠용 폐기물통에 버린다.

LABORATORY EXPERIMENTS FOR
ORGANIC CHEMISTRY

실험보고서

p-아미노벤조산의 에스터화 반응: 벤조카인의 합성

7-1

LABORATORY EXPERIMENTS FOR **ORGANIC CHEMISTRY**

실험 일자 .... 학과 ....

학번 .... 이름 ....

1. 실험 목적

2. 반응식

3. 반응물과 생성물

반응물과 생성물	몰질량 (g/mol)	사용한 부피(mL) 및 질량(g)	몰수 (mmol)	몰비	mp 혹은 bp(°C)	밀도 (g/mL)
p-아미노벤조산						
무수 에탄올						
진한 황산						
벤조카인(생성물)						

한계 시약:

이론적 수득량:

4. 실험 방법 및 관찰

5. 실험 결과

녹는점:

실제 수득량:

수득 백분율:

6. 결론 및 토의

7. 질문

(1) 피셔 에스터화 반응의 메커니즘을 그리시오.

(2) 95% 에탄올 대신 무수 에탄올을 사용하는 이유를 설명하시오.

(3) 진한 황산을 *p*-아미노벤조산의 에탄올 용액에 넣을 때 생기는 고체의 구조는 무엇인가?

(4) 탄산 소듐은 반응 마무리 시 pH를 8로 맞추는데 사용된다.

❶ pH를 8로 맞추는 이유는 무엇인가?

❷ NaOH로 용액을 매우 염기성으로 만든 경우, 어떠한 부반응이 일어날 수 있을까?

(5) *p*-아미노벤조산과 에탄올 사이의 에스터 반응은 평형 반응이다.

❶ 이 평형 반응의 평형 상수 K에 대한 표현식을 쓰시오.

❷ 르샤틀리에 원리를 이용하여 평형을 에스터가 생기는 방향으로 완전히 치우치게 하는 실험 방법 두 가지를 드시오.

❸ 앞의 답 중에서 이번 실험에서 사용된 방법은 무엇인가?

(6) 센산은 흔히 피셔 에스터화 반응에서 촉매로 사용된다. 반응 메커니즘에서 센산에 의하여 촉진되는 두 개의 반응 단계를 들고 각 단계에서 산의 역할에 대하여 언급하시오.

실험 7-2 에스터의 합성

실험 목적: 피셔 에스터화를 이용하여 에스터를 합성하고 르샤틀리에의 원리를 이해한다.
미리 공부하기: 피셔 에스터화 반응, 르샤틀리에 원리.

1 들어가기

에스터는 알코올과 카복실산의 축합 생성물로 간주할 수 있다. 산 촉매를 이용하여 알코올과 카복실산으로 부터 에스터를 얻는 방법을 흔히 **피셔**(Fischer) **에스터화 반응**이라고 부른다. 이 반응은 다음과 같은 평형식으로 나타낼 수 있다.

$$RCOOH + R'OH \underset{}{\overset{H^+}{\rightleftharpoons}} RCOOR' + H_2O$$

$$K = ([\text{에스터}][\text{물}])/([\text{카복실산}][\text{알코올}])$$

이번 실험에서는 3-메틸뷰탄-1-올(아이소펜틸 알코올)과 아세트산으로부터 아이소펜틸 아세테이트(isopentyl acetate)를 합성하려고 한다. 이 화합물은 바나나 향이 나기 때문에 바나나 기름이라고도 한다.

CH_3COOH +

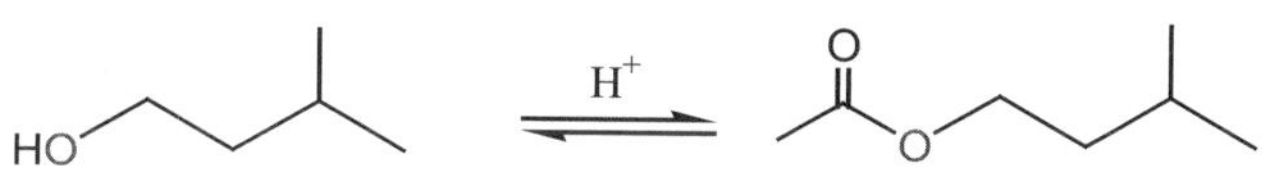

Acetic acid (excess)
mw 60.05
bp 117~118 °C
d 1.049

Isopentyl alcohol
mw 88.15
bp 130 °C

Isopentyl acetate
mw 130.18
bp 142 °C

이 반응은 평형 상태에 있기 때문에, 생성물의 수율을 높이려면 **르샤틀리에**(Le Chatelier)**의 원리**를 이용하여야 한다. 한 가지 방법은 반응물 중 하나를 과량으로 사용하는 것이다. 이 반응에서는 한 가지 반응물(아세트산)을 5배 정도로 과량으로 사용하면 된다. 산 촉매로서는 진한 황산을 사용한다.

간단한 에스터는 다음 표 7.2에 나와 있듯이 흔히 좋은 향을 가지고 있다.

표 7.2 몇 가지 에스터 화합물의 향.

에스터	향	에스터	향
살리실산 메틸	윈터그린	아세트산 *n*-프로필	배
아세트산 벤질	복숭아	프로판산 *n*-프로필	파인애플
아세트산 제란일	장미	아세트산 *n*-옥틸	오렌지

이러한 에스터가 과일 향이 나지만, 몸에 바르는 향수에는 거의 쓰이지 않는다. 그 이유는 에스터 기는 땀에 불안정하기 때문이다. 땀이 나면 에스터가 가수분해하여 알코올과 카복실산으로 분해된다. 발레르산(valeric acid) 같이 분자량이 작은 카복실산은 냄새가 매우 고약하다.

2 실험 방법

실험 시간 4시간

시약 아이소펜틸 알코올 5.0 mL, 아세트산 7.0 mL, 황산 1 mL.

아이소펜틸 알코올은 가연성 액체로서 피부에 자극을 주고 눈에 심한 자극을 일으킨다. 흡입하면 유해하다.

아세트산은 인화성 액체 및 증기로서 피부에 심한 화상과 눈에 손상을 일으킨다.

진한 황산은 피부에 심한 화상과 눈에 손상을 일으키므로 보호장갑 및 보안경을 착용한다. 진한 황산은 피부에 심한 화상과 눈에 손상을 일으키므로 보호장갑 및 보안경을 착용한다.

기구 50-mL 둥근바닥 플라스크, 건조용 튜브, 125-mL 분별 깔때기, 5% $NaHCO_3$ 용액, 단순 증류 장치.

▶ 방법

1. 50-mL 둥근바닥 플라스크에 약 5.0 mL의 아이소펜틸 알코올을 넣고 무게를 단다.
2. 여기에 7.0 mL의 아세트산과 진한 황산 1 mL을 가한다.
3. 비등석을 가한 후 냉각기 위에 무수 염화 칼슘이 들어있는 건조용 튜브를 단다.
4. 1시간 가량 환류한다.

▶ 반응 마무리

1. 환류가 끝나면 상온으로 식히고, 피펫을 사용하여 반응물을 125-mL 분별 깔때기에 옮긴다.
2. 10 mL의 증류수를 가하고 내용물을 흔들어 준다.
3. 층이 분리될 때까지 기다린 후 아래 층(물층)을 비커에 버린다.
4. 유기층을 5 mL의 5% $NaHCO_3$ 용액으로 씻어주고 아래 물층을 버린다.
5. 과정 4를 반복한다.
6. 생성물인 불순한 에스터를 마른 50-mL 삼각 플라스크로 옮기고 1 g

의 무수 황산 소듐을 가하고 흔들어 준다. 10분간 그대로 둔다.

7. 50-mL 둥근바닥 플라스크에 에스터를 붓고 단순 증류 장치에서 증류하고 120~142°C에서 나오는 액체를 수집한다.
8. 생성물의 무게를 달고 수율을 계산한다.

3 안전 관리

물층은 물로 묽힌 후 싱크대에 버린다.

LABORATORY EXPERIMENTS FOR

ORGANIC CHEMISTRY

에스터의 합성

7-2

실험 일자 ....

학과 ....

학번 ....

이름 ....

1. 실험 목적

....

2. 반응식

....

3. 반응물과 생성물

반응물과 생성물	몰질량 (g/mol)	사용한 부피(mL) 및 질량(g)	몰수 (mmol)	몰비	mp 혹은 bp(°C)	밀도 (g/mL)
아이소펜틸 알코올						
아세트산						
황산						
아이소펜틸 아세테이트 (생성물)						

한계 시약: ....

이론적 수득량: ....

4. 실험 방법 및 관찰

5. 실험 결과

실제 수득량:

수득 백분율:

6. 결론 및 토의

7. 질문

(1) 피셔 에스터화 반응의 메커니즘을 그리시오.

(2) 들어가기에 나와 있는 평형 상수 식에는 물의 농도가 포함되어 있다. 아세트산의 이온화 상수 표현식에는 물의 농도가 들어 있지 않으나 위 식에는 포함되는 이유는 무엇인가?

(3) 이번 실험에서는 평형에서 정반응이 우세하도록 아세트산을 과량으로 사용하였다. 알코올 대신에 아세트산을 과량으로 사용한 이유는 무엇인가?

(4) 에스터를 더 많이 얻기 위한 방법으로 아세트산을 과량으로 사용하는 방법 이외에 무슨 방법이 있겠는가?

(5) $NaHCO_3$ 용액으로 유기층을 씻어주는 이유는 무엇인가? 반응식을 이용하여 설명하시오.

고리 첨가 반응 및 자리옮김 반응 8

실험 8-1 1,3-뷰타다이엔과 말레산 무수물의 딜스-알더(Diels-Alder) 반응

실험 목적: 딜스-알더 반응이라고 부르는 고리화첨가 반응에 의하여 여섯고리를 합성하고 이 반응의 입체화학을 이해한다.

미리 공부하기: 고리화첨가 반응, 뷰타다이엔과 에틸렌의 분자 오비탈, HOMO, LUMO, 경계 분자 오비탈(FMO) 이론.

1 들어가기

비고리형(acyclic) 출발 물질로부터 여섯고리 화합물을 만드는 방법 중에서 널리 쓰이는 방법은 1,3-다이엔(1,3-diene)과 알켄(alkene)이 **열적으로**(광화학적이 아님) 반응하여 두 탄소-탄소 결합이 새로 생기면서 사이클로헥센(cyclohexene) 계열의 화합물이 생기는 반응이다.

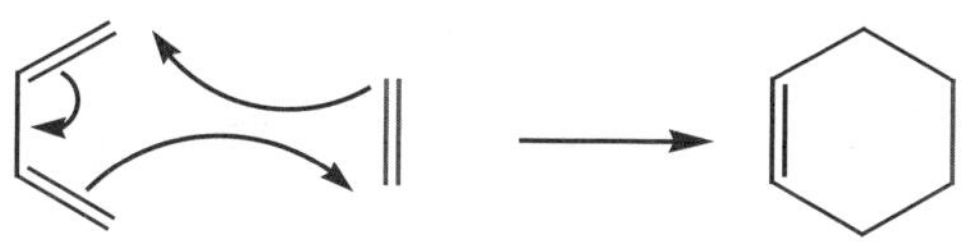

이 반응에서 알켄을 친다이엔체(dienophile)라고 한다. 이 고리화첨가(cycloaddition) 반응을 **딜스-알더**(Diels-Alder) 반응이라고 부르며 딜스와 알더는 이 분야의 연구 업적으로 1950년에 노벨 화학상을 받았다. 우드워드(Woodward)와 호프만(Hoffmann)은 이러한 반응이 일어나는 이유를 **오비탈 대칭성의 보존**(conservation of orbital symmetry)이라는 원리로 설명하였으며(우드워드-호프만 규칙), 후쿠이(Fukui)는 **경계 분자 오비탈**(frontier molecular orbital, FMO)의 **겹침**(중첩, overlap)으로 설명하였다. 우드워드-호프만과 후쿠이는 1981년도 노벨 화학상을 공동 수상하였다(우드워드는 1965년에 천연물 합성에 대한 업적으로 노벨 화학상을 수상하였으며 1979년에 62세의 나이로 사망하였다. 2년만 더 생존하였더라면 1981년도 노벨상을 공동 수상하였을 지도 모른다).

뷰타다이엔(butadiene)과 에틸렌 사이의 반응은 여섯고리 **보트 전이 상태**(boat transition state)를 거쳐 일어난다. 이 때 뷰타다이엔은 *s-cis* 형태를 취하여야 한다.

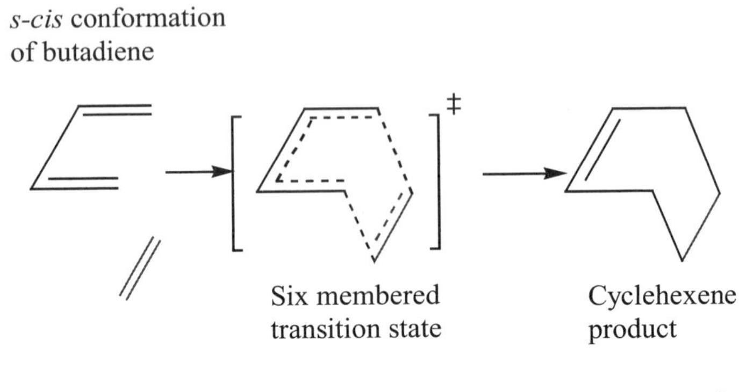

딜스-알더 반응은 매우 입체선택적이며 새로운 탄소-탄소 σ 결합은 다이엔과 친다이엔체의 같은 면(face)에서 생성된다. 이러한 첨가를 **신-첨가**(syn-addition)라고 부른다, 신-첨가의 예가 다음에 나와 있다.

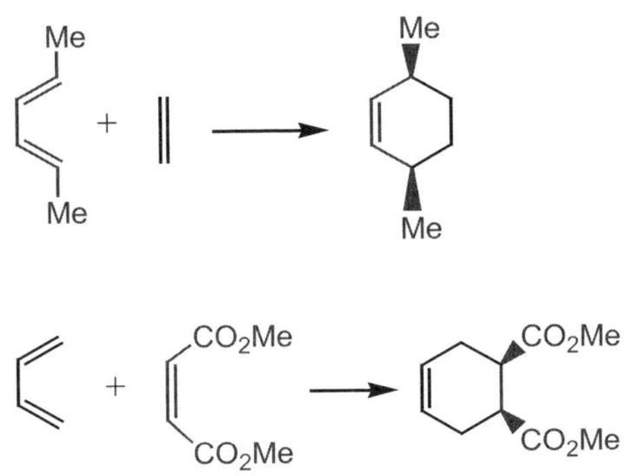

후쿠이의 FMO 이론에 의하면 고리화 첨가에서 다이엔의 HOMO(highest occupied molecular orbital, 최고 점유 분자 오비탈)와 친다이엔체의 LUMO (lowest unoccupied molecular orbital, 최저 비점유 분자 오비탈) 혹은 다이엔의 LUMO와 친다이엔체의 HOMO가 서로 겹칠 때, σ 결합이 생기는 두 원자 사이는 상이 서로 맞아야(in-phase)한다. 옆 그림은 뷰타다이엔의 HOMO와 에틸렌의 LUMO가 결합이 생기는 탄소 원자에서 상이 잘 맞음(점선으로 표시)을 보여 주고 있다. 이러한 경우를 우드워드-호프만 규칙의 용어로 **대칭 허용**(symmetry-allowed) 반응이라고 한다. 상이 맞지 않으면 그러한 반응을 **대칭 불용**(symmetry-forbidden) 반응이라고 하며 에틸렌 사이의 반

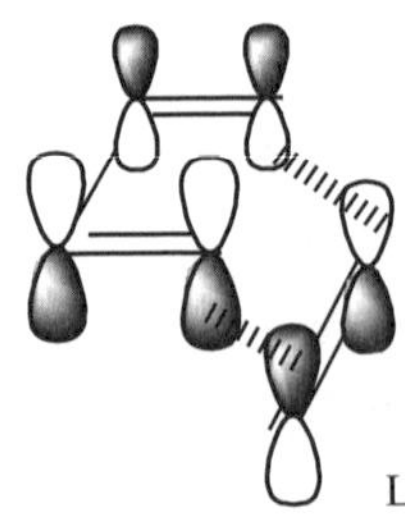

응이 그러한 예이다(이 반응은 대신 빛을 쪼이면, 즉 광화학적으로 일어난다).

보통의 딜스-알더 반응에서는 사이아노(cyano), 카보닐 기 같은 전자당김 치환체가 친다이엔체에 있으면 반응 속도가 빨라진다.

이번 실험에서는 1,3-뷰타다이엔(1,3-다이엔)과 말레산 무수물(maleic anhydride)(친다이엔체)을 반응시켜 4-사이클로헥센-*cis*-1,2-다이카복실산 무수물(4-cyclohexene-*cis*-1,2-dicarboxylic anhydride)을 합성하고자 한다. 1,3-뷰타다이엔은 상온에서 기체이기 때문에 고압장치가 필요하나 3-설폴렌(3-sulfolene)(뷰타다이엔 설폰)을 열분해시키면 손쉽게 1,3-뷰타다이엔을 구할 수 있다[이러한 반응을 **집게 반응**(cheletropic reaction)이라고 부른다].

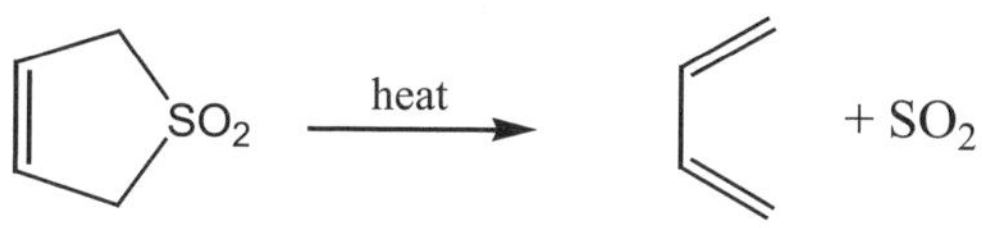

3-Sulfolene
mw 118.15
mp 65~66 °C

1,3-Butadiene
mw 54.1
bp −45 °C

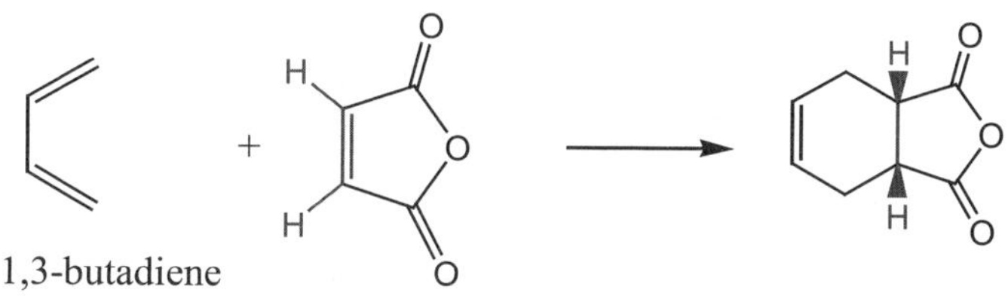

1,3-butadiene

maleic anhydride
mw 98.06
mp 54~56 °C

mw 152.2

2 실험 방법

실험 시간 4시간

시약 3-설폴렌(sulfolene) 2.5 g, 말레산 무수물(maleic anhydride) 1.5 g(말레산 무수물은 대개 불순물로서 CH_2Cl_2에 녹지 않는 말레산이 들어 있다. 20 g의 말레산 무수물에 400 mL의 CH_2Cl_2를 가하여 녹이고 녹지 않는 고체를 여과하여 제거. 여과액을 농축한 후 사용할 것. 조교 준비), 무수 자일렌(xylenes) 20 mL, 석유 에터(bp 60~80°C)

액체나 증기는 자극성이므로 피부와 호흡기와의 접촉을 피한다.

말레산 무수물은 피부에 심한 화상과 눈에 손상을 일으키고 알러지성 피부 반응을 일으킬 수 있다. 분진이 피부에 묻거나 분진을 흡입하지 않도록 조심한다.

무수 자일렌과 석유 에테르는 인화성 액체, 기체로서 피부에 묻거나 흡입하면 유해하다. 장기간 흡입하면 신체 장기에 손상을 줄 수 있다.

기구 25-mL 둥근바닥 바닥 플라스크, 기체 포집 장치(깔때기), 염화 칼슘관.

▶ 반응

1. 2.5 g의 3-설폴렌, 1.5 g의 곱게 간 말레산 무수물, 1 mL의 건조 자일렌을 플라스크에 넣고 젓기 막대 하나를 넣는다.
2. 저어 주면서 모든 고체가 완전히 녹을 때까지 플라스크를 살짝 데운다(*주의*: 고체가 다 녹기 전에 절대로 가열하지 말 것. 가열하면 수율이 상당히 낮게 된다)
3. 30분 동안 환류한다.

▶ 반응 마무리

1. 식히고 10 mL의 자일렌을 가한다.
2. 다시 모든 고체가 녹을 때까지 가열한다.
3. 뜨거운 용액을 삼각 플라스크에 붓는다.
4. 이 과정에서 결정이 생기면 다시 가열하여 고체를 녹인다.
5. 뜨거운 용액이 뿌여 질 때까지 석유 에터(bp 60~80°C)를 가하고 실온으로 식힌다.

▶ 생성물 분리

1. 진공 여과하여 결정을 모은다.
2. 무게를 다는 종이에 결정을 옮기고 공기 중에서 건조한다.

▶ 분석

1. 생성물의 질량을 측정하여 수율을 계산한다.
2. 녹는점을 측정한다.

3 안전 관리

실험에서 나온 유기 용매(자일렌, 석유 에터)는 비할로젠용 폐기물통에 버린다.

실험보고서

1,3-뷰타다이엔과 말레산 무수물의 딜스-알더(Diels-Alder) 반응

8-1

LABORATORY EXPERIMENTS FOR **ORGANIC CHEMISTRY**

실험 일자 .... 학과 ....

학번 .... 이름 ....

1. 실험 목적

2. 반응식

3. 반응물과 생성물

반응물과 생성물	몰질량 (g/mol)	사용한 부피(mL) 및 질량(g)	몰수 (mmol)	몰비	mp 혹은 bp(℃)	밀도 (g/mL)
3-설폴렌(sulfolene)						
말레산 무수물						
생성물						

한계 시약:

이론적 수득량:

4. 실험 방법 및 관찰

5. 실험 결과

녹는점:

실제 수득량:

수득 백분율:

6. 결론 및 토의

7. 질문

(1-1) 아래 그림은 1,3-뷰타다이엔의 4 개의 π-분자 오비탈이다. π 전자를 각 오비탈에 채우고 어느 오비탈이 HOMO인지, LUMO인지를 쓰시오.

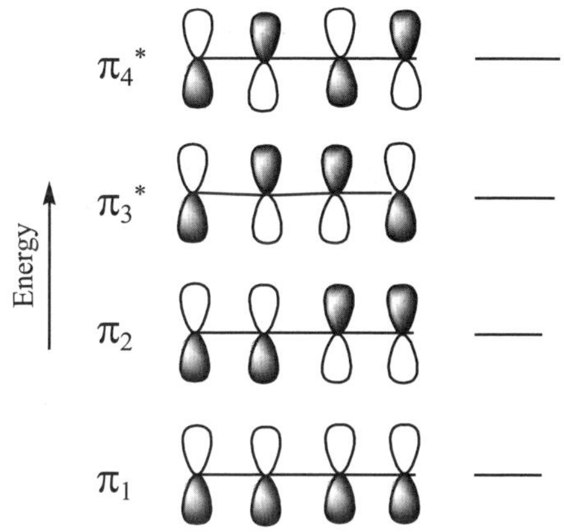

(1-2) 에틸렌의 두 개의 π-분자 오비탈을 그리고 어느 오비탈이 HOMO인지, LUMO인지를 쓰시오.

(1-3) 에틸렌과 1,3-뷰타다이엔 사이의 HOMO와 LUMO 오비탈 상호작용(다른 말로, 겹침)이 결합이 이루어지는 탄소 원자에서 같은 상(in-phase)으로 이루어짐을 보이시오(딜스-알더 반응의 전이상태에서 일차적 오비탈 상호작용은 다이엔의 HOMO와 친다이엔체의 LUMO 혹은 다이엔의 LUMO와 친다이엔체의 HOMO에서 일어난다. 그러나 전자당김 치환체가 친다이엔체에 있는 경우에는 앞의 경우가 더 중요하다).

(1-4) 두 에틸렌 분자가 열적으로 고리화 첨가를 하지 않는 이유를 FMO의 겹침으로 설명하시오.

(2) 말레산 무수물을 친다이엔체로 사용하는 경우 시약과 기구가 건조해야만 하는 이유는?

(3) 3-설폴렌을 가열하면 1,3-뷰타다이엔과 기체가 나온다.

❶ 어떠한 기체가 나오는가? 이 기체는 해로운가?

❷ 이 기체를 실험실로 방출하는 것을 피하는 방법을 제안하시오.

(4) 이번 실험의 딜스-알더 반응에서 어떠한 시약이 친다이엔체인가?

(5) 3-설폴렌과 말레산 무수물을 완전히 자일렌에 녹인 후 가열하여야 하는 이유는?

(6) 이번 반응의 생성물에 Br_2을 첨가시켰을 때 생기는 생성물의 구조를 그리시오. 생성물의 입체화학을 반드시 구조에 표시할 것.

▶ 참고 문헌

- Fleming, I. *Molecular Orbitals and Organic Chemical Reactions*: Student Edition; Wiley: Chichester, 2009.

실험 8-2 벤조피나콜의 탄소양이온 자리옮김 반응: 벤조피나콜론의 합성

실험 목적: 탄소양이온의 자리옮김 반응을 시도한다.

미리 공부하기: 탄소양이온의 안정성.

1 들어가기

피나콜 구조의 1,2-다이올(1,2-diol)은 센산과 아이오딘 같은 촉매와 같이 가열하면 탈수 반응과 자리옮김 반응을 거쳐 **빠르게** 케톤으로 변하며 이러한 변환을 **피나콜-피나콜론**(pinacol-pinacolone) **자리옮김 반응**이라고 부른다. 예로서 벤조피나콜(benzopinacol)은 다음과 같은 메커니즘에 의하여 벤조피나콜론(benzopinacolone)으로 변한다. 현재 페닐 기가 이동할 때 다리놓인 중간체인 phenonium 이온을 거친다고 알려져 있다.

pinacol-pinacolone rearrangement

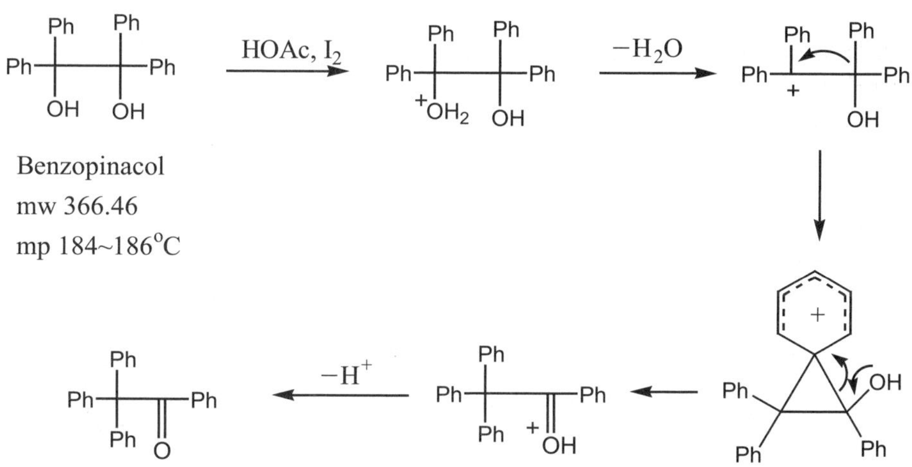

Benzopinacol
mw 366.46
mp 184~186°C

Benzopinacolone
mw 348.45
mp 182~184°C

2 실험 방법

실험 시간 2시간

시약 벤조피나콜(benzopinacol) 1 g (실험 5-3에서 얻은 것 사용), 아세트산 5 mL, 아이오딘 작은 결정(20 mg).

아세트산은 인화성 액체 및 증기로서 피부에 심한 화상과 눈에 손상을 일으킨다.

기구 25-mL 둥근바닥 플라스크, 가열판-자석 교반기, 냉각기.

▶ **반응**

1. 둥근바닥 플라스크에 1 g의 벤조피나콜과 5 mL의 아세트산을 가하고 작은 아이오딘 결정을 넣는다.
2. 10분 동안 환류한다.

▶ **반응 마무리와 생성물 분리**

1. 식힌 후 5 mL의 에탄올을 가하고 생기는 고체를 여과한다.
2. 아이오딘의 색을 제거하기 위하여 약간의 에탄올로 씻는다.
3. 공기 중에서 건조한다.

▶ **분석**

1. 무게를 달고 수율 계산한다.
2. 녹는점을 측정한다.

3 안전 관리

여과액은 싱크대에 버린다.

실험보고서

벤조피나콜의 탄소양이온 자리옮김 반응: 벤조피나콜론의 합성

8-2

LABORATORY EXPERIMENTS FOR **ORGANIC CHEMISTRY**

실험 일자 .... 학과 ....

학번 .... 이름 ....

1. 실험 목적

....

....

....

....

....

2. 반응식

....

....

....

....

....

3. 반응물과 생성물

반응물과 생성물	몰질량 (g/mol)	사용한 부피(mL) 및 질량(g)	몰수 (mmol)	몰비	mp 혹은 bp(℃)	밀도 (g/mL)
벤조피나콜						
벤조피나콜론(생성물)						

한계 시약:
....

....

이론적 수득량:
....

....

4. 실험 방법 및 관찰

5. 실험 결과

녹는점:

실제 수득량:

수득 백분율:

6. 결론 및 토의

7. 질문

(1) 피나콜-피나콜론(pinacol-pinacolone) 자리옮김 반응이 일어나는 이유는 무엇일까?

(2) 이 반응에서 I_2의 역할은 무엇인가? 반응식을 써서 설명하시오(*힌트*: 이 반응은 산에 의하여 촉매화된다는 것을 상기하시오).

(3) 이 반응을 일으킬 수 있는 다른 시약을 제안하시오.

(4) 벤조피나콜과 벤조피나콜론은 녹는점이 비슷하다. 분광학적 방법을 사용하지 않고 두 화합물을 구별할 수 있는 방법을 제안하시오.

LABORATORY EXPERIMENTS FOR

ORGANIC CHEMISTRY

실험 8-3 베크만(Beckmann) 자리옮김 반응을 이용한 락탐 합성

실험 목적: 케톤의 옥심 유도체를 합성하고 옥심 유도체가 산 촉매 하에서 락탐으로 변하는 베크만 자리옮김 반응을 수행한다.

미리 공부하기: 카보닐 화합물의 이민 유도체.

1 들어가기

알데하이드와 케톤은 1차 아민과 산 촉매 조건에서 축합하여 이민(imine)을 생성한다. 흔히 이민은 산에 의하여 쉽게 가수분해되는 화합물이나 하이드록실아민(hydroxylamine), 하이드라진(hydrazine), 세미카바자이드(semicarbazide) 같은 화합물에서 유래하는 이민은 비교적 산에 안정하며 또한 결정성 고체이기 때문에 카보닐 화합물의 확인이나 정제의 목적으로 합성된다.

이번 실험에서는 9-플루오레논(9-fluorenone, 노란색의 고체)의 옥심(oxime) 유도체를 합성한 후, 이 유도체를 산 촉매 조건에서 자리옮김[**베크만(Beckmann) 자리옮김**]하여 고리의 원자가 하나 더 많은 락탐인 6-페난트리돈(6-phenanthridone)을 합성하고자 한다. 산 촉매로서는 폴리인산(polyphosphoric acid, PPA)을 사용한다.

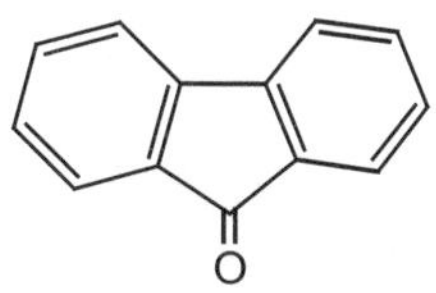

9-Fluorenone
mw 180.20
mp 80~83°C

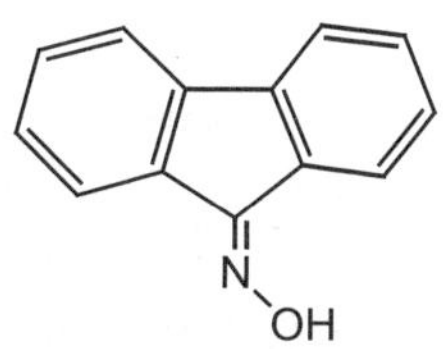

9-Fluorenone oxime
mw 195.22
mp 195~197°C

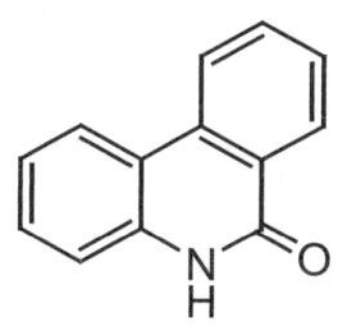

6-Phenanthridone
mw 195.22
mp 290~292°C

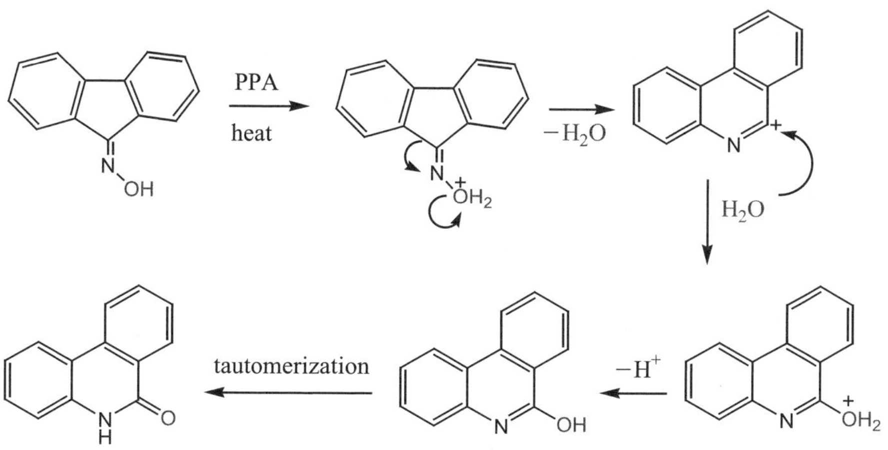

2 실험 방법

실험 시간 4시간

시약 9-플루오레논(9-fluorenone) 200 mg, 하이드록실아민 염화수소물(hydroxylamine hydrochloride) 200 mg, 아세트산 소듐 삼수화물 400 mg, 에탄올 2 mL, 물 1 mL, 폴리인산 3 g.

하이드록실아민 염화수소화물은 삼키면 유독하다.

기구 10-mL 일구 둥근바닥 플라스크 두 개.

▶ **반응**

단계 1 : 옥심(Oxime)의 합성

1. 9-플루오레논, 하이드록실아민 염화수소물, 아세트산 소듐 삼수화물을 10-mL 일구 둥근바닥 플라스크에 넣고, 여기에 2 mL의 에탄올과 1 mL의 물을 넣는다.
2. 자석 젓기 막대를 넣고, 냉각기를 장착한 후 30분 동안 환류한다.
3. 자석 젓기 막대를 핀셋으로 제거한 후, 반응물을 얼음물에서 식힌다. 생기는 결정을 여과하여 모으고, 2 mL의 차가운 물/에탄올(부피 비로 1:1) 혼합 용액으로 씻어준다.
4. 무게를 다는 종이에 결정을 옮기고, 건조한다.
5. 녹는점 195~197°C(측정 불필요)

단계 2: 6-페난트리돈(Phenanthridone)의 합성

1. 10-mL 일구 둥근바닥 플라스크에 약 3 g의 PPA를 가한다.
2. 앞에서 만든 100 mg의 옥심을 넣고 175~180°C에서 5분간 가열한다(모래 중탕 사용).
3. 80°C로 식히고 이 온도에서 2~3 mL의 얼음물을 천천히 넣고 격렬히 저어준다(발열 반응).
4. 반응이 진정되면 5 mL의 찬물을 더 넣고 식힌다.
5. 여과한다. 미정제된 생성물의 녹는점은 288~290°C이다.

3 안전 관리

여과액은 물로 묽힌 후 싱크대에 버린다.

베크만(Beckmann) 자리옮김 반응을 이용한 락탐 합성

8-3

실험 일자 .... 학과 ....

학번 .... 이름 ....

1. 실험 목적

....

2. 반응식

....

3. 반응물과 생성물

단계 1 : 옥심의 합성

반응물과 생성물	몰질량 (g/mol)	사용한 부피(mL) 및 질량(g)	몰수 (mmol)	몰비	mp 혹은 bp(°C)	밀도 (g/mL)
9-플루오레논						
하이드록실아민 염화수소물						
아세트산 소듐 삼수화물						
옥심(생성물)						

한계 시약: ....

이론적 수득량: ....

단계 2: 6-페난트리돈의 합성

반응물과 생성물	몰질량 (g/mol)	사용한 부피(mL) 및 질량(g)	몰수 (mmol)	몰비	mp 혹은 bp(°C)	밀도 (g/mL)
옥심						
PPA						
6-페난트리돈(생성물)						

한계 시약:

이론적 수득량:

4. 실험 방법 및 관찰

5. 실험 결과

실제 수득량:

수득 백분율:

6. 결론 및 토의

7. 질문

(1) 이민 유도체의 생성은 pH 6 근처에서 가장 빠른 이유를 메커니즘으로 설명하시오.

(2) 옥심의 합성에서 아세트산 소듐 삼수화물을 가하는 이유는 무엇인가?

(3) 옥심의 생성 메커니즘을 그리시오.

(4) 9-플루오레논과 2,4-다이나이트로페닐하이드라진(2,4-dinitrophenylhydrazine)에서 유래하는 구조를 그리시오. 이러한 구조를 흔히 무엇이라고 부르는가?

(5) 세미카바자이드에서 유래하는 구조를 그리시오. 이러한 구조를 흔히 무엇이라고 부르는가?

(6) 메틸아민 같은 1차 아민에서 유래하는 이민 C=NR은 산성 조건에서 쉽게 가수분해되나 옥심 같은 유도체 C=N-X(X = O, N)는 쉽게 가수분해 되지 않는다. 한 연구 결과에 의하면 산성 가수분해 조건에서 몇 가지 이민 유도체의 안정성은 다음 순서로 감소한다고 한다.

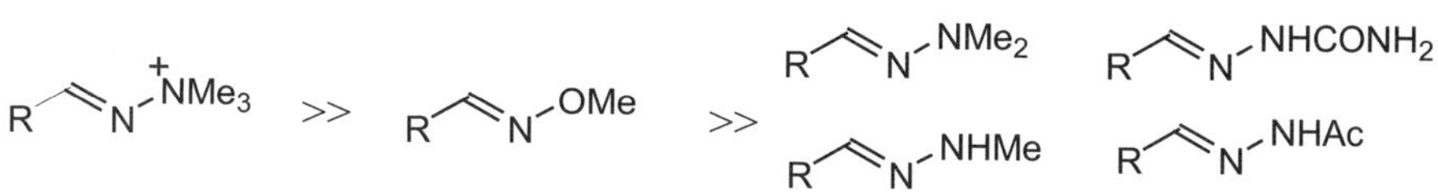

위 순서에 근거하여 옥심이 이민에 비하여 산성 가수분해에서 훨씬 더 안정한 이유를 제안하시오.

7) 베크만 자리옮김에서는 항상 N-OH 결합과 *anti* 위치에 있는 기가 자리옮김 한다. 그렇다면 다음 옥심에서 얻어지는 생성물의 구조를 예측하시오.

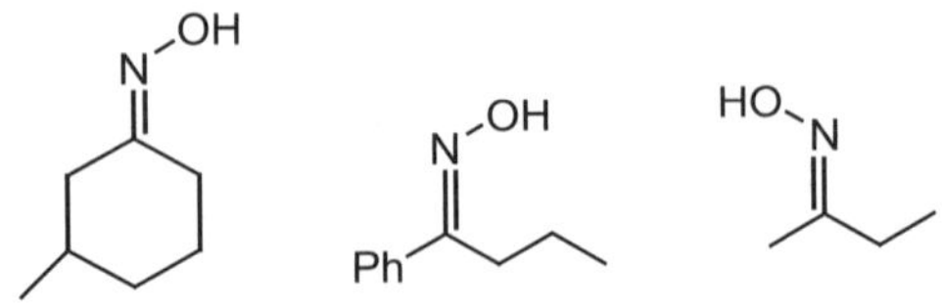

8) 베크만 자리옮김은 나일론 합성에서 필수적인 반응이다. 사이클로헥산온에서 시작하여 나일론까지의 합성 과정의 반응식을 적으시오.

아민의 화학

9

실험 9 메틸 오렌지(아조 염료)의 합성: 다이아조 짝지음 반응

실험 목적: 다이아조 짝지음 반응을 이용하여 아조 염료를 합성하고 섬유를 염색하여 본다.

미리 공부하기: 다이아조늄 이온의 제조법, 아릴다이아조늄 이온의 반응, 아미노산과 섬유소의 구조.

1 들어가기

선사시대부터 인간은 옷을 염색하였으며 특히 티리안 퍼플(Tyrian Purple)이라는 보라색 염료는 바다 달팽이로부터 힘들게 구할 수 있었기 때문에 비싸고 귀하여서 왕족만 사용할 수 있는 색이었다. 그러다가 1856년에 영국의 퍼킨(Perkin)이 **모브**(Mauve)라는 최초의 보라색 합성염료를 제조함으로써 보라색은 누구나 사용할 수 있는 색이 되었으며 염료 산업은 유기 화학 산업의 출발점이 되었다.

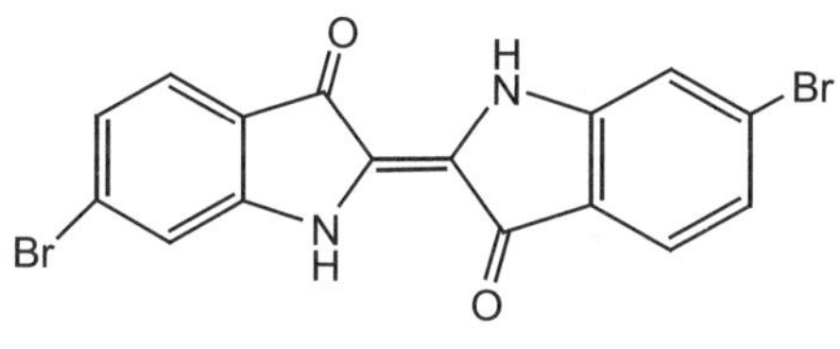

Tyrian Purple

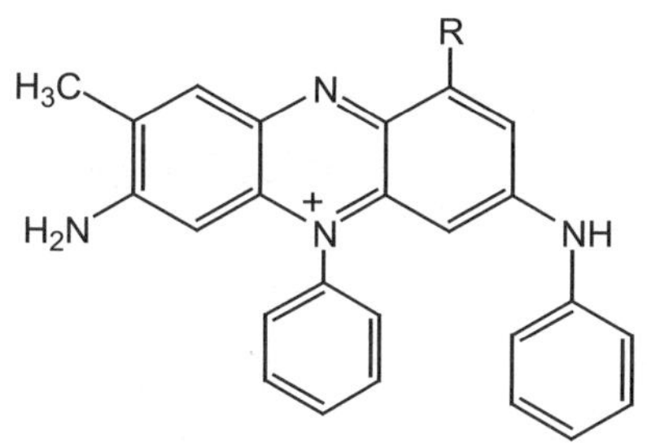

Perkin's Mauve
($R = H$ or CH_3)

가장 흔한 염료는 아조(azo) 기(-N=N-)가 있는 아조 염료로서 다이아조늄(diazonium) 염을 페놀이나 아닐린과 **다이아조 짝지음 반응**(diazo coupling)을 시켜 얻는다.

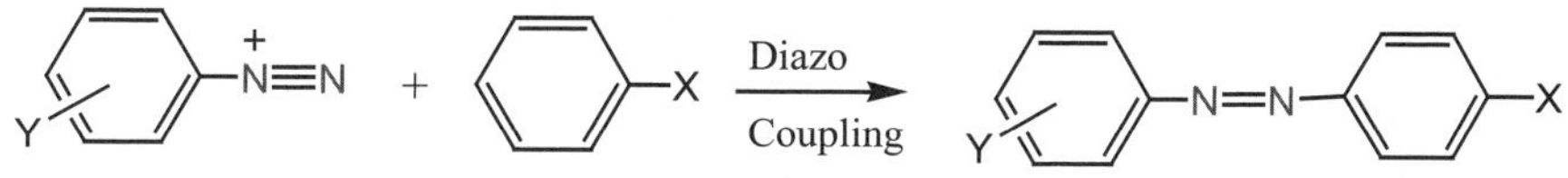

Diazonium salt ($X = OH, NR_2$)

오렌지 II(Orange II)는 다이아조화 설파닐산(diazotized sulfanilic acid)를 알칼리성 용액에서 2-나프톨과 짝지음하여 만들며, 같은 다이아 염을 약한 산성 조건에서 *N,N*-다이메틸아닐린과 짝지음하면 메틸 오렌지(methyl orange)가 얻어진다. 메틸 오렌지는 산-염기 지시약으로도 사용되며 pH 3.2~4.4에서 색이 변한다. 이번 실험에서는 메틸 오렌지를 합성하고 가능하면 비단, 모직 등을 염색하려고 한다.

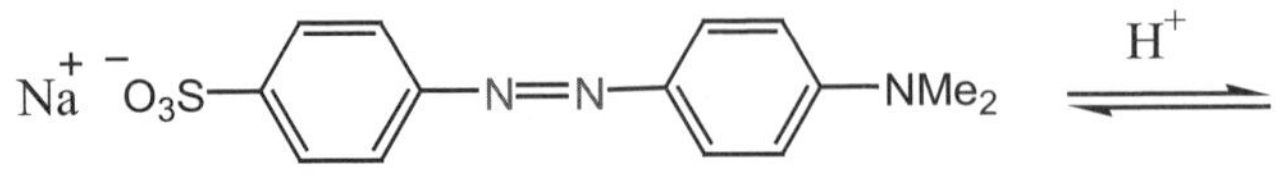

alkali-stable form, pH > 4.4, Yellow

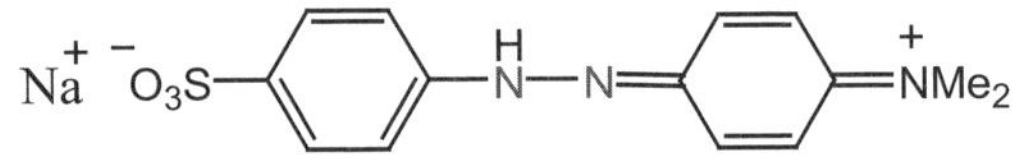

acid-stable form, pH < 3.2, Red

염료에는 **직접 염료**(direct dye), 분산 염료, 매염 염료(mordant dye), 반응성 염료 등이 있다. 직접 염료의 예로서 메틸 오렌지, 오렌지 II를 들 수 있는데, 이들 분자에 있는 설폰산 기 $Ar\text{-}SO_3^-$와 이미늄(imminium) 기 $C{=}N^+(CH_3)_2$는 극성이므로 양털이나 비단의 카복실 기(음이온성) 혹은 아민 기(양이온성)와 강하게 결합하여 염을 만든다. 따라서 이들 염료는 직접 양털, 비단을 염색한다. 그러나 면은 카복실 기나 아민 기가 없으므로 이들 염료로서는 잘 염색되지 않는다.

✲ 설파닐산의 다이아조화 반응

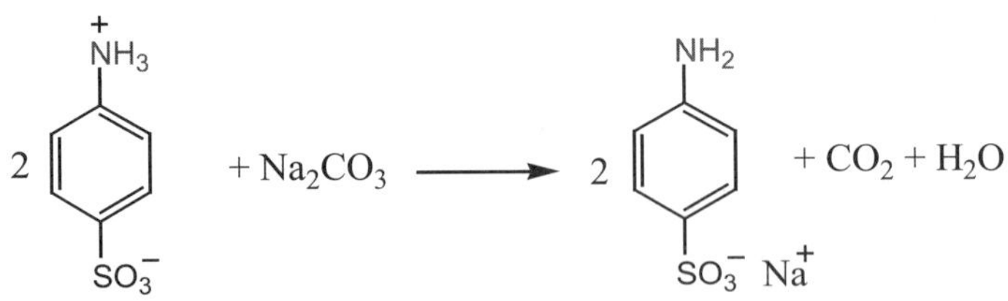

Sulfanilic acid
mw 173.19

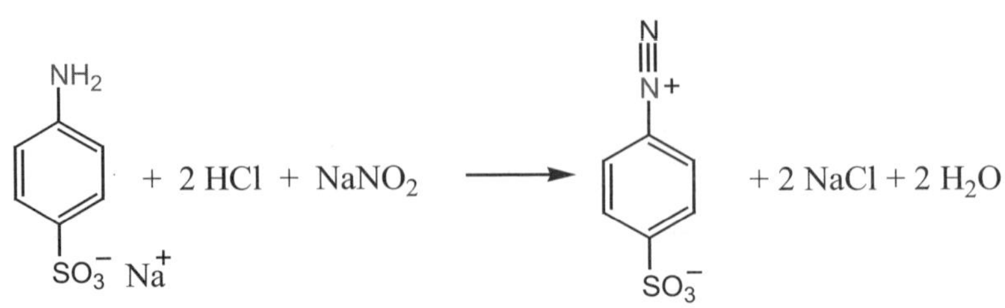

※ 다이아조 짝지음 반응

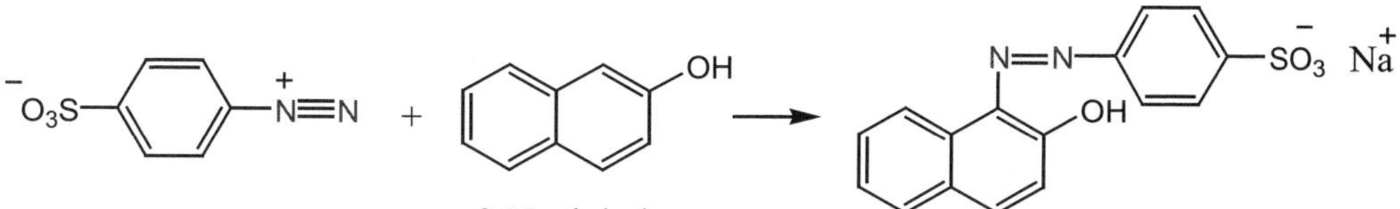

2-Naphthol

Orange II

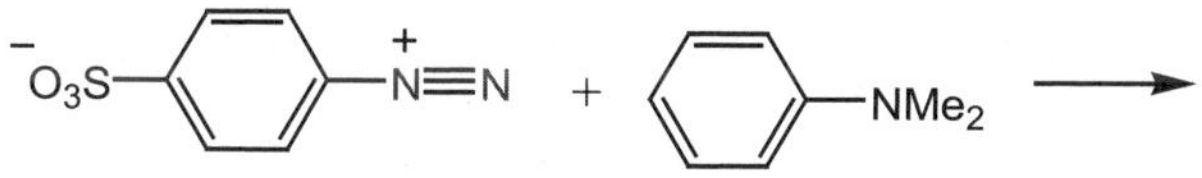

mw 121.2
bp 194 °C
d 0.956

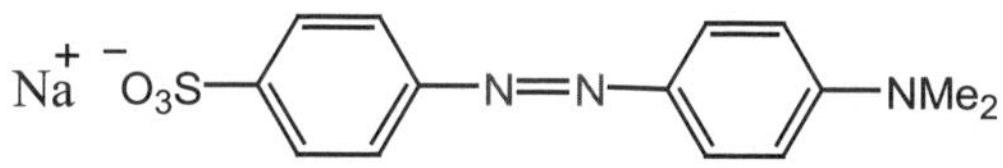

Methyl orange
mw 327.34
λ_{max} 507 nm

2 실험 방법

실험 시간 4시간

시약 설파닐산 일수화물(sulfanilic acid monohydrate) 250 mg, $NaCO_3$ 100 mg, 아질산 소듐(sodium nitrite) 100 mg, *N,N*-다이메틸아닐린(*N,N*-dimethylaniline) 150 mg, 3 M NaOH 용액.

설파닐산 일수화물은 피부에 자극을 일으키며 알러지성 피부 반응을 일으킬 수 있다.

아질산 소듐은 산화성 고체로서 삼키면 유독하고 눈에 심한 자극을 일으키며 수생 생물에 위험하다.

N,N-다이메틸아닐린은 피부와 접촉하면 유해하며 눈에 심한 자극을 일으킨다. 신체 장기에 손상을 유발할 수 있다.

기구 25-mL 삼각 플라스크, 시험관 혹은 작은 유리 약병.

▶ **반응**

1. 25-mL 삼각 플라스크에서 5 mL의 물에 250 mg의 설파닐산 일수화

물과 100 mg의 Na_2CO_3을 녹인다(필요하면 끓여도 좋다. 다 녹으면 찬물에 식힌다). 여기에 약 5 g의 얼음을 넣고 얼음물에서 식힌다.

2. 시험관 혹은 작은 유리 약병에서 1 mL의 물에 100 mg의 아질산 소듐을 가하고 녹인다.
3. 2의 용액을 1의 용액에 가한다.
4. 시험관 혹은 작은 유리 약병에서 1 mL의 물에 0.2 mL의 진한 염산을 녹이고 이 염산 용액을 3에서 얻은 용액(25 mL 삼각 플라스크에 담긴)에 천천히 잘 흔들어 주고 얼음물에 식히면서 가한다.
5. 시험관에서 1 mL의 물에 150 mg(155 μL)의 *N,N*-다이메틸아닐린과 0.25 mL의 진한 염산을 녹이고 얼음물에서 식힌다. 이 용액을 4번에서 만든 다이아조늄 염의 차가운 용액에 흔들어 주면서 파스퇴르 피펫을 이용하여 천천히 넣는다.
6. 몇 분 안에 메틸 오렌지의 산-안정 구조(빨간색)가 생길 것이다. 여기에 1.6 mL의 3 M NaOH 용액을 천천히 넣어 알칼리-안정 구조로 만든다.

▶ 반응 마무리

1. 2 g의 소금을 가한 후 몇 분간 끓여 고체를 녹인다.
2. 얼음물에서 식힌다. 건드리지 말고 방치한다.

▶ 생성물 분리

1. 석출된 고체를 여과하여 모으고 약간의 에탄올로 씻는다.
2. 공기 중에서 건조한 후 수율을 계산한다. 녹는점을 잴 필요는 없다.

▶ 염색(선택)

1. 30-mL 비커에 50 mg의 메틸 오렌지를 넣고, 여기에 차례로 0.5 mL의 3 M 황산 소듐 용액, 15 mL의 물, 5방울의 3 M 황산을 가해 염색 용액을 만든다.
2. 천 조각(모 혹은 면)을 넣고 5분간 끓인다.
3. 천 조각을 꺼내 식히고, 비누로 깨끗이 씻고 말린다.

3 안전 관리

반응과 결정화 과정에서 나오는 여과액은 짙은 노란색이고 물에 매우 잘 녹는다. 고체의 양은 매우 작으므로 물로 희석하여 싱크대에 버린다.

실험보고서

메틸 오렌지(아조 염료)의 합성: 다이아조 짝지음 반응

9

LABORATORY EXPERIMENTS FOR **ORGANIC CHEMISTRY**

실험 일자 .... 학과 ....

학번 .... 이름 ....

1. 실험 목적

....

....

....

....

2. 반응식

....

....

....

....

3. 반응물과 생성물

반응물과 생성물	몰질량 (g/mol)	사용한 부피(mL) 및 질량(g)	몰수 (mmol)	몰비	mp 혹은 bp(°C)	밀도 (g/mL)
설파닐산 일수화물						
아질산 소듐						
N,*N*-다이메틸아닐린						
메틸 오렌지(생성물)						

한계 시약:

....

....

이론적 수득량:

....

....

4. 실험 방법 및 관찰

5. 실험 결과

실제 수득량:

수득 백분율:

6. 결론 및 토의

7. 질문

(1) 아질산과 아닐린의 반응에서 페닐다이아조늄 이온이 얻어지는 반응의 메커니즘을 그리시오

(2) 알킬 다이아조늄 염은 불안정하나 아릴 다이아조늄 염은 얼음물의 온도에서는 비교적 안정하다.

❶ 알킬 다이아조늄 염은 무슨 종류의 반응을 하는가?

❷ 아릴 다이아조늄 염이 더 안정한 이유는 무엇인가?

(3) 양털과 비단은 일종의 단백질이며 다음과 같은 구조를 가지고 있다:

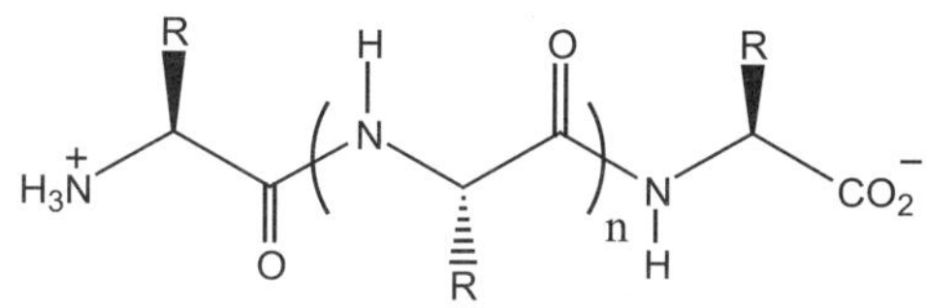

❶ R 기가 $-CH_2CO_2^-$를 가지고 있는 아미노산의 이름은?

❷ R 기가 $-(CH_2)_4NH_3^+$를 가지고 있는 아미노산의 이름은?

❸ 산성용액에서 R기가 $-CH_2CO_2^-$를 가지고 있는 아미노산은 메틸 오렌지의 어느 기와 염을 만드는가?

❹ 산성용액에서 R기가 $-(CH_2)_4NH_3^+$를 가지고 있는 아미노산은 메틸 오렌지의 어느 기와 염을 만드는가?

(4) 구조가 다음과 같은 콩고 레드(Congo red)는 면을 염색할 수 있다. 콩고 레드와 면 사이의 힘은 무엇일까? 분자간 힘을 점선으로 보이시오.

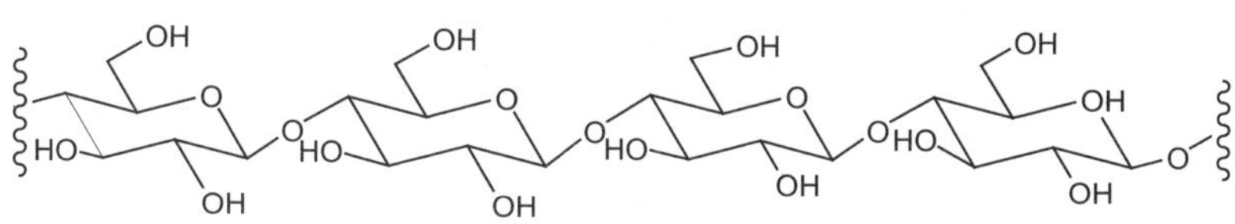

Cellulose

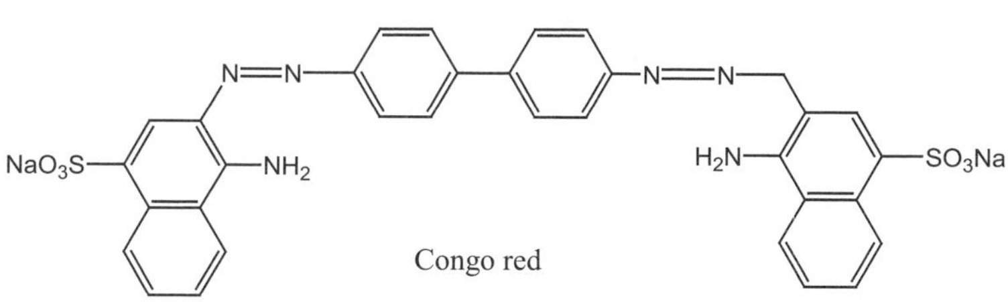

Congo red

▶ 참고 문헌

- 에피소드 과학사. 화학이야기, 셧클리프, 우신사, 1991, pp. 129-140.
- 모브, 사이먼 가필드, 웅진닷컴, 2001.

화학발광

10

실험 10 화학발광

실험 목적: 사이알룸과 루미놀을 이용한 화학발광을 관찰한다.

1 들어가기

화학발광(chemiluminescence)은 화학 반응에서 나오는 에너지가 열 대신 빛으로 방출되는 반응이다. 흔한 예가 반딧불의 발광이며 이 생체 발광은 반딧불의 루시페린(luciferin)이 luciferase라는 효소, ATP, 그리고 산소와 반응하여 일어난다. 이번 실험에서는 사이알룸(Cyalume, American Cyanamide Company의 상품명)과 루미놀(luminol)을 이용하여 화학발광을 관찰하고자 한다.

✲ 사이알룸(Cyalume)

사이알룸은 아릴 옥살레이트로서 그 한 예는 비스(2,4,6-트라이클로로페닐) 옥살레이트이다. 사이알룸은 지금까지 알려진 발광체 중에서 발광 능력이 가장 우수한 것으로 알려져 있다. 사이알룸에 과산화 수소를 가하면 1,2-다이옥세테인다이온(1,2-dioxetanedione)이라는 중간체가 생길 것이라고 추측되며 이 중간체가 그 에너지를 *trans*-9-(2-phenylethenyl)anthracene, 9,10-diphenylanthracene 같은 **형광체**(fluorescer)에 전달한다. 이 과정에서 형광체의 단일항 들뜬 상태가 생성되고 이 상태가 바닥 상태로 떨어질 때 빛이 방출된다. 사이알룸과 뒤에 나올 루미놀과의 차이점은 형광체에 있다. 즉, 사이알룸이 분해되면 작은 분자가 생기고 이 분자가 그 에너지를 형광체에 전달하나 (따라서 형광체의 구조에 따라서 빛의 파장이 다르다)(표 10.1) 루미놀의 경우에는 루미놀 자체가 형광체로 작동한다. 또한, 루미놀 반응은 몇 분 안에 끝나지만, 사이알룸의 발광은 하루 이상 지속된다.

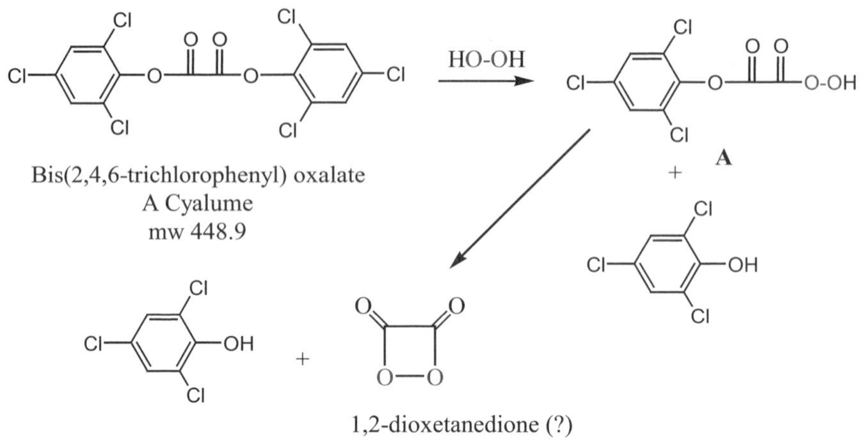

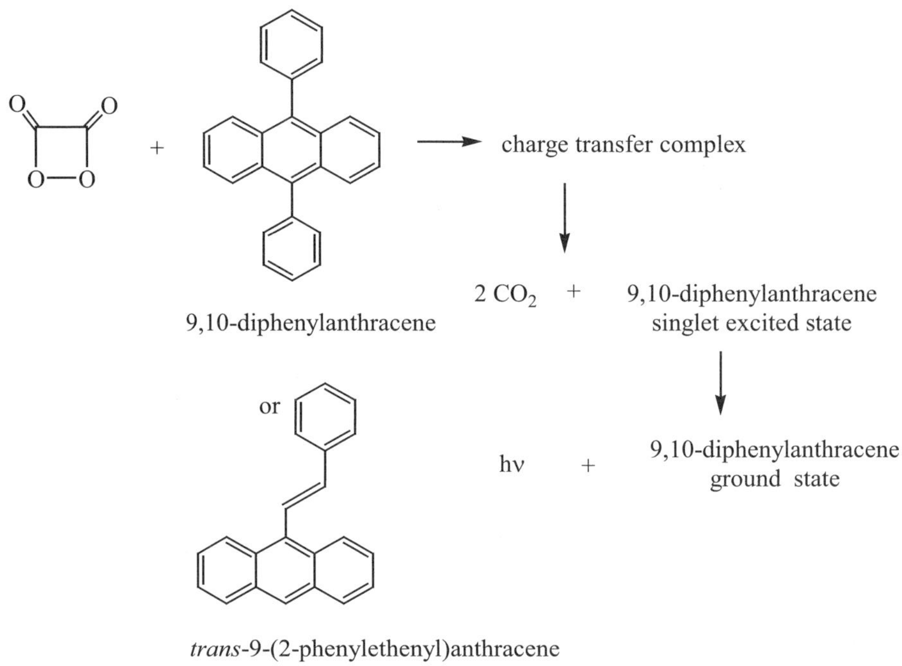

표 10.1 형광체에 따른 색.

색	형광체
파란색	9,10-다이페닐안트라센(9,10-diphenylanthracene)
초록색	9,10-비스(페닐에타인일)안트라센(9,10-bis(phenylethynyl)anthracene)
연두색	테트라센(tetracene)
노란색	1-클로로-9,10-비스(페닐에타인일)안트라센(1-chloro-9,10-bis(phenylethynyl)anthracene)
빨간색	로다민 B(rhodamine B)

이번 발광 실험에 사용할 비스(2,4,6-트라이클로로페닐) 옥살레이트는 트라이메틸아민의 존재 하에서 2,4,6-트라이페놀을 옥사릴 클로라이드와 반응시켜 만든다. 부생성물인 아민의 염화수소 염은 물에 잘 녹기 때문에 원하는 옥살레이트에서 쉽게 제거할 수 있다.

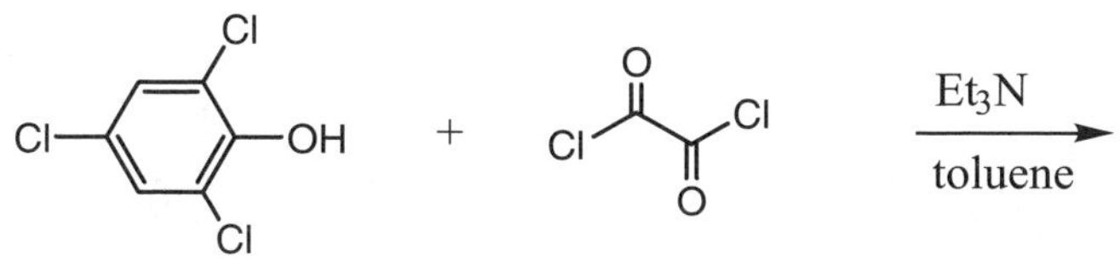

2,4,6-Trichlorophenol
mw 197.5
mp 64~66 °C

Oxalyl chloride
mw 126.9
bp 63~64 °C
d 1.46

Triethylamine
mw 101.2
bp 89 °C
d 0.726

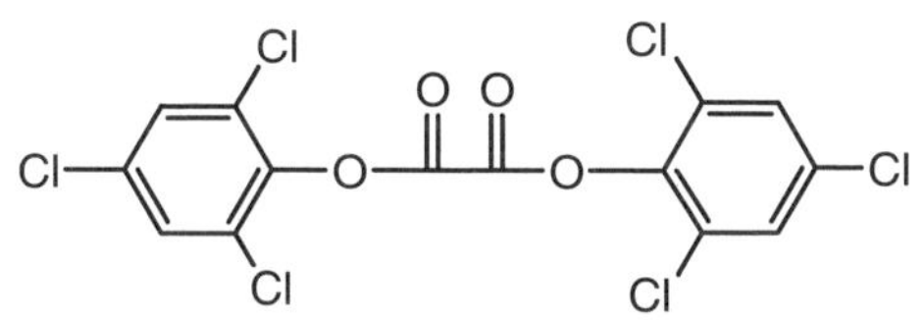

+ $Et_3NH^+ \bar{Cl}$
Triethylamine hydrochloride

Bis(2,4,6-trichlorophenyl) oxalate
mw 448.9

✲ 루미놀(Luminol)

루미놀(luminol, 3-아미노프탈하이드라자이드, 3-aminophthalhydrazide)의 알칼리성 용액을 과산화 수소와 페리사이아안화 포타슘(potassium ferricyanide)으로 산화시키면 녹청색의 빛이 나온다. 이 화학발광의 메커니즘은 확실하게 알려져 있지는 않으나 3-아미노프탈레이트(3-aminophthalate) 이온의 단일항 들뜬 상태에서 빛이 나온다고 추측된다.

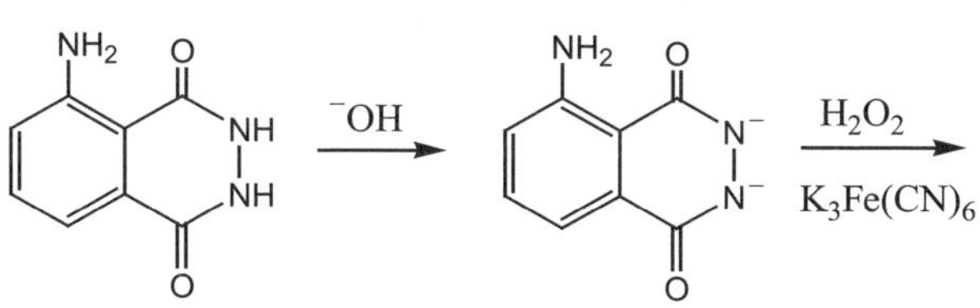

Luminol

3-Aminophthalate ion (triplet excited state)

ground state

2 실험 방법

실험 시간 4시간

✲ 사이알룸 합성

시약 2,4,6-트라이클로로페놀 1.97 g, 옥살릴 클로라이드 0.50 mL(0.70 g), 트라이에틸아민 1.4 mL(1.0 g), *trans*-9-(2-페닐에텐일)안트라센 3 mg(실험 6-3에서 얻음), 다이에틸 프탈레이트 10 mL, 30% 과산화수소.

⚠ 다이에틸 프탈레이트는 피부에 자극을 일으킨다.

⚠ 2,4,6-트라이클로로페놀은 눈과 피부에 자극을 일으킨다.

⚠ 30% 과산화 수소는 피부에 심한 화상과 눈에 손상을 일으킨다.

⚠ 트라이에틸아민이 피부에 접촉되면 유독하며 피부에 심한 화상과 눈에 손상을 일으킨다.

⚠ 옥살릴 클로라이드는 피부에 심한 화상과 눈에 손상을 일으키고 흡입하면 위험하다.

기구 50-mL 일구 둥근바닥 플라스크, 냉각기, 열판.

▶ 반응

1. 자석 젓개가 들어있는 50-mL 일구 둥근바닥 플라스크에서 1.97 g의 2,4,6-트라이클로로페놀을 15 mL의 톨루엔에 녹인다.
2. 위 용액에 1.4 mL(1.0 g)의 트라이에틸아민을 가하고 얼음물에서 식힌 후 0.50 mL(0.70 g)의 옥살릴 클로라이드를 가한다.
3. 즉시 흰색의 고체가 생길 것이다. 반응을 완결시키기 위하여 플라스크에 냉각기를 설치하고 잘 저어 주면서 환류한다[물로 냉각기를 식힐 필요는 없다. 단, 열판을 조절하여 톨루엔의 증기가 냉각기 아래 부분(연결 부분)까지만 올라오도록 한다].

▶ 반응 마무리

1. 반응 플라스크를 얼음물에서 식히고 고체를 뷔후너 깔때기에서 모은다. 플라스크에 남아 있는 고체는 헥세인으로 씻어 같이 모은다.
2. 고체를 약간의 헥세인으로 씻어준다.
3. 생성물을 여과지 위에서 가능한 잘 건조시킨 후 100 mL 삼각 플라스크에서 30 mL의 물에 가한다. 녹지 않는 덩어리는 약숟가락으로 깨고 잘 흔들어 준다.

4. 뷔후너 깔때기로 여과하고 고체를 물로 잘 씻어준 후 건조시킨다.
5. 무게를 단다.
6. 시간이 허락하면 톨루엔에서 재결정화하고 무게를 달아 수율을 구하고 녹는점을 측정한다.

✲ 사이알룸의 화학발광

▶ 반응

1. 시험관에서 50 mg의 사이알룸과 약 3 mg의 *trans*-9-(2-페닐에텐일)안트라센을 5 mL의 다이에틸 프탈레이트에 넣고 물중탕에서 녹인다.
2. 다른 시험관에서 0.2 mL의 30% 과산화 수소(혹은 2 mL의 3% 과산화 수소)를 5 mL의 다이에틸 프탈레이트에 넣고 잘 흔든다.
3. 실험실을 어둡게 한 후, 과산화 수소 현탁액을 사이알룸이 들어 있는 시험관에 한 방울씩 넣는다.
4. 모두 가한 후, 혼합물을 차갑게 혹은 데우면서 온도 효과를 관찰한다.

✲ 루미놀의 화학발광

시약 루미놀 50 mg, 3 M NaOH 2 mL, 3% 페리사이안화 포타슘(potassium ferricyanide) 용액 4 mL, 고체 페리사이안화 포타슘, 3% 과산화 수소 용액 4 mL.

▶ 반응

1. 50 mg의 루미놀을 2 mL의 3 M NaOH에 녹이고 18 mL의 물을 가한다. 이 용액이 용액 A이다.
2. 4 mL의 3% 페리사이안화 포타슘 용액과 4 mL의 3% 과산화 수소 용액을 32 mL의 물에 가한다. 이 용액이 용액 B이다.
3. 5 mL의 용액 A를 35 mL의 물로 묽히고 이 용액과 용액 B를 동시에 삼각 플라스크에 붓는다.
4. 플라스크를 저어주고 더 환하게 빛이 나게 하기 위하여 NaOH 고체와 페리사이안화 포타슘 고체를 약간 넣어본다.
5. (선택) 용액 B에서 페리사이안화 포타슘를 가하지 않고 용액 B를 만들고 이 용액 B와 용액 A를 섞는다. 이 용액에 피를 떨어뜨리면 빛이 나올 것이다(이 방법이 살인사건 현장에서 눈에 보이지 않는 혈흔을 찾아내는 방법이다).

3 안전 관리

사이알룸 합성시 반응 마무리 1과 4번 단계에서 나오는 여과액은 비할로젠 용폐기물통에 버린다. 사이알룸 화학발광에서 나온 용액은 비할로젠용 폐기물통에 버린다. 루미놀 발광에서 나온 용액은 물로 묽힌 후 싱크대에 버린다.

화학발광

실험 일자 ………………　학과 ………………

학번 ………………　이름 ………………

1. 실험 목적

2. 반응식

사이알룸 합성:

3. 반응물과 생성물

사이알룸 화학발광

반응물과 생성물	몰질량 (g/mol)	사용한 부피(mL) 및 질량(g)	몰수 (mmol)	몰비	mp 혹은 bp(°C)	밀도 (g/mL)
2,4,6-트라이클로로페놀						
옥살릴 클로라이드						
트라이에틸아민						
사이알룸(생성물)						

한계 시약:

이론적 수득량:

4. 실험 방법 및 관찰

5. 실험 결과

사이알룸 합성

녹는점:

실제 수득량:

수득 백분율:

사이알룸 화학발광

루미놀 화학발광

6. 결론 및 토의

7. 질문

(1) 사이알룸이 얻어지는 반응의 반응 메커니즘을 굽은 화살표로 그리시오.

(2) 사이알룸 합성에서 생기는 흰 고체는 무엇인가

(3) 혈액의 어느 성분이 화학발광에 기여하는가?

▶ 참고 문헌

- Jilani, O.; Donahue, T. M.; Mitchell, M. O. *J. Chem. Educ.* 2011, 88, 786–787.
- Shakhashiri, B. Z. In *Chemical Demonstrations: A Handbook for Teachers of Chemistry*; The University of Wisconsin Press: 1985; Vol. 2, p 156-167.

LABORATORY EXPERIMENTS FOR

ORGANIC CHEMISTRY

천연물 화학 11

실험 11-1 증기 증류에 의한 오렌지에서 리모넨 추출

실험 목적: 식물의 방향유를 증기 증류로 추출한다.

미리 공부하기: 터핀의 구조, 아이소프렌의 구조, 증기 증류의 원리.

1 들어가기

식물에는 **터핀**(terpene)이라고 부르는 천연물이 들어 있다. 터핀은 **아이소프렌**(isoprene)이라고 부르는 단위가 결합되어 생기는 것으로 볼 수 있다. 따라서 터핀에 존재하는 탄소 원자의 수는 5의 배수가 된다.

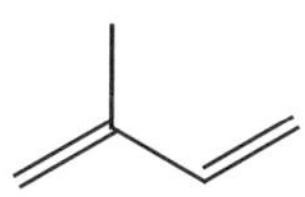
Isoprene

다양한 구조의 터핀을 식물의 방향유에서 분리할 수 있다. 예로서 박하유에서는 멘톨, 상록수에서는 장뇌(camphor)를 분리할 수 있다. 츄잉껌에 널리 쓰이는 스피어민트의 향은 (*R*)-카본이다.

터핀은 일반적으로 강한 향을 가지고 있어서 식품이나 화장품의 향수로 널리 쓰인다.

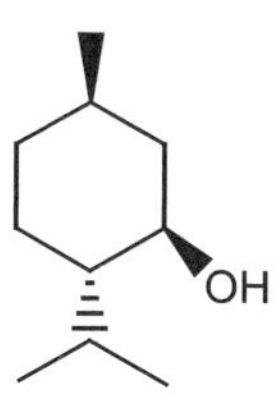
Menthol

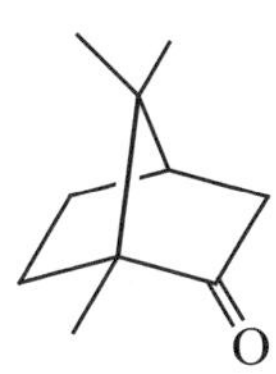
Camphor

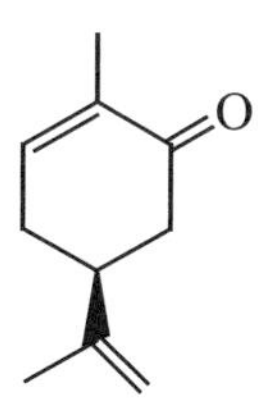
Carvone

이번 실험에서는 오렌지 껍질로부터 리모넨(limonene)이라고 부르는 방향유를 증기 증류법을 사용하여 추출하려고 한다. 리모넨은 다음과 같은 구조를 가지고 있는 터핀이며 오렌지 기름의 주성분(90%)이다. 상온에서는 오렌지 향이 나는 무색의 액체이며 끓는점은 176°C이다. 리모넨은 카이랄한 분자이며 오렌지 껍질에서 얻는 리모넨은 (*R*)-이성질체이다. (*S*)-리모넨도 향이 있으나, 소나무 향이 난다고 알려져 있다.

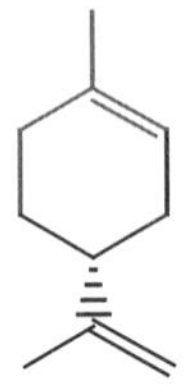

(*R*)-Limonene

앞에서 언급한 바와 같이 리모넨은 176°C에서 끓는다. 하지만 이 온도에서는 리모넨이 열분해될 수 있다. 이럴 때 사용하는 방법이 바로 증기 증류이다. 이 방법은 **라울의 법칙**(Rault's rule)을 응용한 증류로서 물의 끓는점이 100°C이기 때문에 100°C 이하에서 방향유가 분해되지 않고 물과 같이 증류된다. 증류액을 유기 용매로 추출하면 방향유를 얻을 수 있다.

증기 증류를 이용하여 어떤 성분을 추출하려면 그 성분이 물에 녹지 않아야 하는데 다행스럽게 리모넨은 물에 녹지 않는다. 따라서 두 성분이 독립적으로 끓는다.

라울의 법칙에 의하면(아래 첨자 1과 2는 물과 기름을 각각 의미한다),

$$P_T = P_1^\circ X_1 + P_2^\circ X_2$$

하지만 두 성분이 서로 섞이지 않기 때문에 전체 압력 P_T는

$$P_T = P_1^\circ + P_2^\circ$$

으로 표현된다(돌턴의 분압 법칙).

따라서 서로 섞이지 않은 두 액체의 혼합물은 어느 한 성분의 끓는점보다 더 낮은 온도에서 끓게 된다. $P_1^\circ > P_2^\circ$이기 때문에 혼합물은 물의 정상 끓는점보다 약간 낮은 온도에서 끓게 된다. 이 점은 기름도 이 온도에서 증발한다는 것을 의미한다. 결국, 증류액에는 기름과 물이 모두 들어 있게 된다.

이상기체 법칙을 적용하면,

$$n_2/n_1 = P_2^\circ/P_1^\circ$$

기름의 분자량(M_2)을 안다면, 주어진 물의 질량(m_1)에서 얻을 수 있는 기름의 질량(m_2)을 다음과 같이 구할 수 있다:

$$m_2/m_1 = (P_2^\circ M_2)/(P_1^\circ M_1)$$

마지막으로 증류액에 섞여 있는 기름은 에터 같은 유기 용매로 추출하여 분리할 수 있다. 리모넨은 오렌지 껍질 질량의 1% 정도 들어 있어, 다른 방향유에 비하여 그 함유량이 많다. 증기 증류법으로 얻은 리모넨은 유기 용매나 바이오 연료(biofuel)로 쓰이고 있다.

증기 증류에 사용하는 증기를 얻는 방법에는 크게 2가지가 있다. 즉, 외부에서 계속 증기를 공급하여 주는 방법 그리고 처음부터 과량의 물을 증류 플라스크에 넣은 후 끓이는 방법이 있다. 실험실에서 실험하기에는 두 번째 방법이 편리하기 때문에 이번 실험에서는 후자의 방법을 이용하려고 한다.

2 실험 방법

실험 시간 4시간

시약 오렌지 2개, 증류장치, 250-mL TS 24/40 둥근바닥 플라스크, 100-mL, 50-mL 눈금 실린더, 250-mL 분별 깔때기, 100-mL 비커.

방법

1. 오렌지 두 개의 껍질을 벗기고 잘게 부순 후(리모넨은 흰 색 부분이 아닌 외피 안에 주로 들어 있다) 무게를 단다(0.01 g까지). 껍질을 250-mL TS 24/40 둥근바닥 플라스크에 넣고 100 mL의 증류수를 가한다.
2. 비등석을 가하고 단순 증류 장치를 조립한다.
3. 증류액이 초 당 한 방울 정도 나오는 속도로 플라스크를 가열한다(절대로 가열판을 급속히 가열하지 말 것).
4. 눈금 실린더에 50 mL의 증류액을 모은다. 기름은 물에 녹지 않기 때문에 냉각기에 묻은 물방울이 흐려질 것이다. 기름층은 물 표면에 떠 있다.
5. 증류액이 상온으로 식으면, 250-mL 분별 깔때기로 옮기고 20 mL의 에틸 에터로 기름을 추출한다. 20 mL의 에터로 한 번 더 추출하고 에터 층을 모은다.
6. 무수 황산 소듐으로 에터 층을 말린다. 10분 동안 방치 한다.
7. 무게를 단 100-mL 비커에 에터 용액을 따르고, 회전 증발기에서 농축한다.
8. 잔여물의 무게를 달고 % 수율을 구한다.
9. (선택) GC-MS로 오렌지 기름을 분석한다. 오렌지 기름에는 리모넨 이외에도, α-피넨, β-피넨, 미르센(myrcene), 옥탄알, 데칸알, δ-3-카렌(carene), 리날로올(linalool) 등이 들어 있다.

3 안전 관리

에터 용액은 비할로젠용 폐기물통에 버린다.

LABORATORY EXPERIMENTS FOR
ORGANIC CHEMISTRY

실험보고서

증기 증류에 의한 오렌지에서 리모넨 추출

11-1

LABORATORY EXPERIMENTS FOR **ORGANIC CHEMISTRY**

실험 일자 .... 학과 ....

학번 .... 이름 ....

1. 실험 목적

2. 실험 방법 및 관찰

3. 실험 결과

4. 결론 및 토의

5. 질문

(1) α-피넨, β-피넨, 미르센(myrcene), δ-3-카렌(carene) 그리고 리날로올(linalool)의 구조를 그리시오.

(2) 질문 (1)의 터핀에서 아이소프렌 단위를 확인하시오.

▶ 참고 문헌

- Hognadottir, A.; Rouseff, R. L. *J. Chromatogr*, **2003**, *998*, 201–211.
- Bott, T. M.; Wan, H. *J. Chem. Educ.* **2013**, *90*, 1064–1066.

실험 11-2 바이오디젤 만들기

실험 목적: 폐식용유에서 바이오디젤을 제조한 후 물성을 조사한다.

미리 공부하기: 기름, 지방산의 화학 구조.

1 들어가기

지방과 기름은 **지질**(lipid)의 한 종류이다. 지질은 비극성 용매에 녹는 천연 유기물이다. 화합물의 구조를 바탕으로 분류하지 않고 물리적 성질(용해도)로서 지질을 분류하기 때문에 지질은 구조가 다양하다. 오렌지 오일의 성분인 리모넨, 비타민 A, 호르몬의 일종인 코티손, 지방의 일종인 트라이스테아린 등이 지질에 속한다.

지방과 기름은 모두 **트라이아실글리세롤**(triacylglycerol) 혹은 **트라이글리세라이드**(triglyceride)라고 부르는 구조가 있다. 이 구조에서는 글리세롤의 세 OH 기가 지방산과 에스터 결합을 이루고 있다.

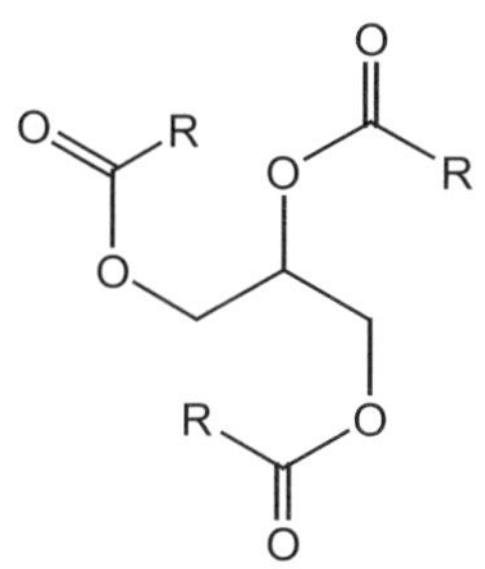

R group: 다를 수 있음

탄소수: 12, 14, 16, 18, 20

지방산에는 IUPAC 이름[예: 리놀렌산, (*Z*,*Z*,*Z*)-9,12,15-octadecatrienoic acid]이 있으나 흔히 더 짧은 상용명이 널리 쓰인다. 하지만, 상용명은 지방산의 구조에 관한 정보를 주지 않기 때문에 영양학에서는 지방산의 이름으로서 널리 속기명을 사용한다. 이 방법은 매우 간단하다. 즉, 지방산에 들어있는 탄소수와 이중 결합의 수로 표기하면 된다. 예를 들어, 스테아르산은 18:0이고 미리스톨레산은 14:1이다. 가끔씩, 이중 결합의 입체구조와 위치를 나타내기 위하여 접두사를 사용하기도 한다. 이 방법을 사용하면, 리놀렌산은 c,c,c,-9.12.15-18:3이고 미리스톨레산은 c-9-14:1이다. 아래에 대표적인 지방산의 상용명과 속기명을 수록하였다.

✲ 포화 지방산

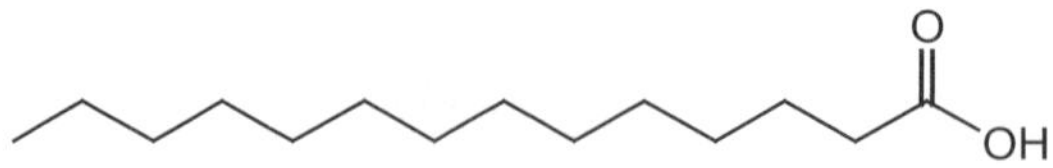

Lauric acid (12:0)

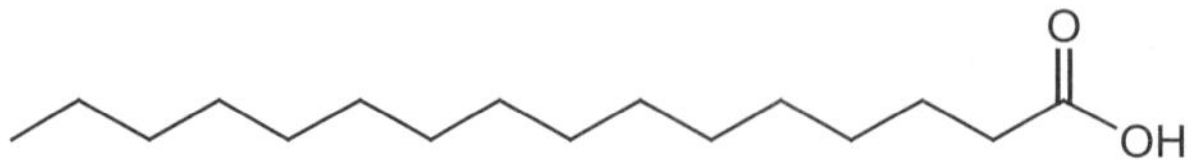

Myristic acid (14:0)

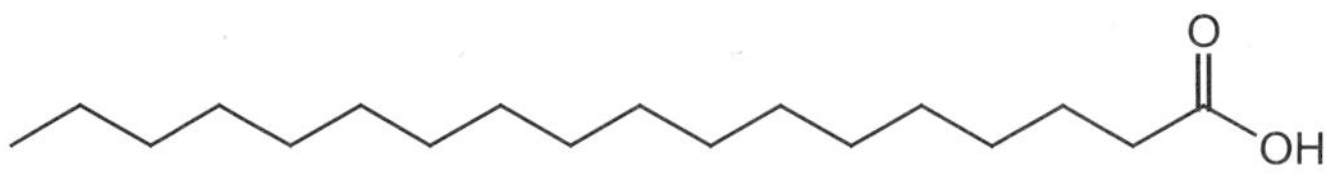

Palmitic acid (16:0)

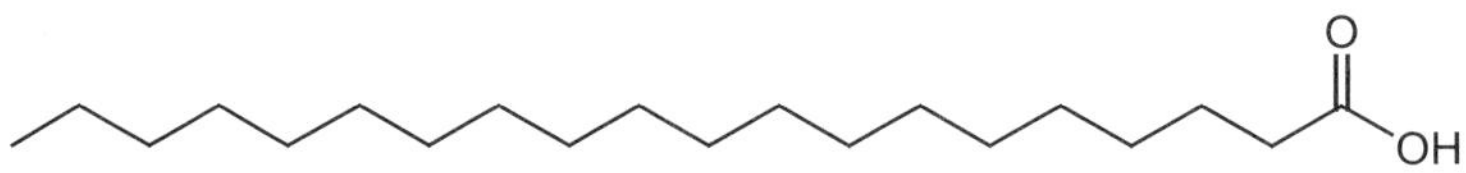

Stearic acid (18:0)

✲ 모노-불포화 지방산

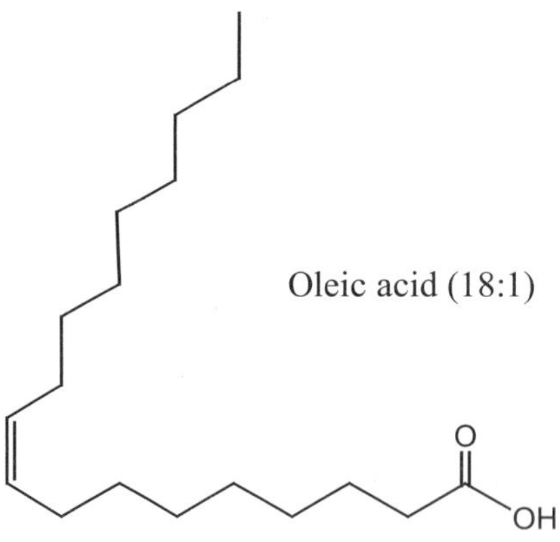

Oleic acid (18:1)

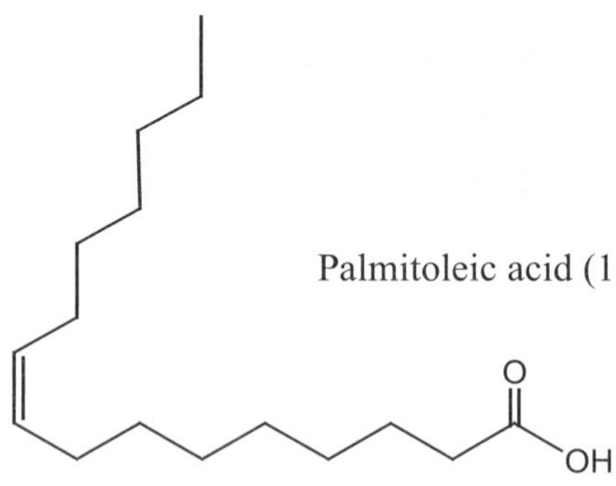

Palmitoleic acid (16:1)

※ 폴리-불포화 지방산

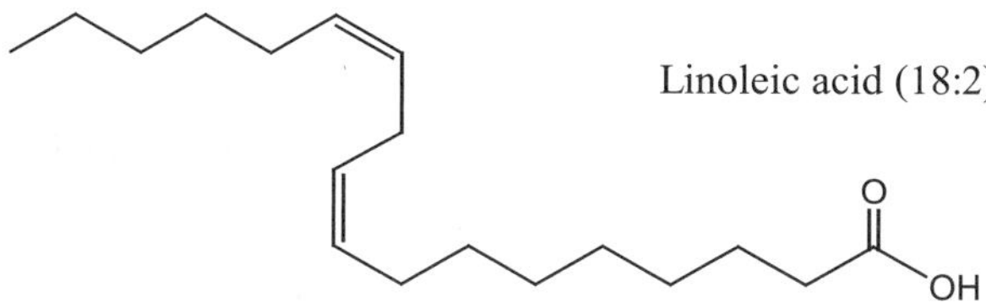

Linoleic acid (18:2)

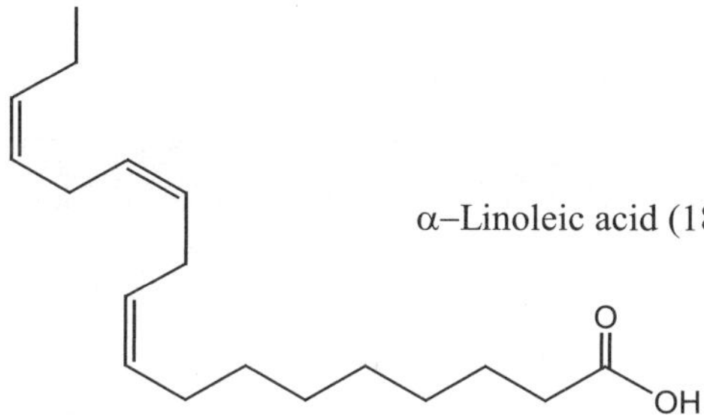

α–Linoleic acid (18:2)

상온에서 고체인 트라이아실글리세롤을 **지방**(fat)이라고 하는데, 대부분의 지방은 동물에서 유래하며, 지방산 성분이 포화되었거나 이중 결합이 하나만 있다. 포화 지방산은 고체 상태에서 서로 가깝게 쌓이기 때문에 분자 사이의 분산력이 증가하고, 녹는점이 높아져서 고체가 되는 것이다.

반면에, 액체인 트라이아실글리세롤을 **기름**(oil)이라고 부른다. 기름은 주로 올리브, 땅콩, 콩, 옥수수 같은 식물에서 유래한다 기름은 주로 (*Z*)-불포화 지방산으로 이루어져 있기 때문에 사슬들이 서로 가깝게 쌓이지 않는다. 따라서 녹는점이 낮아서 상온에서는 액체가 된다.

표 11.2A 몇 가지 기름의 지방산 조성(%).

지방산	올리브 기름	콩 기름	코코넛 기름	돼지 기름	쇠 기름
카프릴산(8:0)			8		
카프르산(10:0)			7		
로르산(12:0)			48		
미리스트산(14:0)			17	2	3
미리스톨레산(14:1)					
팔미트산(16:0)	7	11	8	26	26
팔미톨레산(16:1)				4	3
스테아르산(18:0)	2	3		14	23
올레산(18:1)	84	23	5	43	43
리놀레산(18:2)	5	55	3	9	2
리놀렌산(18:3)		9		1	

표 11.2A에 몇 가지 기름의 지방산 조성을 수록하였다. 식용으로 많이 쓰이는 올리브 기름의 주성분은 이중 결합이 하나인 올레산임을 알 수 있다. 반면에 코코넛 기름은 식물성이지만 포화 지방산의 비율이 상당히 높다.

포화 지방산과 불포화 지방산의 녹는점을 표 11.2B에 실었다. 탄소 원자의 수는 같으나 불포화도가 다른 일련의 지방산들(18:0, 18:1, 18:2, 18:3)을 보면 불포화도가 높을수록 녹는점이 내려감을 알 수 있다.

표 11.2B 포화 지방산과 불포화 지방산의 녹는점.

포화지방산	녹는점(°C)	불포화지방산	녹는점(°C)
12:0	44	16:1	−1
14:0	52	18:1	13
16:0	63	18:2	−9
18:0	70	18:3	−17
20:0	75	20:4	−50
22:0	81	20:5	−54
24:0	84		

식물성 기름을 부분적으로 환원시키면, 액체 기름이 고체인 지방으로 변한다. 지방의 녹는점은 수소화 반응의 정도로 조절할 수 있다. 이 환원 반응은 Pd나 Pt 같은 전이금속 표면에서 일어나는데, 이러한 촉매는 이중 결합을 단일 결합으로 환원하는 역할을 주로 하지만 (*Z*)-알켄을 (*E*)-알켄(흔히 **트랜스-지방**이라고 부름)으로 바꾸기도 한다. 트랜스-지방은 순환기 질환을 유발한다고 알려져 있어, 라면이나 과자 같은 식품에 트랜스-지방의 양을 표기하도록 법으로 정하고 있다.

이번 실험은 두 부분(2주 실험)으로 구성되어 있다. 첫 주에는 폐식용 기름으로부터 바이오디젤을 만들고 두 째 주에서는 바이오디젤의 밀도, 점성도, 연소 등의 특성을 시험한다. 바이오디젤과 비누는 둘 다 만드는 과정에서 염기를 사용한다는 점에서 비슷하나 사용하는 염기의 양이 다르다. 즉, 바이오디젤의 경우에는 메탄올 혹은 에탄올 용매에서 **촉매량**의 NaOH 혹은 KOH를 각각 사용하며, 이러한 과정을 **트랜스에스터화 반응**(transesterification)이라고 부른다. 비누의 경우에는 물 용매에서 NaOH 같은 염기를 과량으로 사용한다(물비누는 KOH 사용). 이렇게 비누를 만드는 과정을 **비누화 반응**(saponification)이라고 부른다.

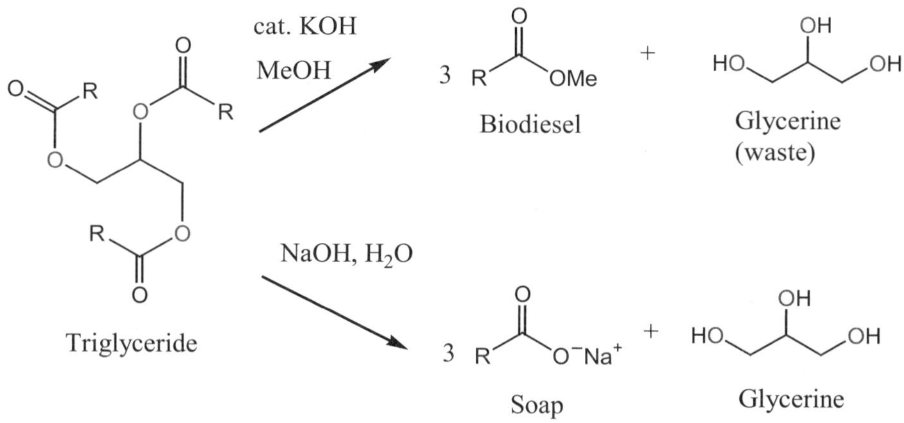

2 실험 방법

✲ 부분 1: 바이오디젤 만들기

실험 시간 4시간

바이오디젤(biodiesel)은 카놀라, 옥수수, 콩 같은 재생 가능한 원료로부터 얻어지는 바이오연료(biofuel)이다. 바이오디젤은 현재 사용 중인 디젤 엔진을 손질하지 않고도 직접 사용할 수 있고, 미연소 탄화수소, 일산화 탄소, 분진 그리고 질소 산화물의 배출의 감소를 가져온다. 바이오디젤은 깨끗한 식용유로부터도 만들 수 있으나 가정에서 쓰고 버리는 폐식용유로부터 만들어보고자 한다.

기름을 튀김용으로 사용하면, 음식에서 나오는 물과 기름(에스터!)이 고온에서 반응하여 지방산으로 변한다. 따라서 폐식용유에 들어 있는 지방산은 촉매량으로 사용하는 KOH(NaOH도 사용할 수 있으나 KOH가 더 잘 반응을 일으킨다)와 중화 반응을 일으켜 KOH의 양이 감소하게 되거나 심하면 KOH가 남아 있지 않게 된다. 그러므로 폐식용유에 들어있는 지방산의 농도를 정확히 아는 것은 매우 중요하다. 지방산의 농도는 NaOH 표준 용액으로 적정하여 알 수 있다.

- **폐식용유의 NaOH 적정**

시약 2-프로판올, 페놀프탈레인 지시약, 0.0100 M NaOH 표준용액.

방법

1. 폐식용유를 여과지로 여과하고 음식 찌꺼기를 제거한다(폐식용유이라도 건조되어야 하는데 뿌연 상태면 물이 있다는 증거이다. 이런 기름은 사용하지 않는다).

2. 50-mL 삼각 플라스크에 1 g 정도의 폐식용유를 넣고 무게를 0.01 g까지 측정한다.
3. 10 mL의 2-프로판올을 가하고 잘 흔들어 기름을 녹이고 페놀프탈레인 지시약을 2~3방울 가한다.
4. 0.0100 M NaOH 표준 용액으로 적정한다. 그 과정에서 플라스크의 내용물이 흐려질 것이나 이것은 정상이다.
5. 지시약의 **옅은** 분홍색이 15초 이상 지속될 때까지 한 방울씩 가하여 적정한다.

- **바이오디젤 만들기**

시약 폐식용유 10 g, 0.1 M 아세트산 용액, 1.0 M KOH의 메탄올 용액.

기구 50-mL 삼각 플라스크, 원심분리기(필수), 디지털 온도계, 1.00-mL 분석용 피펫, 피펫 벌브.

방법

1. 50-mL 삼각 플라스크에 약 10 g의 폐식용유를 넣고 무게를 0.01 g까지 단다.
2. 젓기 막대, 2.0 mL의 메탄올과 실험보고서의 '3. 폐식용유 적정에 관한 계산 문제'에서 구한 부피만큼의 1.0 M KOH의 메탄올 용액을 넣고 50°C에서 30분간 잘 저어준다.
3. 반응 혼합물을 15 mL 원심분리기용 튜브에 넣고 5분간 돌려준다(원심분리기를 이용하지 않고 시험관에 옮기고 층이 분리가 될 때까지 기다릴 수는 있지만, 1시간 이상 걸릴 것이다).
4. 위층이 바이오디젤이다. 피펫을 이용하여 아래층(이 층은 무엇일까?)은 버린다.
5. 2 mL의 0.1 M 아세트산 용액을 바이오디젤에 넣고 튜브를 막은 후 10~15번 정도 뒤집어 준다(흔들지 말 것). 5분 동안 원심분리하고 아래층을 버린다. 이 과정을 다시 반복한다.
6. 바이오디젤을 이미 무게를 단 50-mL 삼각 플라스크로 피펫을 이용하여 옮기고 80~90°C에서 15분 정도 가열하여 물을 제거한다.
7. 무게를 재고 색을 기록한다.

부분 1: 바이오디젤 만들기

11-2

LABORATORY EXPERIMENTS FOR **ORGANIC CHEMISTRY**

실험 일자 ………………… 학과 …………………

학번 ………………… 이름 …………………

1. 실험 목적

2. 실험 방법 및 관찰

3. 폐식용유 적정에 관한 계산 문제

(1) 적정에 사용한 폐식용유의 질량은 얼마인가?

g

(2) 적정에 사용한 NaOH의 몰수는 얼마인가?

mmol

(3) 10.0 g의 폐식용유에서 바이오디젤을 합성하고자 한다면, 이 폐식용유에 들어있는 지방산을 중화하는데 필요한 NaOH 용액의 몰수는 얼마인가?

mmol

(4) 바이오디젤을 만들 때 NaOH 대신에 KOH를 촉매로 사용한다면, 질문 3)에 대한 답으로부터 10.0 g의 폐식용유의 지방산을 중화하는데 필요한 KOH의 몰수와 그램수(KOH의 몰질량 56.1 g/mol)는 얼마인가?

mmol. g

(5) 폐식용유 1 kg당 3.5 g의 KOH를 촉매로서 사용한다면, 이번 실험에서 **촉매로서** 필요한 KOH의 질량은 얼마인가?

g

(6) 계산 문제 (4)과 (5)번의 답을 근거로, 10.0 g의 폐식용유의 트랜스에스터화 반응을 일으키는데 필요한 KOH의 전체 양과 몰수는 얼마인가?

g mmol

(7) 1.0 M KOH **메탄올** 용액을 사용한다면, 몇 mL를 사용하면 되는가? 계산 문제 (6)에 대한 답을 근거로 답하시오.

mL

4. 실험 결과

(1) 사용한 폐식용유의 질량:

g

(2) 건조한 바이오디젤의 질량:

g

(3) 질량에 근거한 바이오디젤의 % 수율:

.... %

(참조: 바이오디젤의 상업적 생산 공장에서는 식용유 1.000 kg에서 917 g의 바이오디젤을 만든다.)

(4) 바이오디젤의 색:

....

5. 결론 및 토의

....

....

....

....

....

....

....

....

....

....

....

....

....

....

....

....

6. 질문

(1) 미국의 National Biodiesel Board의 웹사이트인 http://www.biodiesel.org를 방문하면 Biodiesel Basics, Biodiesel FAQ's, Biodiesel Fact Sheets라는 항목이 나온다. 이를 참조하여 다음 질문에 답하시오.

❶ 바이오디젤을 연료로 쓰면 좋은 점을 4 가지 드시오.

❷ 재생가능 에너지(renewable energy)와 비재생가능 에너지(non-renewable energy)의 차이를 설명하시오.

❸ 바이오디젤과 디젤 연료의 배출 가스의 차이점에 대하여 설명하시오

(2) 앞에서 '기름을 튀김용으로 사용하면, 음식에서 나오는 물과 기름(에스터!)이 고온에서 반응하여 지방산으로 변한다'고 언급하였다. 이 반응을 화학반응식으로 표시하시오.

(3) 지방산 RCOOH를 NaOH 수용액으로 적정하는 반응을 화학반응식으로 쓰시오.

(4) 식용유에서 바이오디젤 분자 하나가 생기는 트랜스에스터화 반응의 메커니즘을 굽은 화살표로 그리시오.

(5) 바이오디젤을 만들 때 촉매량(과량이 아니라)의 KOH를 사용하는 이유를 설명하시오.

(6) 폐식용유에 존재하는 유리 지방산(free fatty acid)은 바이오디젤의 제조에 치명적인 효과를 준다. 흔히 % FFA로 나타내는 지방산의 양이 2% 이상이면, 폐식용유는 사용할 수 없다고 한다. % FFA은 식용유 100 mL에 들어 있는 FFA(올레산으로)의 그램수로 표시한다. 폐식용유의 밀도를 1.00 g/mL로 간주하고 이번 실험에서 사용한 폐식용유의 %FFA를 구하시오.

(7) 폐식용유에 지방산이 들어 있으면 반응 중에 지방산이 비누(지방산의 소듐 혹은 포타슘 염)로 변한다. 그러면 추출 과정에서 현탁액(emulsion)이 생기고 글리세롤과의 층 분리가 어려워진다. 분리 과정에서 아세트산으로 씻어주는 이유는 비누를 제거하기 위해서이다. 비누와 아세트산 사이의 반응식을 적으시오.

(8) 바이오디젤 만들기 방법 5번 질문에서 아세트산으로 씻어주는 작업이 있다. 버리는 아래층에 들어 있을 것이라고 예상되는 물질은 질문 7)에서 언급한 비누 이외에 무엇일까? 세 가지 성분을 드시오.

(9) 바이오디젤의 합성에는 글리세롤이 부산물로 얻어진다. 지방산 성분이 모두 올레산이라고 가정하고 기름 1.000 kg에서 얻어지는 이론적 글리세롤의 수득량을 g 단위로 구하시오.

10) 현재 부산물로 얻어지는 글리세롤을 이용하여 쓸모 있는 화합물을 얻기 위한 연구가 활발히 진행되고 있다. 인터넷을 검색하여 어떠한 화합물이 현재 만들어지는 지를 조사하시오.

✲ 부분 2. 바이오디젤의 특성 시험

실험 시간 4시간

1. 밀도

1.00-mL 피펫으로 이번 실험에서 만든 바이오디젤을 미리 무게를 단 작은 약병에 담는다. 1.00 mL의 바이오디젤의 질량을 구한 후 밀도를 g/mL 단위로 구한다.

2. 구름점

구름점은 바이오디젤이 냉각될 때 작은 결정들이 처음 생기는 온도로서 구름점에서는 맑은 액체가 흐려지게 된다. 밀도를 구하기 위하여 사용한 약병을 얼음물이나 냉동고에 20분 정도 방치한다. 20분 후에 더 뿌여지지 않으면, 다시 건조를 한다(부분1: 바이오디젤 만들기 6번 단계). 냉동고에서 꺼낸 후 디지털 온도계를 꽂고 온도계로 잘 저어주면서 시료가 완전히 녹았으나 아직도 뿌연 온도를 기록한다. 이 온도를 대략 구름점으로 볼 수 있다.

3. 바이오디젤의 산-염기 성질

바이오디젤 5방울을 증류수 1 mL에 넣고 잘 흔들어 준다. pH 종이로 수용성 용액의 pH를 대충 측정한다.

4. 점성도

점성도는 흔히 오스트발트(Ostwald) 점도계로 흔히 측정하나 이번 실험에서는 피펫을 통과하는데 걸리는 시간을 측정하여 물, 바이오디젤과 폐식용유의 점성도를 비교한다.

1) 깨끗하고 마른 1.00-mL 분석용 피펫에 피펫 벌브를 장착하고 증류수를 0 마크선 약간 위로 빨아 올린다. 벌브를 빼낸 후 손가락을 이용하여 물의 메니스커스를 0으로 맞춘다. 스톱워치를 이용하여 물이 0에서 0.7 mL까지 빠지는데 걸리는 시간을 초 단위로 측정한다. 측정 후에는 2-프로판올로 피펫을 씻어주고 피펫 벌브로 공기를 빨아들여 건조시킨다.

2) 바이오디젤을 사용하여 1)과 같은 실험을 실시한다. 끝난 후에는 피펫을 비누물로 5번 이상 헹군 후, 증류수, 2-프로판올 순으로 씻어준다. 마지막으로 피펫 벌브로 공기를 빨아들여 건조시킨다.

3) 폐식용유를 사용하여 1)과 같은 실험을 실시한다. 끝난 후에는 피펫을 비누물로 5번 이상 헹군 후, 증류수, 2-프로판올 순으로 씻어준다. 마지막으로 피펫 벌브로 공기를 빨아들여 건조시킨다.

5. 연소 시험

큐-팁의 솜 부분을 바이오디젤에 담근 후 꺼낸다. 큐-팁을 유리 막대에 고무줄로 묶은 후 비커 안에 솜 부분이 위로 가도록 놓는다. 성냥으로 불을 붙이고 불이 붙어 있는 시간, 불꽃의 색, 연기나 검댕이의 발생 여부 등을 기록한다.

6. 바이오디젤의 GC-MS 분석(선택)

흔히 지방이나 기름의 지방산 분석은 지방이나 기름을 **지방산 메틸 에스터**(fatty acid methyl ester, FAME)로 변화시켜 한다. FAME을 얻는 방법에는 몇 가지 방법이 쓰이나 이번 실험에서 메틸 에스터 구조의 바이오디젤을 합성하였기 때문에, 바이오디젤이 FAME이다. 따라서 바이오디젤을 그대로 분석하면 된다. 현재 상업적으로 여러 가지 FAME의 혼합용액을 판매하고 있다. 아래 그림 11.2은 Aldrich에서 파는 37-성분 FAME 혼합물의 크로마토그램이다. 각 피크의 확인은 http://www.sigmaaldrich.com/analytical-chromatography/gas-chromatography/fatty-acid-methyl-ester/fame-capillary-columns/fame-mix-spbpufa.htmL에서 할 수 있다.

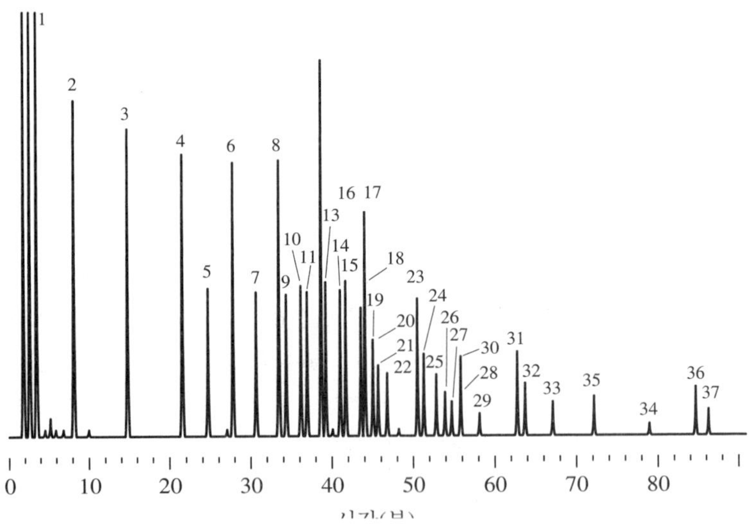

그림 11.2 37-성분 FAME 혼합물의 크로마토그램.

부분 2: 바이오디젤의 특성 시험

실험 일자 .... 학과 ....

학번 .... 이름 ....

1. 실험 목적

2. 실험 방법

(1) 바이오디젤의 밀도:

g/mL

(2) 구름점:

°C

(3) 바이오디젤의 pH(실험 3)

(4) 점성도

증류수가 걸린 시간:

초

바이오디젤이 걸린 시간:

초

폐식용유가 걸린 시간:

초

(5) 바이오디젤이 연소하는 시간:

초

3. 질문

(1) 점성도를 정의하시오.

(2) 물, 바이오디젤과 폐식용유의 점성도의 차이에 관하여 간단히 언급하시오. 어느 것이 점성도가 가장 작은가?

(3) 식물성 기름도 디젤 엔진을 개조하면 사용할 수 있다. 폐식용유와 바이오디젤의 상대적 점성도에 근거하여 어느 것이 연료로서 더 적합한지를 판단하시오.

(4) 구름점이 너무 높으면 추운 지방에서 바이오디젤을 사용하는데 문제가 생긴다. 구름점을 낮출 수 있는 방법을 제안하시오.

▶ 참고 문헌

- Clarke, N. R.; Casey, J. P.; Brown, E. D.; Oneyma, E.; Donaghy, K. J. *J. Chem. Educ.* **2006**, *83*, 257.
- Akers, S. M.; Conkle, J. L.; Thomas, S. N.; Rider, K. B. *J. Chem. Educ.* **2006**, *83*, 260–262.
- Bucholtz, E. C. *J. Chem. Educ.* **2007**, *84*, 296–298.
- Alternative Fuels Data Center: Biodiesel. http://www.eere.energy.gov/afdc/altfuel/biodiesel.htmL.
- Ascendant Partners. http://www.ascendantpartners.com/Biodiesel/Summary.aspx.
- National Biodiesel Board. http://www.biodiesel.org.
- Yang, J.; Xu, C.; Li, B.; Ren, G.; Wang, L. *J. Chem. Educ.* **2013**, *90*, 1362-1364.

LABORATORY EXPERIMENTS FOR
ORGANIC CHEMISTRY

유리 기구

부록 1

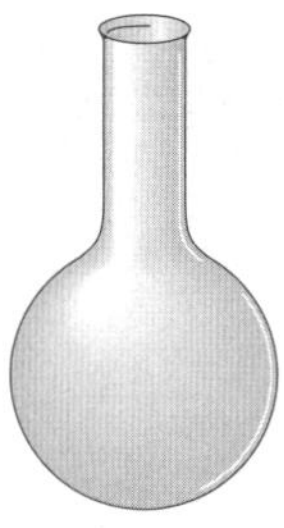

일구 둥근바닥 플라스크

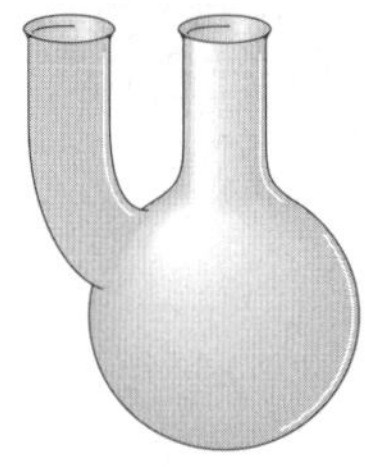

이구 둥근바닥 플라스크

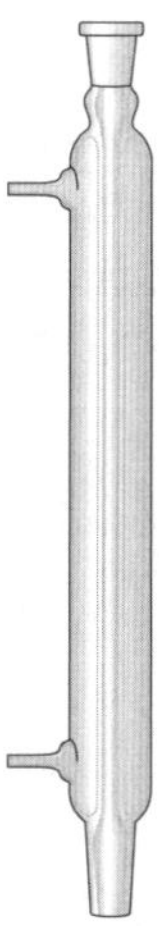

리비히 냉각기

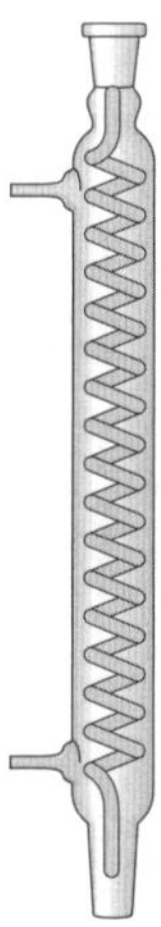

그레이앰 냉각기

분별 깔때기

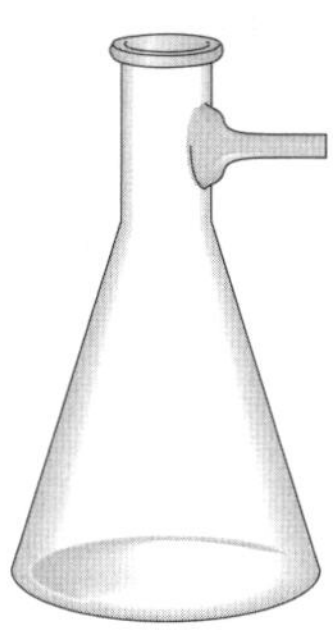

여과 플라스크

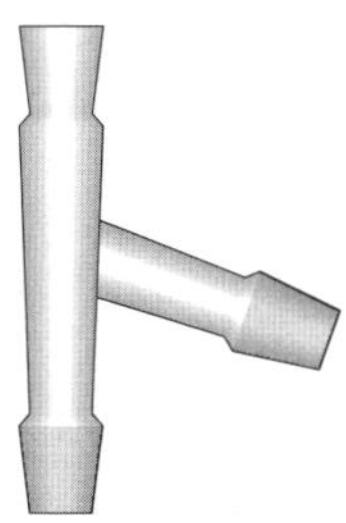

세 방향 연결관

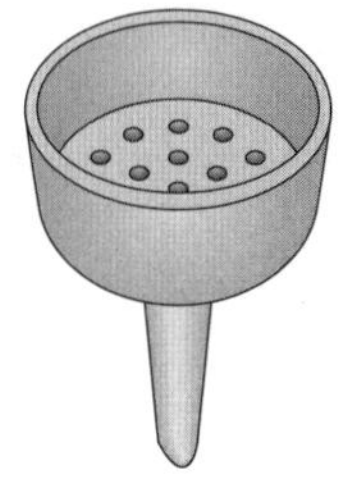

여과용 깔때기

부록 2 산과 염기 만들기

산과 염기	만드는 방법	무게 %	몰 농도	100 mL당 그램 수
염산	진한 염산	37	12.0	44.0
	3 M(125 mL의 진한 염산을 500 mL로 희석)	10.8	3.0	10.9
	10%(진한 염산 100 mL + 물 320 mL)	10	2.9	10.5
	5%(진한 염산 50 mL + 물 380 mL)	5	1.4	6.2
	1 M(41.5 mL의 진한 염산을 500 mL로 희석)	3.6	1	3.6
황산	진한 황산	96	18	177
	1.5 M(41.7 mL의 진한 황산을 500 mL로 희석)	14.1	1.5	14.7
	10%(진한 황산 25 mL + 물 400 mL)	10	1.1	10.7
질산	진한 용액	71	16	101
암모니아 수	진한 용액	28.4	15	25.6

산의 pK_a

부록3

구조식	pK_a[1]	구조식	pK_a[1]
HI	-10	$Me{-}C{\equiv}N^{+}{-}H$	-10
HBr	-9	HCl	-8
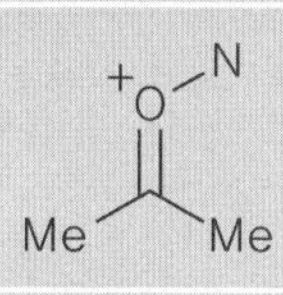	-7.2	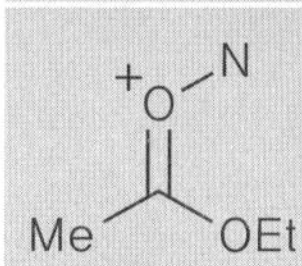	-6.5
H_2SO_4	-3	*p*-$MeC_6H_4SO_3H$	-2.8
$Et{-}OH_2^+$	-2.4	H_3O^+	-1.74
HNO_3	-1.3	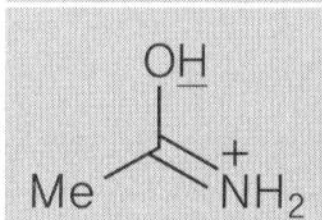	0
$HOSO_3^-$	1.9	H_3PO_4	2.1
$ClCH_2COOH$	2.9	FCH_2COOH	2.7
HF	3.1	$PhCO_2H$	4.2
$PhNH_3^+$	4.6	$MeCO_2H$	4.8
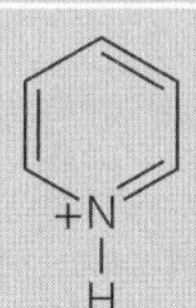	5.2	NH_3^+OH	6.0
H_2CO_3	6.4	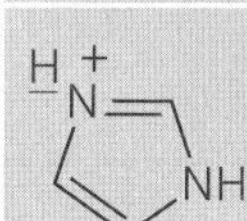	6.9
H_2S	7.0	PhSH	7.8
$MeCOCH_2COMe$	9	NH_4^+	9.2
HCN	9.4	$H_3N^+CH_2COO_2$	9.6
PhOH	10	$MeNO_2$	10
HCO_3^-	10.2	MeSH	10.7

구조식	pK_a[1]	구조식	pK_a[1]
$MeNH_3^+$	10.6	$MeCOCH_2COOEt$	10.7
Et_3NH^+	11	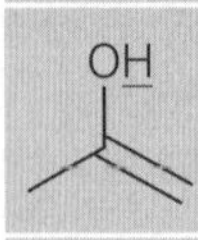	11
$NCCH_2CN$	11	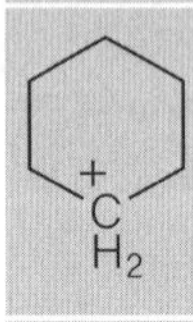	11.2
HOOH	11.6	$CH_2(CO_2Et)_2$	13.3
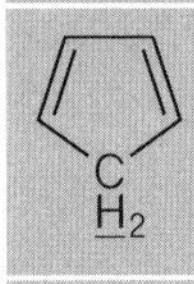	15	MeOH	15.2
H_2O	15.7	EtOH	15.9
Me_2CHOH	16.5	CH_3CHO	16.7
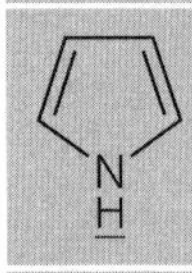	17	Me_3COH	17
$MeCONH_2$	18	PhCOMe	18.3
MeCOMe	19.2	CH_3COOEt	24.5
MeCN	24	RC≡CH	~25
$HCCl_3$	29	$Ph_3P^+CH_3\ X^-$	30
$MeCONMe_2$	30	Me_2SO	35
$(Me_2CH)_2NH$	36	NH_3	38
$PhCH_3$	41	C_6H_6	43
$H_2C_5CH\text{-}CH_3$	43	$CH_2{=}CH_2$	45
Alkanes	50-60		

지은이 소개

고광윤 • 아주대학교 자연과학대학 화학과

유기화학실험

▌2016년 3월 1일 1판 1쇄 발행

지은이와의
합의로
인지 첨부를
생략함

▌지은이 고 광 윤
▌발행인 박 종 성
▌발행처 사이플러스 Science plus
▌주　소 (우) 04003 서울특별시 마포구 잔다리로 101
▌전　화 02_332_6170~6171 / 팩스 02_332_6185
▌등　록 2005.10.20. 제 313-2005-00222호

▌ISBN 978-89-92603-91-1 93430 값23,000원

유기화학실험